*A mia moglie e mia figlia*

Maurizio Gasperini

# Lezioni di Cosmologia Teorica

 Springer

**Maurizio Gasperini**
Dipartimento di Fisica
Università di Bari

UNITEXT- Collana di Fisica e Astronomia
ISSN versione cartacea: 2038-5730          ISSN elettronico: 2038-5765

ISBN 978-88-470-2483-0          ISBN 978-88-470-2484-7  (eBook)
DOI 10.1007/978-88-470-2484-7

Springer Milan Dordrecht Heidelberg London New York

© Springer-Verlag Italia 2012

Copertina: Simona Colombo, Milano
Impaginazione: CompoMat S.r.l., Configni (RI)
Stampa: GECA Industrie Grafiche, Cesano Boscone (MI)

Springer-Verlag Italia S.r.l., Via Decembrio 28, I-20137 Milano
Springer fa parte di Springer Science + Business Media (www.springer.com)

# Prefazione

Questo libro rappresenta la continuazione ideale di un precedente testo di teoria dell'interazione gravitazionale[1], preparato per i corsi della Laurea Magistrale in Fisica. È comunque formulato in modo autosufficiente, in quanto include un capitolo iniziale che introduce e illustra brevemente tutte le nozioni di relatività generale e di geometria Riemanniana utilizzate nei capitoli successivi.

Come il precedente, anche questo testo è rivolto agli studenti della nuova Laurea Magistrale in Fisica e in Astronomia, e in particolare a quelli degli indirizzi Teorico, Astrofisico e Astroparticellare. Contiene gli elementi di base della cosmologia relativistica, del cosiddetto modello cosmologico standard e del suo completamento inflazionario. È organizzato per servire da traccia ad un corso di cosmologia di stampo teorico, ma cerca di non perdere mai di vista il confronto con i principali risultati osservativi. Particolare attenzione viene infatti dedicata alla fenomenologia dei fondi cosmici, la cui descrizione ed interpretazione rappresenta uno dei principali obiettivi della cosmologia moderna.

La cosmologia attuale è un campo di ricerca molto vasto e in continuo fermento, stimolato dall'arrivo di dati sperimentali sempre più precisi e dal corrispondente insorgere di nuove idee, nuovi modelli, nuovi scenari per l'Universo primordiale, in stretto contatto con i progressi della fisica teorica delle alte energie e delle interazioni fondamentali. È dunque inevitabile che un libro di testo, progettato in modo specifico per un corso di durata semestrale (con contenuti necessariamente limitati), non possa fornire un rendiconto completo ed adeguato di tutti i risultati ottenuti e di tutti gli studi cosmologici attualmente in corso.

Per rispettare i vincoli imposti dalla programmazione didattica si è preferito ridurre al minimo la parte che riguarda il modello cosmologico standard, e far posto ad alcuni recenti sviluppi di cosmologia primordiale che appaiono potenzialmente rilevanti, soprattutto in vista dei risultati osservativi attesi per l'immediato futuro. Viene omesso, in particolare, uno studio esplicito della nucleosintesi e della bariogenesi, tenendo conto che tali argomenti vengono affrontati anche in

---

[1] M. Gasperini, *Relatività Generale e Teoria della Gravitazione* (Springer-Verlag, Milano, 2010).

altri corsi specificatamente dedicati alle problematiche della fisica subnucleare e astroparticellare.

Viene invece dedicato molto spazio alla teoria delle perturbazioni cosmologiche, strumento indispensabile per lo studio dei fondi cosmici. È inoltre inclusa una discussione dettagliata della radiazione gravitazionale fossile perché la sua rivelazione, diretta o indiretta, potrebbe dare indicazioni cruciali sulla scelta del corretto modello inflazionario. Non mancano alcuni accenni ad argomenti di interesse emergente, di tipo teorico-fenomenologico, come lo studio dell'effetto di "deriva" del redshift (il cosiddetto *redshift drift*), e il problema delle medie cosmologiche, fatte su ipersuperfici spaziali e sul cono luce. Vengono infine presentate alcune recentissime idee sui modelli d'universo "a membrana", anche in vista del loro possibile impatto sulla fisica delle interazioni fondamentali. L'appendice dedicata a questo argomento potrebbe essere usata come punto di partenza per corsi di livello più avanzato, da svolgere nel contesto del Dottorato di Ricerca.

Come a volte capita nella prima stesura di un libro di testo, è possibile che anche in queste note siano presenti errori, imprecisioni, o importanti omissioni. Tutti i lettori che vorranno segnalarmi le eventuali inesattezze riscontrate (o anche presentare critiche e commenti) possono farlo inviando un messaggio di posta elettronica all'indirizzo `gasperini@ba.infn.it`, e li ringrazio in anticipo per la loro collaborazione.

## Ringraziamenti

È doveroso sottolineare che alcune parti di questo libro hanno tratto grande profitto dal lavoro di ricerca svolto in collaborazione con amici e colleghi che ricordo con molta stima e gratidudine. A questo proposito vorrei ringraziare, in particolare, Massimo Giovannini e Gabriele Veneziano.

Desidero ringraziare anche tutti gli studenti ed i colleghi che nel corso degli anni hanno contribuito, con i loro commenti, suggerimenti e critiche, a correggere e migliorare queste note. Elencarli tutti sarebbe impossibile, per cui mi limito a ringraziarli collettivamente. Faccio un'eccezione per l'amico e collega Luigi Tedesco, che ringrazio in particolare per aver letto criticamente e commentato alcune parti di questo manoscritto.

Sono infine grato alla Springer-Verlag Italia, e in particolare a Marina Forlizzi, per l'incoraggiamento ricevuto, gli utili consigli e l'ottima riuscita editoriale di questo libro. Un sentito ringraziamento va anche a Pierpaolo Riva per la sua preziosa guida ed assistenza nella fase finale di produzione del manoscritto.

Cesena, ottobre 2011                                              *Maurizio Gasperini*

# Notazioni, convenzioni e unità di misura

In questo libro, a meno che non sia esplicitamente indicato il contrario, useremo lo 0 come indice temporale; le lettere latine minuscole $i, j, k, \ldots$ per gli indici spaziali $1, 2, 3$; e le lettere greche minuscole $\mu, \nu, \alpha, \ldots$ per gli indici spazio-temporali $0, 1, 2, 3$. In una varietà multidimensionale con $d$ dimensioni spaziali, $d > 3$, indicheremo invece gli indici spazio-temporali con le lettere latine maiuscole, $A, B, C, \cdots = 0, 1, 2, 3, \ldots, d$. Come di consueto useremo la convenzione della sommatoria, e quindi indici ripetuti in posizioni verticali opposte si intenderanno sommati. Ad esempio:

$$\phi^\alpha \psi_\alpha = \sum_{\alpha=0}^{3} \phi^\alpha \psi_\alpha.$$

Per la metrica $g_{\mu\nu}$ dello spazio-tempo adotteremo la segnatura pseudo-Euclidea con autovalore temporale positivo,

$$g_{\mu\nu} = \mathrm{diag}\,(+, -, -, -),$$

e indicheremo con $g$ il determinante della matrice che rappresenta le sue componenti covarianti,

$$g \equiv \det g_{\mu\nu}.$$

Le convenzioni per i principali oggetti geometrici sono le seguenti.
Tensore di Riemann:

$$R_{\mu\nu\alpha}{}^\beta = \partial_\mu \Gamma_{\nu\alpha}{}^\beta + \Gamma_{\mu\rho}{}^\beta \Gamma_{\nu\alpha}{}^\rho - \{\mu \leftrightarrow \nu\},$$

dove il simbolo $\{\mu \leftrightarrow \nu\}$ indica un'espressione identica a quella che lo precede, ma con l'indice $\mu$ sostituito da $\nu$ e viceversa.
Tensore di Ricci:

$$R_{\nu\alpha} = R_{\mu\nu\alpha}{}^\mu = R_{(\nu\alpha)};$$

derivata covariante:

$$\nabla_\mu V^\alpha = \partial_\mu V^\alpha + \Gamma_{\mu\beta}{}^\alpha V^\beta; \qquad \nabla_\mu V_\alpha = \partial_\mu V_\alpha - \Gamma_{\mu\alpha}{}^\beta V_\beta,$$

dove $\Gamma_{\mu\nu}{}^\alpha$ è la connessione di Christoffel:

$$\Gamma_{\mu\nu}{}^\alpha = \frac{1}{2} g^{\alpha\beta} \left( \partial_\mu g_{\nu\beta} + \partial_\nu g_{\mu\beta} - \partial_\alpha g_{\mu\nu} \right) = \Gamma_{(\mu\nu)}{}^\alpha.$$

Gli indici racchiusi in parentesi tonde oppure quadre si intendono, rispettivamente, simmetrizzati o antisimmetrizzati in accordo alla regola:

$$T_{(\alpha\beta)} \equiv \frac{1}{2} \left( T_{\alpha\beta} + T_{\beta\alpha} \right), \qquad T_{[\alpha\beta]} \equiv \frac{1}{2} \left( T_{\alpha\beta} - T_{\beta\alpha} \right),$$

e così via per gruppi di indici superiori a due. Ad esempio:

$$T_{(\mu\nu\alpha)} = \frac{1}{3!} \left( T_{\mu\nu\alpha} + T_{\nu\alpha\mu} + T_{\alpha\mu\nu} + T_{\mu\alpha\nu} + T_{\nu\mu\alpha} + T_{\alpha\nu\mu} \right),$$

$$T_{[\mu\nu\alpha]} = \frac{1}{3!} \left( T_{\mu\nu\alpha} + T_{\nu\alpha\mu} + T_{\alpha\mu\nu} - T_{\mu\alpha\nu} - T_{\nu\mu\alpha} - T_{\alpha\nu\mu} \right).$$

Ovviamente, un tensore risulta completamente simmetrico o antisimmetrico quando coincide, rispettivamente, con la sua parte simmetrica, $T_{\mu\nu} \equiv T_{(\mu\nu)}$, o con quella antisimmetrica, $T_{\mu\nu} \equiv T_{[\mu\nu]}$.

Il simbolo completamente antisimmetrico (o simbolo di Levi-Civita) della varietà di Minkowski, $\varepsilon^{\mu\nu\alpha\beta}$, è definito con le seguenti convenzioni:

$$\varepsilon^{0123} = +1, \qquad \varepsilon_{\mu\nu\alpha\beta} = -\varepsilon^{\mu\nu\alpha\beta}.$$

In una varietà spazio-temporale di Riemann, dotata di una generica metrica $g_{\mu\nu}$, il corrispondente tensore completamente antisimmetrico $\eta^{\mu\nu\alpha\beta}$ è definito da

$$\eta^{\mu\nu\alpha\beta} = \frac{\varepsilon^{\mu\nu\alpha\beta}}{\sqrt{-g}}, \qquad \eta_{\mu\nu\alpha\beta} = \sqrt{-g}\,\varepsilon_{\mu\nu\alpha\beta}.$$

Il sistema di unità che verrà usato più di frequente è il cosiddetto sistema di unità "naturali", nel quale la velocità della luce $c$, la costante di Planck $\hbar$, e la costante di Boltzmann $k_B$ vengono posti uguale ad uno. In questo sistema la costante di Newton $G$ acquista dimensioni di massa al quadrato (o inverso di lunghezza al quadrato), ed è collegata alla massa di Planck $M_P$ e alla lunghezza di Planck $\lambda_P$ dalla relazione:

$$(8\pi G)^{-1} = M_P^2 = \lambda_P^{-2}.$$

Si noti la presenza del fattore $8\pi$ (conveniente per semplificare le notazioni), che definisce quella che viene anche chiamata massa di Planck "ridotta". In unità CGS abbiamo:

$$M_{\mathrm{P}} = \left( \frac{\hbar c}{8\pi G} \right)^{1/2} \simeq 0.4 \times 10^{-5}\,\mathrm{g},$$

$$\lambda_{\mathrm{P}} = \left( \frac{8\pi G \hbar}{c^3} \right)^{1/2} \simeq 8 \times 10^{-33}\,\mathrm{cm}.$$

Spesso esprimeremo masse, energie e temperature in eV (elettronvolts) e suoi multipli, anzichè (rispettivamente) in grammi, erg e gradi Kelvin. Inoltre, esprimeremo distanze e tempi in $(\mathrm{eV})^{-1}$, anzichè (rispettivamente) in centimetri e secondi. A questo proposito ricordiamo che, in unità naturali,

$$M_{\mathrm{P}} = (8\pi G)^{-1/2} \simeq 2.4 \times 10^{18}\,\mathrm{GeV},$$

dove $1\,\mathrm{GeV} = 10^9$ eV, e ricordiamo le relazioni di equivalenza:

$$(1\mathrm{eV})^{-1} \simeq 1.97 \times 10^{-5}\,\mathrm{cm} \simeq 6.59 \times 10^{-16}\,\mathrm{s} \simeq 8.6 \times 10^{-5}\,\mathrm{Kelvin}^{-1}.$$

Esprimeremo anche, quando sarà conveniente, le energie in unità di massa di Planck, e le densità di energia in unità della cosiddetta "densità critica" $\rho_c$, definita da

$$\rho_c = \frac{3H^2}{8\pi G} = 3H^2 M_{\mathrm{P}}^2,$$

dove $H$ è il parametro di Hubble. Per l'Universo attuale il parametro $H_0 \equiv H(t_0)$ vale

$$H_0 = 3.2\,h \times 10^{-18}\,\mathrm{s}^{-1} \simeq 8.7\,h \times 10^{-61} M_{\mathrm{P}},$$

dove $h = H_0/(100\ \mathrm{km\ s^{-1} Mpc^{-1}})$. Le recenti osservazioni[2] forniscono, in particolare,

$$h = 0.72 \pm 0.03.$$

La densità critica corrispondente all'Universo attuale è quindi data da:

$$\rho_c(t_0) = \frac{3H_0^2}{8\pi G} = 3H_0^2 M_{\mathrm{P}}^2 \simeq 1.88\,h^2 \times 10^{-29}\,\mathrm{g\ cm}^{-3}$$
$$\simeq 2.25\,h^2 \times 10^{-120} M_{\mathrm{P}}^4.$$

---

[2] Si vedano ad esempio i dati aggiornati sul sito ufficiale del *Particle data Group*, disponibili all'indirizzo web: http://pdg.lbl.gov/

# Indice

# 1

# Richiami di relatività generale

È ben noto che le interazioni tra i corpi macroscopici, su grandi scale di distanze, sono dominate dall'interazione gravitazionale. Questo avviene perché la gravità genera forze universali con raggio d'azione praticamente infinito, e inoltre perché la materia macroscopica tende a formare agglomerati – come pianeti, stelle, galassie – che sono elettricamente neutri, o comunque dotati di una carica netta che risulta trascurabile. Quindi il loro moto non può essere sensibilmente influenzato dalle forze elettromagnetiche, che sono le uniche forze non gravitazionali con grande raggio d'azione.

È anche ben noto che l'interazione gravitazionale tra corpi macroscopici può essere adeguatamente descritta, in prima approssimazione, dal modello non-relativistico Newtoniano. Tale approssimazione è applicabile su scale di distanze che vanno da quelle tipiche del laboratorio a quelle dei sistemi planetari, stellari e galattici. È forse meno noto, però, che il modello Newtoniano non può essere applicato, *neanche in prima approssimazione*, per descrivere correttamente la gravità su scale di distanze cosmologiche, ossia per distanze dell'ordine del raggio di Hubble $R_H = c/H_0 \sim 10^{28}$ cm che – come vedremo in seguito – fissa la massima distanza spaziale accessibile alle osservazioni attuali.

Calcoliamo infatti la massa totale $M$ associata alla scala di Hubble, moltiplicando la densità d'energia attualmente presente su scala cosmica, $\rho_0 \equiv \rho(t_0)$, per il volume di una sfera di raggio $R_H$, e dividendo per $c^2$:

$$M = \frac{4\pi}{3} \frac{\rho_0}{c^2} \left( \frac{c}{H_0} \right)^3.$$ 

(1.1)

Il corrispondente potenziale Newtoniano (in valore assoluto) è dato da:

$$|\phi| = \frac{GM}{R_H} = \frac{4\pi}{3} \frac{G\rho_0}{H_0^2}.$$ 

(1.2)

La condizione di validità dell'approssimazione Newtoniana richiede che, per qualunque massa di prova $m$, l'energia potenziale $m|\phi|$ dovuta all'interazione con la

Gasperini M.: Lezioni di Cosmologia Teorica.
DOI 10.1007/978-88-470-2484-7_1, © Springer-Verlag Italia 2012

massa cosmologica $M$ risulti molto più piccola dell'energia di riposo $mc^2$, e quindi richiede che

$$\frac{GM}{R_H c^2} = \frac{4\pi G\rho_0}{3H_0^2 c^2} \ll 1. \tag{1.3}$$

Se usiamo i valori forniti dalle attuali osservazioni astronomiche,

$$\frac{\rho_0}{c^2} \sim 10^{-29} \text{ g cm}^{-3}, \qquad H_0 \sim 10^{-18} \text{ s}^{-1}, \tag{1.4}$$

otteniamo invece

$$\frac{4\pi G\rho_0}{3H_0^2 c^2} \sim 1. \tag{1.5}$$

Ne consegue che l'approssimazione Newtoniana non è applicabile alla scala di Hubble, e che una corretta descrizione dinamica dell'Universo su scala cosmologica deve necessariamente far ricorso ad una teoria gravitazionale relativistica.

Gli attuali modelli cosmologici sono basati sulla teoria gravitazionale di Einstein, ossia sulla relatività generale, e sulle sue possibili generalizzazioni eventualmente applicabili nei regimi di altissime densità d'energia. In questo primo capitolo richiameremo quindi i concetti di base della relatività generale e gli strumenti formali necessari alla formulazione di tale teoria, seguendo il tradizionale approccio geometrico che ci porta alle equazioni di Einstein per la dinamica del campo gravitazionale classico.

È forse inutile sottolineare che questo capitolo non ha la pretesa di fornire un'introduzione completa e pedagogicamente efficace della teoria della relatività generale, ma vuole solo presentare le equazioni necessarie per formulare i modelli cosmologici dei capitoli successivi. I lettori interessati ad approfondire i vari aspetti della teoria di Einstein possono trovare un utile riferimento nei testi [1]-[7] della bibliografia finale.

## 1.1 Elementi di geometria Riemanniana

Supponiamo che lo spazio-tempo $\mathcal{M}_4$ sia una varietà differenziabile dotata di una struttura geometrica Riemanniana, caratterizzata da una metrica $g$ che controlla l'intervallo spazio-temporale invariante

$$ds^2 = g_{\mu\nu}dx^\mu dx^\nu, \tag{1.6}$$

e da una connessione $\Gamma$ che è simmetrica e compatibile con la metrica (ossia che fornisce per la metrica una derivata covariante nulla, si veda la Sez. 1.1.1). La varietà $\mathcal{M}_4$ è parametrizzata da sistemi di coordinate $\{x^\mu\}$, dette "carte", collegate tra loro da trasformazioni dette "diffeomorfismi", ossia trasformazioni

$$x^\mu \to x'^\mu = f^\mu(x) \tag{1.7}$$

rappresentate da funzioni $f^\mu$ che risultano biunivoche, continue, differenziabili, invertibili e con inverso differenziabile, che formano un gruppo di trasformazioni continue.

Per soddisfare il principio di relatività generalizzato (o principio di "general covarianza"), secondo il quale le leggi fisiche devono mantenere la stessa forma in tutti i sistemi di coordinate, si assume dunque che i modelli fisici costruiti su $\mathcal{M}_4$ siano formulati in termini di oggetti geometrici che appartengono alla rappresentazione tensoriale del gruppo dei diffeomorfismi. Si dice, in particolare, che che un oggetto geometrico $T$ è rappresentato da un *tensore controvariante* di rango $r$ (il parametro $r$ conta il numero totale degli indici) se, sotto l'azione del diffeomorfismo (1.7), esso si trasforma come segue,

$$T^{\mu\nu\cdots}(x) \to T'^{\mu\nu\cdots}(x') = \frac{\partial x'^\mu}{\partial x^\alpha}\frac{\partial x'^\nu}{\partial x^\beta}\cdots T^{\alpha\beta\cdots}(x), \tag{1.8}$$

dove $(\partial x'^\mu/\partial x^\alpha)$ è la matrice Jacobiana del diffeomorfismo considerato. Un tensore di rango $r = 0$ è dunque uno scalare, un tensore di rango $r = 1$ è un vettore, e così via.

Accanto alla rappresentazione controvariante esiste ovviamente la rappresentazione di tipo duale $T_{\mu\nu\cdots}$, detta *covariante*, definita dalla trasformazione

$$T_{\mu\nu\cdots}(x) \to T'_{\mu\nu\cdots}(x') = \frac{\partial x^\alpha}{\partial x'^\mu}\frac{\partial x^\beta}{\partial x'^\nu}\cdots T_{\alpha\beta\cdots}(x), \tag{1.9}$$

dove $(\partial x^\alpha/\partial x'^\mu)$ è la matrice Jacobiana inversa. I prodotti scalari, che generano oggetti invarianti per diffeomorfismi, si effettuano dunque contraendo (ossia sommando) coppie di indici covarianti e controvarianti,

$$\left(T^{\mu\nu\cdots}T_{\mu\nu\cdots}\right)(x) = \left(T'^{\mu\nu\cdots}T'_{\mu\nu\cdots}\right)(x'). \tag{1.10}$$

Esistono inoltre tensori $T^{\mu\nu\cdots}{}_{\alpha\beta\cdots}$ di tipo *misto* $(n,m)$, che si comportano come tensori di rango $n$ rispetto alla rappresentazione controvariante, e tensori di rango $m$ rispetto a quella covariante, in accordo alla legge di trasformazione:

$$T'^{\mu\nu\cdots}{}_{\rho\sigma\cdots}(x') = \frac{\partial x'^\mu}{\partial x^\alpha}\frac{\partial x'^\nu}{\partial x^\beta}\cdots\frac{\partial x^\lambda}{\partial x'^\rho}\frac{\partial x^\gamma}{\partial x'^\sigma}\cdots T^{\alpha\beta\cdots}{}_{\lambda\gamma\cdots}(x). \tag{1.11}$$

È utile infine ricordare che le rappresentazioni tensoriali descrivono una particolare sottoclasse di oggetti geometrici più generali, $V^{\mu\nu\cdots}$, detti "densità tensoriali", caratterizzati da due parametri: il rango $r$ e il peso $w$. La legge di trasformazione di questi oggetti riproduce quella di un tensore di pari rango relativamente all'azione della matrice Jacobiana sugli $r$ indici, ma contiene in aggiunta il determinante Jacobiano $|\partial x'/\partial x| \equiv \det(\partial x'^\mu/\partial x^\alpha)$ elevato alla potenza $w$, secondo la regola seguente:

$$V^{\mu\nu\cdots}(x) \to V'^{\mu\nu\cdots}(x') = \frac{\partial x'^\mu}{\partial x^\alpha}\frac{\partial x'^\nu}{\partial x^\beta}\cdots V^{\alpha\beta\cdots}(x)\left|\frac{\partial x'}{\partial x}\right|^w. \tag{1.12}$$

Un puro tensore tensore corrisponde dunque a una densità tensoriale di peso $w = 0$.

Un semplice esempio di oggetto di questo tipo è costituito dall'elemento di quadri-volume infinitesimo $d^4x$, che sotto l'azione di un generico diffeomorfismo si trasforma come una *densità scalare* di peso $w = 1$. Per una generica trasformazione di coordinate abbiamo infatti

$$d^4x \rightarrow d^4x' = d^4x \left| \frac{\partial x'}{\partial x} \right|, \tag{1.13}$$

che si riduce alla legge di trasformazione scalare solo se $|\partial x'/\partial x| = 1$ (come avviene, ad esempio, per i diffeomorfismi del gruppo di Lorentz ristretto). Ulteriori esempi di tensità tensoriali verranno introdotti in seguito, quando necessario.

### 1.1.1 Metrica, connessione e derivata covariante

L'ipotesi di base della geometria di Riemann è che l'intervallo spazio-temporale infinitesimo $ds^2$ sia rappresentato da una forma quadratica omogenea nei differenziali delle coordinate (si veda l'Eq. (1.6)), e che tale forma sia invariante per diffeomorfismi. Per assicurare l'invarianza di $ds^2$ è necessario che i coefficienti $g_{\mu\nu}$ della forma quadratica si trasformino come un tensore covariante di rango due, detto "metrica" o tensore metrico:

$$g'_{\mu\nu}(x') = \frac{\partial x^\alpha}{\partial x'^\mu} \frac{\partial x^\beta}{\partial x'^\nu} g_{\alpha\beta}(x). \tag{1.14}$$

Ne consegue che il determinante della metrica, $g = \det g_{\mu\nu}$, si trasforma come una densità scalare di peso $w = -2$. Prendendo il determinante dell'equazione precedente abbiamo infatti:

$$g' = \left| \frac{\partial x}{\partial x'} \right|^2 g = \left| \frac{\partial x'}{\partial x} \right|^{-2} g, \tag{1.15}$$

dove $|\partial x/\partial x'|$ è il determinante della matrice Jacobiana inversa[1]. La sua radice quadrata si trasforma dunque come una densità di peso $w = -1$, e la combinazione

$$d^4x \sqrt{-g} \tag{1.16}$$

si trasforma correttamente come un vero scalare, ossia come una densità scalare di peso $w = 0$ (il segno meno sotto radice è richiesto dal fatto che $g < 0$ per la nostra metrica con segnatura pseudo-Euclidea).

Oltre a $ds^2$, anche tutti i prodotti scalari (invarianti per diffeomorfismi) possono essere definiti in termini del tensore metrico, in accordo alla prescrizione generale

$$
\begin{aligned}
A^{\mu\nu\cdots} B_{\mu\nu\cdots} &\equiv A^{\mu\nu\cdots} g_{\mu\alpha} g_{\nu\beta} \cdots B^{\alpha\beta\cdots} \\
&\equiv A_{\alpha\beta\cdots} g^{\mu\alpha} g^{\nu\beta} \cdots B_{\mu\nu\cdots}.
\end{aligned} \tag{1.17}
$$

---

[1] Abbiamo sfruttato il fatto che il determinante della matrice inversa $J^{-1}$ è l'inverso del determinate di $J$.

Ne consegue che la metrica collega tra loro le componenti tensoriali covarianti e controvarianti,

$$A_\alpha = g_{\alpha\nu}A^\nu, \qquad A^\mu = g^{\mu\alpha}A_\alpha, \qquad (1.18)$$

e soddisfa, per consistenza, alla condizione

$$g^{\mu\alpha}g_{\alpha\nu} \equiv g^\mu{}_\nu = \delta^\mu_\nu, \qquad (1.19)$$

che segue immediatamente dalla combinazione delle due equazioni precedenti.

Va infine sottolineato che la metrica della geometria Riemanniana risulta invariante rispetto all'operazione di trasporto parallelo lungo qualsiasi curva, ossia soddisfa alla condizione di avere derivata covariante nulla. A questo proposito ricordiamo che il differenziale ordinario di un oggetto tensoriale non si trasforma a sua volta come un tensore sotto l'azione di un generico diffeomorfismo. Per un vettore $A^\mu$, ad esempio, la regola di trasformazione tensoriale (scritta in forma inversa) fornisce

$$A^\mu = \frac{\partial x^\mu}{\partial x'^\nu}A'^\nu, \qquad (1.20)$$

e quindi differenziando otteniamo:

$$dA^\mu = \frac{\partial x^\mu}{\partial x'^\nu}dA'^\nu + \frac{\partial^2 x^\mu}{\partial x'^\alpha x'^\nu}A'^\nu dx'^\alpha. \qquad (1.21)$$

Se la trasformazione $x^\mu(x')$ è lineare la matrice Jacobiana ha coefficienti costanti, per cui il secondo termine dell'equazione precedente è nullo, e il differenziale $dA^\mu$ si trasforma come $A^\mu$ stesso. Se invece non è lineare le derivate della matrice Jacobiana sono diverse da zero, e forniscono un contributo a $dA^\mu$ che rompe la general-covarianza dello schema geometrico considerato.

Per avere un'espressione sempre covariante introduciamo un nuovo oggetto geometrico $\Gamma$ – detto "connessione affine" – che agisce da campo compensativo (o campo di *gauge*), e che opera sul vettore in modo da mantenerlo parallelo a se stesso durante lo spostamento infinitesimo $dx$, compensando gli eventuali effetti di rotazione dovuti alla geometria. Parametrizziamo linearmente tale operazione infinitesima come

$$\delta A^\mu = \Gamma_{\alpha\beta}{}^\mu dx^\alpha A^\beta, \qquad (1.22)$$

e definiamo un differenziale generalizzato, detto "differenziale covariante", includendo gli effetti compensativi della connessione:

$$DA^\mu = dA^\mu + \delta A^\mu = dA^\mu + \Gamma_{\alpha\beta}{}^\mu dx^\alpha A^\beta. \qquad (1.23)$$

Fissiamo poi le proprietà di trasformazione di $\Gamma$ imponendo che $DA^\mu$ si trasformi correttamente come un vettore controvariante, ossia imponendo che valga la condizione

$$DA^\mu = \frac{\partial x^\mu}{\partial x'^\nu}(DA^\nu)' \equiv \frac{\partial x^\mu}{\partial x'^\nu}\left(dA'^\nu + \Gamma'_{\alpha\beta}{}^\nu dx'^\alpha A'^\beta\right). \qquad (1.24)$$

Sostituendo nel primo membro di questa equazione la definizione esplicita (1.23) di $DA^\mu$, ed esprimendo $dA^\mu$ mediante l'Eq. (1.21), $A^\beta$ mediante l'Eq. (1.20), e il differenziale $dx^\alpha$ come $(\partial x^\alpha / \partial x'^\nu) dx'^\nu$, troviamo che questa condizione è soddisfatta purché

$$\Gamma'_{\alpha\beta}{}^\rho = \frac{\partial x'^\rho}{\partial x^\mu} \frac{\partial x^\lambda}{\partial x'^\alpha} \frac{\partial x^\sigma}{\partial x'^\beta} \Gamma_{\lambda\sigma}{}^\mu + \frac{\partial x'^\rho}{\partial x^\mu} \frac{\partial^2 x^\mu}{\partial x'^\alpha x'^\nu} \tag{1.25}$$

(si veda ad esempio il testo [7] della bibliografia finale, Cap. 3.4).

Questa legge di trasformazione definisce le proprietà geometriche della connessione affine $\Gamma$, e il confronto con l'Eq. (1.11) mostra esplicitamente che $\Gamma$ non è un oggetto di tipo tensoriale rispetto ad un generico diffeomorfismo. Lo è però la sua parte antisimmetrica $Q_{\alpha\beta}{}^\rho \equiv \Gamma_{[\alpha\beta]}{}^\rho$, detta "torsione": antisimmetrizzando in $\alpha$ e $\beta$ si trova infatti che l'ultimo termine dell'Eq. (1.25) scompare, e che la legge di trasformazione per $Q$ si riduce a quella di un tensore misto di rango tre.

Una volta ottenuta un'espressione consistente per il differenziale covariante è immediato ottenere la corrispondente espressione della derivata covariante – che indicheremo con $\nabla_\alpha A^\mu$ – come limite del rapporto incrementale tra il differenziale $DA^\mu$ dell'Eq. (1.23) e lo spostamento infinitesimo $dx^\alpha$:

$$\nabla_\alpha A^\mu = \partial_\alpha A^\mu + \Gamma_{\alpha\beta}{}^\mu A^\beta. \tag{1.26}$$

Prendendo poi la derivata del prodotto scalare $A^\mu A_\mu$, ed imponendo che per uno scalare l'operatore $\nabla_\alpha$ si riduca a $\partial_\alpha$,

$$\nabla_\alpha \left( A^\mu A_\mu \right) = A^\mu \nabla_\alpha A_\mu + A_\mu \nabla_\alpha A^\mu \equiv \partial_\alpha \left( A^\mu A_\mu \right), \tag{1.27}$$

otteniamo la corrispondente espressione per la derivata covariante di $A_\mu$:

$$\nabla_\alpha A_\mu = \partial_\alpha A_\mu - \Gamma_{\alpha\mu}{}^\beta A_\beta \tag{1.28}$$

(si noti la differenza di segno del termine che contiene la connessione). E così via per le derivate covarianti dei tensori di rango più elevato, di tipo controvariante:

$$\nabla_\alpha T^{\mu\nu\cdots} = \partial_\alpha T^{\mu\nu\cdots} + \Gamma_{\alpha\beta}{}^\mu T^{\beta\nu\cdots} + \Gamma_{\alpha\beta}{}^\nu T^{\mu\beta\cdots} + \cdots, \tag{1.29}$$

o di tipo covariante:

$$\nabla_\alpha T_{\mu\nu\cdots} = \partial_\alpha T_{\mu\nu\cdots} - \Gamma_{\alpha\mu}{}^\beta T_{\beta\nu\cdots} - \Gamma_{\alpha\nu}{}^\beta T_{\mu\beta\cdots} - \cdots. \tag{1.30}$$

Per i tensori di tipo misto si userà ovviamente, per ogni indice, la regola appropriate (1.29) o (1.30).

Per fissare completamente la struttura geometrica dello spazio-tempo possiamo a questo punto assumere che la connessione, definita genericamente dalla legge di trasformazione (1.25), soddisfi ad ulteriori condizioni suggerite dal modello fisico che si vuole rappresentare. In questo testo siamo principalmente interessati agli effetti gravitazionali su grandi scale di distanze, che risultano adeguatamente descritti nel contesto di uno schema geometrico Riemanniano. Tale schema richiede, in particolare, che la connessione sia *simmetrica*,

$$\Gamma_{[\alpha\beta]}{}^{\mu} = 0, \tag{1.31}$$

e *compatibile con la metrica*, ossia che la metrica abbia derivate covarianti nulle:

$$\nabla_{\alpha} g_{\mu\nu} = \partial_{\alpha} g_{\mu\nu} - \Gamma_{\alpha\mu}{}^{\beta} g_{\beta\nu} - \Gamma_{\alpha\nu}{}^{\beta} g_{\mu\beta} \equiv 0. \tag{1.32}$$

Imponendo queste due condizioni si trova che la connessione affine non è più una variabile geometrica indipendente, poiché risulta completamente determinata in funzione della metrica stessa.

Per verificarlo possiamo riscrivere due volte l'Eq. (1.32), permutando circolarmente gli indici e cambiando di segno:

$$-\nabla_{\mu} g_{\nu\alpha} = -\partial_{\mu} g_{\nu\alpha} + \Gamma_{\mu\nu}{}^{\beta} g_{\beta\alpha} + \Gamma_{\mu\alpha}{}^{\beta} g_{\nu\beta} = 0, \tag{1.33}$$

$$-\nabla_{\nu} g_{\alpha\mu} = -\partial_{\nu} g_{\alpha\mu} + \Gamma_{\nu\alpha}{}^{\beta} g_{\beta\mu} + \Gamma_{\nu\mu}{}^{\beta} g_{\alpha\beta} = 0. \tag{1.34}$$

Sommando le Eqs. (1.32)–(1.34), tenendo conto della condizione di simmetria (1.31), e dividendo per 2, si ottiene:

$$\Gamma_{\mu\nu}{}^{\beta} g_{\alpha\beta} = \frac{1}{2} \left( \partial_{\mu} g_{\nu\alpha} + \partial_{\nu} g_{\alpha\mu} - \partial_{\alpha} g_{\mu\nu} \right). \tag{1.35}$$

Moltiplicando per $g^{\alpha\rho}$ entrambi i membri si arriva infine al risultato

$$\Gamma_{\mu\nu}{}^{\rho} = \frac{1}{2} g^{\rho\alpha} \left( \partial_{\mu} g_{\nu\alpha} + \partial_{\nu} g_{\mu\alpha} - \partial_{\alpha} g_{\mu\nu} \right), \tag{1.36}$$

che definisce la cosiddetta "connessione di Christoffel", che d'ora in poi utilizzeremo in tutti i calcoli successivi adottando – come già sottolineato – un modello di spazio-tempo di tipo Riemanniano.

È utile osservare che l'uso della connessione di Christoffel porta ad una forma particolarmente semplice per la divergenza covariante e per l'operatore D'Alembertiano covariante. Se prendiamo la divergenza covariante di un vettore $V^{\mu}$ abbiamo, infatti,

$$\nabla_{\mu} V^{\mu} = \partial_{\mu} V^{\mu} + \Gamma_{\mu\alpha}{}^{\mu} V^{\alpha}, \tag{1.37}$$

dove (usando la definizione (1.36)):

$$\Gamma_{\mu\alpha}{}^{\mu} = \Gamma_{\alpha\mu}{}^{\mu} = \frac{1}{2} g^{\mu\nu} \left( \partial_{\alpha} g_{\mu\nu} + \partial_{\mu} g_{\alpha\nu} - \partial_{\nu} g_{\alpha\mu} \right) \equiv \frac{1}{2} g^{\mu\nu} \partial_{\alpha} g_{\mu\nu} \tag{1.38}$$

(gli ultimi due termini si annullano a vicenda per la simmetria del tensore metrico, $g^{\mu\nu} = g^{\nu\mu}$). D'altra parte, sfruttando le proprietà del determinante, si può scrivere che

$$\frac{1}{2} g^{\mu\nu} \partial_{\alpha} g_{\mu\nu} = \frac{1}{2g} \partial_{\alpha} g = \frac{1}{\sqrt{-g}} \partial_{\alpha} \sqrt{-g} \tag{1.39}$$

(si veda l'Esercizio 1.1). Perciò, sostituendo nell'Eq. (1.37),

$$\nabla_\mu V^\mu = \partial_\mu V^\mu + \frac{V^\alpha}{\sqrt{-g}} \partial_\alpha \sqrt{-g} \equiv \frac{1}{\sqrt{-g}} \partial_\mu \left( \sqrt{-g} V^\mu \right). \qquad (1.40)$$

Questa espressione per la divergenza permette di scrivere in modo semplice anche il D'Alembertiano covariante di uno scalare $\psi$, definito come la divergenza covariante del gradiente di $\psi$:

$$\nabla_\mu \nabla^\mu \psi = \nabla_\mu \left( g^{\mu\nu} \partial_\nu \psi \right) \qquad (1.41)$$

(abbiamo sfruttato il fatto che, per uno scalare, $\nabla_\mu \psi = \partial_\mu \psi$). Applicando l'Eq. (1.40) otteniamo immediatamente

$$\nabla_\mu \nabla^\mu \psi = \frac{1}{\sqrt{-g}} \partial_\mu \left( \sqrt{-g} g^{\mu\nu} \partial_\nu \psi \right). \qquad (1.42)$$

L'Eq. (1.40) serve inoltre ad esprimere l'usuale teorema di Gauss in una forma esplicitamente covariante (appropriata ad una varietà spazio-temporale Riemanniana) come segue:

$$\int_\Omega d^4x \sqrt{-g} \, \nabla_\mu V^\mu = \int_\Omega d^4x \, \partial_\mu \left( \sqrt{-g} V^\mu \right) = \int_{\partial\Omega} dS_\mu \sqrt{-g} V^\mu, \qquad (1.43)$$

dove $\sqrt{-g} dS_\mu$ è la misura di integrazione covariante per il flusso di $V^\mu$, preso in direzione uscente dal bordo $\partial\Omega$ della regione spazio-temporale considerata.

È infine importante sottolineare che la connessione di Christoffel risulta perfettamente compatibile con il principio che sta alla base della descrizione geometrica del campo gravitazionale: il principio di equivalenza. Utilizzando tale connessione, infatti, è sempre possibile introdurre un sistema di coordinate "privilegiato" $\{x'\}$ in cui la connessione è localmente nulla, $\Gamma'(x_0) = 0$, e la metrica si riduce localmente a quella di Minkowski, $g'(x_0) = \eta$, in un arbitrario punto $x_0$ dato.

Per mostrare che è sempre possibile introdurre tale sistema – detto sistema "localmente inerziale" – consideriamo una generica trasformazione di coordinate $x^\mu(x')$, e sviluppiamola in serie di Taylor attorno al punto $x_0^\mu$ in cui vogliamo annullare localmente la connessione. Supponiamo, per semplicità, che le due carte $\{x^\mu\}$ e $\{x'^\mu\}$ coincidano[2] nel punto scelto $x_0^\mu$. In questo caso abbiamo:

$$x^\mu(x') \simeq x_0^\mu + \left( \frac{\partial x^\mu}{\partial x'^\nu} \right)_{x_0} \left( x'^\nu - x_0^\nu \right)$$

$$+ \frac{1}{2} \left( \frac{\partial^2 x^\mu}{\partial x'^\alpha \partial x'^\beta} \right)_{x_0} \left( x'^\alpha - x_0^\alpha \right) \left( x'^\beta - x_0^\beta \right) + \cdots \qquad (1.44)$$

---

[2] Se non è così, è sempre possibile farle coincidere mediante un'ulteriore opportuna traslazione.

La condizione sulla metrica $g'(x_0) = \eta$, scritta esplicitamente come

$$g'_{\mu\nu}(x_0) \equiv \left(\frac{\partial x^\alpha}{\partial x'^\mu}\right)_{x_0} \left(\frac{\partial x^\beta}{\partial x'^\nu}\right)_{x_0} g_{\alpha\beta}(x_0) = \eta_{\mu\nu}, \qquad (1.45)$$

(dove la metrica di partenza $g_{\alpha\beta}(x_0)$ è nota), fornisce un sistema di 10 equazioni nelle 16 incognite $Y^\alpha{}_\mu = (\partial x^\alpha/\partial x'^\mu)_{x_0}$, che rappresentano le componenti della matrice Jacobiana inversa valutate nel punto $x_0$. Tale sistema è non-omogeneo e ammette sempre soluzioni non triviali per le componenti $Y^\alpha{}_\mu$ che determinano, a meno di 6 parametri arbitrari[3], i coefficienti del primo ordine della trasformazione infinitesima (1.44).

Dobbiamo inoltre imporre la condizione sulla connessione, ossia la condizione $\Gamma'_{\alpha\beta}{}^\rho(x_0) = 0$. Sfruttando la regola di trasformazione (1.25) tale condizione fornisce

$$Y^\lambda{}_\alpha Y^\sigma{}_\beta \Gamma_{\lambda\sigma}{}^\mu(x_0) + \left(\frac{\partial^2 x^\mu}{\partial x'^\alpha \partial x'^\beta}\right)_{x_0} = 0. \qquad (1.46)$$

Date le 40 componenti della connessione di partenza, $\Gamma_{\lambda\sigma}{}^\mu(x_0)$, e date le componenti $Y^\lambda{}_\alpha$ come soluzioni della condizione (1.45), l'Eq. (1.46) determina univocamente i 40 coefficienti per i termini del secondo ordine dello sviluppo di Taylor (1.44), e fissa, al secondo ordine, la trasformazione di coordinate che definisce il sistema localmente inerziale nel punto scelto $x_0$.

Possiamo osservare che la proprietà di essere localmente annullabile si estende dalla connessione di Christoffel a tutte le connessioni di tipo simmetrico, $\Gamma_{\alpha\beta}{}^\mu = \Gamma_{(\alpha\beta)}{}^\mu$, in quanto l'introduzione del sistema localmente inerziale impone 40 condizioni che determinano la parte simmetrica della connessione. Non si può invece localmente annullare la parte antisimmetrica $\Gamma_{[\alpha\beta]}{}^\mu$, che – come già osservato – si trasforma in modo tensoriale e dunque, se se è diversa da zero in un sistema di coordinate, rimane diversa da zero in tutti i sistemi.

### 1.1.2 Curve geodetiche e tensore di curvatura

Consideriamo una curva nello spazio-tempo $\mathcal{M}_4$, descritta dall'equazione parametrica $x^\mu = \xi^\mu(\tau)$, dove $\tau$ è un parametro scalare. La tangente alla curva è il quadrivettore $u^\mu = \xi^\mu/d\tau$, e il differenziale covariante della tangente lungo la curva è dato da

$$Du^\mu = du^\mu + \Gamma_{\alpha\beta}{}^\mu d\xi^\alpha u^\beta. \qquad (1.47)$$

---

[3] Tale indeterminazione corrisponde fisicamente alla possibilità di effettuare localmente un'arbitraria trasformazione di Lorentz, che in generale dipende appunto da 6 parametri (si veda ad esempio il testo [7] della bibliografia finale).

La curva è detta "autoparallela" – o anche "geodetica affine" – se la tangente soddisfa alla condizione $Du^\mu = 0$, ossia se la derivata covariante della tangente lungo la curva è nulla,

$$\frac{Du^\mu}{d\tau} \equiv \frac{du^\mu}{d\tau} + \Gamma_{\alpha\beta}{}^\mu u^\alpha u^\beta = 0, \qquad (1.48)$$

condizione che si può anche scrivere come

$$u^\nu \nabla_\nu u^\mu = 0. \qquad (1.49)$$

La tangente, in questo caso, viene trasportata "parallelamente a se stessa" lungo la curva. Se la connessione è quella di Christoffel, $\Gamma = \Gamma(g)$, la curva (1.48) viene chiamata semplicemente "geodetica". Inoltre, se la tangente è di tipo tempo ($u^\mu u_\mu > 0$), si può mostrare che tale curva descrive la traiettoria spazio-temporale di un corpo di prova libero, massivo e puntiforme, immerso nella geometria che determina la connessione $\Gamma(g)$.

Consideriamo infatti una particella di prova di mass $m$, che si muove liberamente in una varietà spazio-temporale descritta dalla metrica $g_{\mu\nu}$, e parametrizziamo la sua traiettoria $x^\mu$ con il parametro scalare $\tau$, ponendo $\dot{x}^\mu = dx^\mu/d\tau$. Applicando il principio di minimo accoppiamento all'azione della particella libera nello spazio di Minkowski (si veda ad esempio il testo [7] della bibliografia finale) otteniamo l'azione

$$S = -m \int ds = -m \int \sqrt{g_{\mu\nu} dx^\mu dx^\nu} = -m \int d\tau \sqrt{g_{\mu\nu} \dot{x}^\mu \dot{x}^\nu}, \qquad (1.50)$$

che definisce la Lagrangiana

$$L(x, \dot{x}) = -m\sqrt{g_{\mu\nu} \dot{x}^\mu \dot{x}^\nu} \qquad (1.51)$$

(si ricordi che stiamo usando unità in cui $c = 1$). Variando rispetto a $x^\mu$, e identificando poi $\tau$ con il tempo proprio (in modo tale che $\dot{x}^\mu \dot{x}_\mu = 1$), abbiamo

$$\frac{\partial L}{\partial \dot{x}^\mu} = -m g_{\mu\nu} \dot{x}^\nu,$$
$$\frac{\partial L}{\partial x^\mu} = -\frac{m}{2} \dot{x}^\nu \dot{x}^\alpha \partial_\mu g_{\nu\alpha}, \qquad (1.52)$$

e le equazioni di Eulero-Lagrange forniscono la condizione

$$0 = -\frac{d}{d\tau} \frac{\partial L}{\partial \dot{x}^\mu} + \frac{\partial L}{\partial x^\mu}$$
$$= g_{\mu\nu} \ddot{x}^\nu + \dot{x}^\alpha \dot{x}^\nu \partial_\alpha g_{\mu\nu} - \frac{1}{2} \dot{x}^\nu \dot{x}^\alpha \partial_\mu g_{\nu\alpha} \qquad (1.53)$$
$$= g_{\mu\nu} \ddot{x}^\nu + \frac{1}{2} \dot{x}^\nu \dot{x}^\alpha \left( \partial_\alpha g_{\mu\nu} + \partial_\nu g_{\mu\alpha} - \partial_\mu g_{\nu\alpha} \right).$$

Moltiplicando per $g^{\rho\mu}$ arriviamo infine all'equazione del moto scritta in forma esplicitamente geodetica,

$$\ddot{x}^{\rho} + \Gamma_{\alpha\nu}{}^{\rho}\dot{x}^{\alpha}\dot{x}^{\nu} = 0, \qquad (1.54)$$

dove $\Gamma$ è la connessione di Christoffel definita dall'Eq. (1.36).

Possiamo quindi dire che un corpo di prova libero e puntiforme si muove lungo le traiettorie geodetiche della varietà Riemanniana, ossia si muove in modo che il quadrivettore velocità $u^{\mu}$ sia trasportato parallelamente a se stesso, $Du^{\mu} = 0$. Possiamo anche riferirci, in modo equivalente, al trasporto del quadrivettore impulso $p^{\mu} = mu^{\mu}$, anch'esso caratterizzato dalla condizione $Dp^{\mu} = 0$ lungo la traiettoria geodetica.

La condizione geodetica riferita a $p^{\mu}$ è però più generale, perché può essere estesa al caso di geodetiche di tipo luce (o nulle), caratterizzate dalla condizione $Dp^{\mu} = 0$, $p^{\mu}p_{\mu} = 0$. Tali curve descrivono il moto di particelle di prova di massa nulla, o anche (nell'approssimazione dell'ottica geometrica) la propagazione di onde e segnali che viaggiano nel vuoto alla velocità della luce. In questo caso è appropriato usare il quadrivettore d'onda $k^{\mu}$ al posto del quadri-impulso, e caratterizzare la propagazione geodetica – ad esempio dei raggi di luce – con la condizione

$$Dk^{\mu} \equiv dk^{\mu} + \Gamma_{\alpha\beta}{}^{\mu}dx^{\alpha}k^{\beta} = 0. \qquad (1.55)$$

Le traiettorie geodetiche generalizzano al caso Riemanniano le traiettorie rettilinee uniformi dello spazio-tempo di Minkowski, e ad esse si riducono, localmente, nel sistema localmente inerziale in cui $\Gamma = 0$. Questa proprietà del moto geodetico è in pieno accordo (e in stretta connessione) col principio di equivalenza, che sancisce la possibilità di eliminare gli effetti dell'interazione gravitazionale in un punto qualunque dello spazio-tempo (e quindi, ad esempio, in un punto situato lungo la traiettoria di un arbitrario osservatore).

Non è mai possibile eliminare, invece, le cosiddette "forze di marea", ossia le accelerazioni relative indotte dalla gravità tra osservatori situati *in punti diversi* dello spazio-tempo (anche se separati da distanze infinitesime). Tali accelerazioni caratterizzano in modo univoco e non ambiguo le metriche che descrivono gli effetti fisici di un reale campo gravitazionale, distinguendole dalle metriche associate a sistemi accelerati nello spazio-tempo di Minkowski. Il calcolo esplicito delle accelerazioni di marea ci può quindi fornire indicazioni importanti per la corretta formulazione di un modello geometrico dell'interazione gravitazionale.

A tale proposito consideriamo due corpi di prova infinitamente vicini che si muovono lungo le traiettorie geodetiche $x^{\mu}(\tau)$ e $x^{\mu}(\tau) + \eta^{\mu}(\tau)$, distinte dal cosiddetto vettore di separazione geodetica, $\eta^{\mu}(\tau)$, che tratteremo come infinitesimo del primo ordine. Combinando le due traiettorie possiamo ottenere la cosiddetta *equazione di deviazione geodetica*, che ci fornisce l'accelerazione relativa tra le due curve in funzione dell'evoluzione temporale del loro vettore di separazione $\eta^{\mu}$.

Partiamo dalle due equazioni geodetiche

$$\ddot{x}^\mu + \Gamma_{\alpha\beta}{}^\mu \dot{x}^\alpha \dot{x}^\beta = 0, \tag{1.56}$$

$$\ddot{x}^\mu + \ddot{\eta}^\mu + \Gamma_{\alpha\beta}{}^\mu (x+\eta)\left(\dot{x}^\alpha + \dot{\eta}^\alpha\right)\left(\dot{x}^\beta + \dot{\eta}^\beta\right) = 0, \tag{1.57}$$

e riscriviamo la seconda equazione sviluppando in serie $\Gamma$ nel limite $\eta^\mu \to 0$, trascurando termini di ordine $\eta^2$ e superiori:

$$\ddot{x}^\mu + \ddot{\eta}^\mu + \left[\Gamma_{\alpha\beta}{}^\mu(x) + \eta^\nu \partial_\nu \Gamma_{\alpha\beta}{}^\mu(x) + \cdots\right]\left(\dot{x}^\alpha \dot{x}^\beta + 2\dot{x}^\alpha \dot{\eta}^\beta + \cdots\right) = 0. \tag{1.58}$$

Eliminando i termini che soddisfano l'Eq. (1.56) arriviamo così al risultato

$$\ddot{\eta}^\mu + 2\Gamma_{\alpha\beta}{}^\mu \dot{x}^\alpha \dot{\eta}^\beta + \eta^\nu \left(\partial_\nu \Gamma_{\alpha\beta}{}^\mu\right)\dot{x}^\alpha \dot{x}^\beta = 0, \tag{1.59}$$

che ci dà l'accelerazione cercata in funzione della connessione $\Gamma$ e delle sue derivate prime.

Tale accelerazione può essere riscritta in una forma esplicitamente covariante (e quindi più facilmente interpretabile) introducendo la derivata covariante di $\eta^\mu$ lungo la geodetica $x^\mu(\tau)$:

$$\frac{D\eta^\mu}{d\tau} = \dot{\eta}^\mu + \Gamma_{\alpha\beta}{}^\mu \dot{x}^\alpha \eta^\beta. \tag{1.60}$$

La derivata covariante seconda fornisce allora la relazione

$$\begin{aligned}
\frac{D^2\eta^\mu}{d\tau^2} &= \frac{d}{d\tau}\frac{D\eta^\mu}{d\tau} + \Gamma_{\lambda\sigma}{}^\mu \dot{x}^\lambda \frac{D\eta^\sigma}{d\tau} \\
&= \ddot{\eta}^\mu + \Gamma_{\alpha\beta}{}^\mu \left(\ddot{x}^\alpha \eta^\beta + \dot{x}^\alpha \dot{\eta}^\beta\right) + \dot{x}^\nu \left(\partial_\nu \Gamma_{\alpha\beta}{}^\mu\right)\dot{x}^\alpha \eta^\beta \\
&\quad + \Gamma_{\lambda\sigma}{}^\mu \dot{x}^\lambda \left(\dot{\eta}^\sigma + \Gamma_{\alpha\beta}{}^\sigma \dot{x}^\alpha \eta^\beta\right),
\end{aligned} \tag{1.61}$$

che ci permette di eliminare $\ddot{\eta}$ dall'Eq. (1.59), e di riscrivere l'equazione di deviazione geodetica come

$$\frac{D^2\eta^\mu}{d\tau^2} = -\eta^\nu R_{\nu\alpha\beta}{}^\mu \dot{x}^\beta \dot{x}^\alpha, \tag{1.62}$$

dove

$$R_{\mu\nu\alpha}{}^\beta = \partial_\mu \Gamma_{\nu\alpha}{}^\beta - \partial_\nu \Gamma_{\mu\alpha}{}^\beta + \Gamma_{\mu\rho}{}^\beta \Gamma_{\nu\alpha}{}^\rho - \Gamma_{\nu\rho}{}^\beta \Gamma_{\mu\alpha}{}^\rho \tag{1.63}$$

è il cosiddetto *tensore di curvatura di Riemann*. Il tensore di Riemann – come vedremo esplicitamente in seguito – descrive la curvatura intrinseca della varietà spazio-temporale data, e quindi controlla in modo quantitativo le deviazioni della geometria dal modello "piatto" e rigido di Minkowski. Si può infatti dimostrare che l'annullarsi del tensore di Riemann è condizione necessaria e sufficiente affinché esista un sistema di coordinate nel quale la metrica $g_{\mu\nu}$ si riduca *dappertutto* alla forma di Minkowski $\eta_{\mu\nu}$ (si veda ad esempio il testo [3] della bibliografia finale).

Il risultato (1.62) ci mostra che è il tensore di curvatura di Riemann a controllare le forze di marea eventualmente presenti tra due punti distinti dello spazio-tempo.

D'altra parte, come già sottolineato in precedenza, sono proprio queste forze che segnalano senza ambiguità geometriche la presenza (o l'assenza) di un reale campo gravitazionale, generato da opportune sorgenti materiali. Dunque, è la curvatura la proprietà geometrica dello spazio-tempo che può rappresentare gli effetti fisici della gravità, ed è il tensore di Riemann l'ingrediente necessario per costruire un modello geometrico dell'interazione gravitazionale.

Per concludere la sezione presentiamo un breve sommario delle proprietà del tensore di Riemann – e degli oggetti tensoriali da esso derivabili – che saranno utilizzate frequentemente in seguito.

Dalla definizione (1.63) segue innanzitutto che

$$R_{\mu\nu\alpha\beta} = R_{\alpha\beta\mu\nu},\qquad(1.64)$$

e che

$$R_{\mu\nu\alpha\beta} = R_{[\mu\nu][\alpha\beta]}.\qquad(1.65)$$

Questa proprietà di antisimmetria nelle due coppie di indici ci dice che $R_{\mu\nu\alpha\beta}$ si può scrivere come il prodotto tensoriale di due tensori antisimmetrici di rango due, per cui il numero delle sue componenti indipendenti si riduce da $4^4 = 256$ a $6 \times 6 = 36$. Inoltre, il tensore di Riemann soddisfa alla cosiddetta *I identità di Bianchi*,

$$R_{[\mu\nu\alpha]}{}^{\beta} = 0,\qquad(1.66)$$

che impone 16 ulteriori condizioni, e riduce a $36 - 16 = 20$ il numero finale delle componenti indipendenti. È anche soddisfatta un'altra identità, detta *II identità di Bianchi*, che si scrive

$$\nabla_{[\lambda} R_{\mu\nu]\alpha}{}^{\beta} = 0\qquad(1.67)$$

e che non cambia il numero delle componenti indipendenti.

Ricordiamo infine che il tensore di Riemann controlla il commutatore delle derivate covarianti. Prendendo ad esempio le derivate covarianti seconde del vettore $A^\mu$, e antisimmetrizzando gli indici di derivata, si ottiene infatti

$$\left(\nabla_\mu \nabla_\nu - \nabla_\nu \nabla_\mu\right) A^\alpha \equiv \left[\nabla_\mu, \nabla_\nu\right] A^\alpha = R_{\mu\nu\beta}{}^{\alpha} A^\beta.\qquad(1.68)$$

Ne consegue (come potevamo aspettarci) che il commutatore è nullo se e solo se $R_{\mu\nu\alpha\beta} = 0$, ossia se e solo se lo spazio-tempo coincide dappertutto con quello di Minkowski, nel quale le derivare covarianti si riducono alle ordinarie derivate parziali che – appunto – commutano.

Contraendo gli indici del tensore di Riemann si ottengono oggetti tensoriali di rango inferiore che sono anch'essi collegati alle proprietà di curvatura dello spazio-tempo, e che intervengono direttamente nelle equazioni geometriche del campo gravitazionale (si veda la Sez. 1.2). Sommando un indice della prima coppia con un indice della seconda si definisce il cosiddetto *tensore di Ricci*,

$$R_{\nu\alpha} \equiv R_{\mu\nu\alpha}{}^{\mu} = R_{\alpha\nu},\qquad(1.69)$$

che è un tensore simmetrico di rango due. La contrazione dei suoi due indici (ovvero la sua traccia) definisce la *curvatura scalare*

$$R = R_\nu{}^\nu = g^{\nu\alpha}R_{\nu\alpha}, \qquad (1.70)$$

che, opportunamente combinata con il tensore di Ricci, ci permette di costruire il tensore

$$G_{\mu\nu} = R_{\mu\nu} - \frac{1}{2}g_{\mu\nu}R = G_{\nu\mu}, \qquad (1.71)$$

detto *tensore di Einstein*. Tale tensore è simmetrico, e soddisfa la cosiddetta *identità di Bianchi contratta*,

$$\nabla_\nu G^{\mu\nu} = 0, \qquad (1.72)$$

che è un'immediata conseguenza della II identità di Bianchi, Eq. (1.67). Questa identità è molto importante in quanto è necessaria per la consistenza delle equazioni gravitazionali con la proprietà di invarianza per diffeomorfismi, come vedremo nelle sezioni seguenti di questo capitolo.

## 1.2 Le equazioni di Einstein con costante cosmologica

Sfruttando il formalismo geometrico introdotto nelle sezioni precedenti, e seguendo le indicazioni fisiche fornite dal principio di equivalenza e dall'equazione di deviazione geodetica, scegliamo dunque di descrivere la dinamica del campo gravitazionale mediante un'azione che sia invariante per diffeomorfismi e che contenga il tensore di curvatura.

La scelta più semplice – evitando potenze della curvatura di grado superiore al primo, che potrebbero dare equazioni del moto alle derivate superiori, e che comunque diventerebbero importanti solo quando la curvatura supera un particolare valore critico fissato dal modello[4] – è la cosiddetta azione di Einstein-Hilbert,

$$S_{EH} = -\frac{1}{2\kappa}\int_\Omega d^4x\sqrt{-g}R, \qquad (1.73)$$

dove $R$ è la curvatura scalare (1.70), e $\kappa$ un parametro costante (necessario per ragioni dimensionali). Tale parametro viene fissato imponendo che il modello includa, nel limite non relativistico, i risultati della dinamica gravitazionale Newtoniana (si veda ad esempio il testo [7] della bibliografia finale). Con questa condizione si ottiene (in unità $\hbar = c = 1$)

$$\frac{1}{2\kappa} = \frac{1}{16\pi G} \equiv \frac{1}{2\lambda_P^2} \equiv \frac{M_P^2}{2}, \qquad (1.74)$$

---

[4] Potenze della curvatura di grado arbitrariamente elevato sono previste, ad esempio, nelle azioni gravitazionali effettive fornite dai modelli di stringa nel regime di gravità quantistica (si vedano i testi [8]-[10] della bibliografia finale).

dove $G$ è la costante di Newton, $\lambda_P$ è la lunghezza di Planck, $M_P$ la massa di Planck, ed è questo il valore di $\kappa$ che d'ora in avanti adotteremo per uno spazio-tempo con $D = 4$ dimensioni.

All'azione gravitazionale va aggiunta l'azione $S_M$ per il campo materiale che fa da sorgente. Essa si ottiene partendo dalla corrispondente azione scritta in assenza di gravità nello spazio-tempo di Minkowski, ed applicando il principio di minimo accoppiamento geometrico (ossia sostituendo la metrica $\eta_{\mu\nu}$ con una generica metrica $g_{\mu\nu}$, le derivate parziali con le derivate covarianti, e saturando a zero i pesi delle densità tensoriali con opportune potenze di $\sqrt{-g}$). Per un generico campo $\psi$, ad esempio, abbiamo:

$$S_M = \int_\Omega d^4x\sqrt{-g}\,\mathscr{L}_M(\psi,\nabla\psi,g), \qquad (1.75)$$

dove $\mathscr{L}_M(\psi,\partial\psi,\eta)$ è la densità di Lagrangiana che descrive $\psi$ nello spazio di Minkowski.

La somma delle due azioni $S_{EH} + S_M$ non definisce ancora un modello completo, perché la curvatura scalare presente in $S_{EH}$ contiene, oltre ai termini cinetici standard $\sim (\partial g)^2$ (quadratici nelle derivate prime della metrica), anche dei termini "non standard" $\sim \partial^2 g$, lineari nelle derivate seconde della metrica. Il contributo variazionale di questi termini entra nell'integrale d'azione sotto forma di una divergenza totale e quindi, applicando il teorema di Gauss, si può riscrivere come un contributo di bordo che è lineare nella *variazione delle derivate prime*, $\sim \delta(\partial g)$. Tale contributo non è automaticamente nullo, in generale, perché il principio di minima azione richiede che sul bordo $\partial\Omega$ del quadri-volume di integrazione sia nulla la variazione della metrica,

$$\delta g\big|_{\partial\Omega} = 0, \qquad (1.76)$$

ma non richiede che sia nulla anche la variazione *delle derivate* della metrica. Per ottenere le usuali equazioni di Einstein è perciò necessario cancellare questo contributo di bordo aggiungendo all'azione gravitazionale un'opportuna azione definita sull'ipersuperficie $\partial\Omega$.

La scelta di questo termine non è univoca, perché è possibile definire sul bordo $\partial\Omega$ azioni diverse che forniscono lo stesso contributo variazionale, e che sono quindi equivalenti ai fini dinamici (perlomeno a livello classico). La scelta comunemente adottata è la cosiddetta azione di York-Gibbons-Hawking, definita come integrale della curvatura estrinseca $K$ dell'ipersuperficie di bordo:

$$S_{YGH} = -\frac{1}{8\pi G}\int_{\partial\Omega} d^3x\sqrt{|h|}\,h^{\mu\nu}K_{\mu\nu}. \qquad (1.77)$$

Per scrivere questa azione in modo covariante abbiamo introdotto l'elemento di volume covariante $d^3x\sqrt{|h|}$, orientato lungo la normale $n^\mu$ al bordo $\partial\Omega$, dove $n^\mu$ soddisfa

$$g_{\mu\nu}n^\mu n^\nu = \varepsilon, \qquad\qquad \varepsilon = \pm 1 \qquad (1.78)$$

(il segno è positivo o negativo a seconda che la normale sia di tipo tempo o di tipo spazio, rispettivamente). Inoltre, $h$ è il determinante di $h_{\mu\nu}$, dove $h_{\mu\nu}$ è la metrica indotta sull'ipersuperficie $\partial\Omega$, definita in modo da risultare tangente all'ipersuperficie stessa:

$$h_{\mu\nu} = g_{\mu\nu} - \varepsilon n_\mu n_\nu, \qquad h_{\mu\nu}n^\nu = 0. \tag{1.79}$$

Infine, $K_{\mu\nu}$ è la cosiddetta "curvatura estrinseca" del bordo,

$$K_{\mu\nu} = h_\mu^\alpha h_\nu^\beta \nabla_\alpha n_\beta = K_{\nu\mu}, \qquad K_{\mu\nu}n^\nu = 0, \tag{1.80}$$

e la sua traccia fornisce lo scalare che entra direttamente nell'azione:

$$K \equiv h^{\mu\nu}K_{\mu\nu} = h^{\mu\nu}\left(\partial_\mu n_\nu - \Gamma_{\mu\nu}{}^\alpha n_\alpha\right). \tag{1.81}$$

Il coefficiente dimensionale che normalizza l'azione, $-(8\pi G)^{-1}$, è scelto *ad hoc*, in modo da cancellare esattamente il contributo di bordo dell'azione di Einstein.

Possiamo infine includere nell'azione gravitazionale una potenza della curvatura di grado zero, ossia un termine scalare *costante*, che fornisce anch'esso un contributo dinamico alle equazioni del moto grazie alla presenza di $\sqrt{-g}$ nella misura di integrazione:

$$S_\Lambda = -\int_\Omega d^4x\sqrt{-g}\,\Lambda. \tag{1.82}$$

Il parametro $\Lambda$ viene chiamato, per ragioni storiche, "costante cosmologica", in quanto originariamente introdotto per descrivere il campo gravitazionale su scala cosmologica. Il nome risulta particolarmente appropriato perché, come vedremo in seguito, il contributo dinamico di un termine costante $\Lambda$ sembra proprio accordarsi con le più recenti ed accurate osservazioni astronomiche su grande scala.

Consideriamo dunque un modello geometrico dell'interazione gravitazionale descritto dall'azione totale

$$S = S_{EH} + S_\Lambda + S_{YGH} + S_M, \tag{1.83}$$

e variamo questa azione rispetto alla metrica $g^{\mu\nu}$, cominciando dai primi due termini. Separando i vari contributi abbiamo:

$$\delta_g\left(S_{EH} + S_\Lambda\right) =$$
$$= -\int_\Omega d^4x\left[\frac{1}{16\pi G}\delta\left(\sqrt{-g}g^{\mu\nu}R_{\mu\nu}\right) + \Lambda\delta(\sqrt{-g})\right] \tag{1.84}$$
$$= -\int_\Omega d^4x\left[\frac{1}{16\pi G}\left(\sqrt{-g}R_{\mu\nu}\delta g^{\mu\nu} + R\delta\sqrt{-g} + \sqrt{-g}g^{\mu\nu}\delta R_{\mu\nu}\right) + \Lambda\delta(\sqrt{-g})\right].$$

A questo punto ci serve ricordare l'Eq. (1.39), che si può scrivere in forma differenziale come

$$d(\sqrt{-g}) = \frac{1}{2}\sqrt{-g}g^{\mu\nu}dg_{\mu\nu}. \tag{1.85}$$

Poiché $g^{\mu\nu}g_{\mu\nu} = 4$, abbiamo anche

$$d\left(g^{\mu\nu}g_{\mu\nu}\right) = g^{\mu\nu}dg_{\mu\nu} + g_{\mu\nu}dg^{\mu\nu} = 0, \qquad (1.86)$$

e quindi

$$d(\sqrt{-g}) = \frac{1}{2}\sqrt{-g}\,g^{\mu\nu}dg_{\mu\nu} = -\frac{1}{2}\sqrt{-g}\,g_{\mu\nu}dg^{\mu\nu}. \qquad (1.87)$$

Sostituendo nell'Eq. (1.84), fattorizzando la variazione $\delta g^{\mu\nu}$, e ricordando la definizione (1.71) del tensore di Einstein, otteniamo

$$\delta_g\left(S_{EH} + S_\Lambda\right) = \int_\Omega d^4x\sqrt{-g}\left[\left(-\frac{G_{\mu\nu}}{16\pi G} + \frac{\Lambda}{2}g_{\mu\nu}\right)\delta g^{\mu\nu} - \frac{g^{\mu\nu}}{16\pi G}\delta R_{\mu\nu}\right]. \qquad (1.88)$$

Dobbiamo ora calcolare la variazione $\delta R_{\mu\nu}$ del tensore di Ricci.

A questo scopo partiamo dalla definizione esplicita di $R_{\mu\nu}$, ed esprimiamo la variazione $g^{\mu\nu}\delta R_{\mu\nu}$ sotto forma di divergenza covariante. Applicando il teorema di Gauss e la condizione (1.76) troviamo allora che il contributo variazionale del tensore di Ricci si può scrivere come un integrale di flusso sul bordo $\partial\Omega$ di un vettore proporzionale alla variazione delle derivate prime della metrica, proiettate lungo la normale $n^\mu$ al bordo:

$$-\frac{1}{16\pi G}\int_\Omega d^4x\sqrt{-g}\,g^{\mu\nu}\delta R_{\mu\nu} = \frac{1}{16\pi G}\int_{\partial\Omega} d^3x\sqrt{|h|}\,h^{\alpha\beta}n^\mu\partial_\mu\delta g_{\alpha\beta} \qquad (1.89)$$

(si veda l'Esercizio 1.2). Questo contributo non è nullo, in generale, ma vien cancellato esattamente dalla variazione dell'azione (1.77), che fornisce appunto

$$\delta_g S_{YGH} = -\frac{1}{16\pi G}\int_{\partial\Omega} d^3x\sqrt{|h|}\,h^{\alpha\beta}n^\mu\partial_\mu\delta g_{\alpha\beta} \qquad (1.90)$$

(si veda l'Esercizio 1.3).

Per completare il calcolo resta da aggiungere il contributo dell'azione materiale (1.75),

$$\begin{aligned}
\delta_g S_M &= \int_\Omega d^4x\,\delta\left(\sqrt{-g}\mathscr{L}_M\right) \\
&= \int_\Omega d^4x\left[\frac{\partial\left(\sqrt{-g}\mathscr{L}_M\right)}{\partial g^{\mu\nu}}\delta g^{\mu\nu} + \frac{\partial\left(\sqrt{-g}\mathscr{L}_M\right)}{\partial\left(\partial_\alpha g^{\mu\nu}\right)}\partial_\alpha\delta g^{\mu\nu} + \cdots\right] \qquad (1.91) \\
&= \int_\Omega d^4x\left[\frac{\partial\left(\sqrt{-g}\mathscr{L}_M\right)}{\partial g^{\mu\nu}} - \partial_\alpha\frac{\partial\left(\sqrt{-g}\mathscr{L}_M\right)}{\partial\left(\partial_\alpha g^{\mu\nu}\right)} + \cdots\right]\delta g^{\mu\nu},
\end{aligned}$$

dove abbiamo omesso, per semplicità, l'eventuale contributo delle derivate della metrica di ordine superiore al primo (nel terzo passaggio abbiamo applicato il teorema di Gauss, e sfruttato la condizione di bordo (1.76)). La forma esplicita di tale contributo dipende, ovviamente, dalla particolare Lagrangiana materiale che stiamo considerando. Possiamo però indicare tale contributo in maniera concisa e generica introducendo un tensore $T_{\mu\nu}$ tale che

$$\delta_g S_M = \int_\Omega d^4x\, \delta\left(\sqrt{-g}\,\mathscr{L}_M\right) \equiv \frac{1}{2}\int_\Omega d^4x\sqrt{-g}\,T_{\mu\nu}\delta g^{\mu\nu}, \qquad (1.92)$$

ovvero – utilizzando il formalismo della derivata funzionale – ponendo

$$T_{\mu\nu} = \frac{2}{\sqrt{-g}}\frac{\delta\left(\sqrt{-g}\,\mathscr{L}_M\right)}{\delta g^{\mu\nu}}, \qquad (1.93)$$

dove il simbolo $\delta/\delta g^{\mu\nu}$ indica la successione di operazioni differenziali effettuate dentro la parentesi quadra nell'ultima riga dell'Eq. (1.91).

Il significato fisico di $T_{\mu\nu}$, chiamato "tensore dinamico energia-impulso", verrà illustrato nella sezione seguente. Per ora osserviamo che $T_{\mu\nu}$ è simmetrico, $T_{\mu\nu} = T_{\nu\mu}$, e che sommando le Eqs. (1.88), (1.90), (1.92) otteniamo la variazione totale dell'azione nella forma seguente:

$$\delta_g\left(S_{EH}+S_\Lambda+S_{YGH}+S_M\right)=\int_\Omega d^4x\sqrt{-g}\left(-\frac{G_{\mu\nu}}{16\pi G}+\frac{\Lambda}{2}g_{\mu\nu}+\frac{T_{\mu\nu}}{2}\right)\delta g^{\mu\nu}. \quad (1.94)$$

La condizione di stazionarietà dell'azione, $\delta S = 0$, ci porta allora alle equazioni di Einstein con costante cosmologica:

$$G_{\mu\nu} \equiv R_{\mu\nu} - \frac{1}{2}g_{\mu\nu}R = 8\pi G\left(T_{\mu\nu}+\Lambda g_{\mu\nu}\right). \qquad (1.95)$$

Prendendone la traccia abbiamo

$$G_\mu{}^\mu = -R = 8\pi G\left(T+4\Lambda\right), \qquad (1.96)$$

per cui, eliminando la curvatura scalare mediante questa espressione, possiamo anche riscrivere le equazioni di Einstein nella forma

$$R_{\mu\nu} = 8\pi G\left(T_{\mu\nu}-\frac{1}{2}g_{\mu\nu}T-\Lambda g_{\mu\nu}\right), \qquad (1.97)$$

che risulta completamente equivalente a quella precedente.

Le equazioni (1.95) forniscono un sistema di 10 equazioni differenziali non lineari, alle derivate parziali, per le 10 componenti del tensore metrico $g_{\mu\nu}$. Però, solo 6 di queste equazioni sono indipendenti a causa delle 4 condizioni fornite dall'identità di Bianchi contratta (1.72), che impone che il membro sinistro dell'Eq. (1.95) abbia divergenza covariante nulla. Poiché la metrica ha derivata covariante nulla ne consegue, per consistenza, che $T_{\mu\nu}$ deve soddisfare alla condizione

$$\nabla_\nu T^{\mu\nu} = 0. \qquad (1.98)$$

Come vedremo nella sezione seguente, questa condizione risulta automaticamente soddisfatta purché i diffeomorfismi rappresentino una trasformazione di simmetria (nel senso del teorema di Nöther) per l'azione materiale considerata. D'altra parte, il fatto che ci siano solo 6 equazioni indipendenti, e quindi che vengano univocamente determinate solo 6 componenti del tensore metrico (lasciandone 4 arbitrarie), è anch'esso strettamente collegato alla covarianza dello schema geometrico considerato, in virtù del quale deve essere sempre possibile cambiare il sistema di coordinate mediante un opportuno diffeomorfismo, $x^\mu \to x'^\mu$, imponendo così sulla metrica 4 condizioni "di gauge" che fissano in modo arbitrario i gradi di libertà residui.

Osserviamo infine che il termine $\Lambda g_{\mu\nu}$, presente al membro destro dell'Eq. (1.95) anche in assenza di sorgenti materiali, sembra giocare il ruolo del tensore $T_{\mu\nu}$ per uno spazio-tempo classicamente "vuoto". E infatti, se consideriamo le energie di punto zero associate alle fluttuazioni quantistiche dei campi – sempre presenti anche quando i campi classici sono nulli – troviamo che lo stato di vuoto quantistico ha una densità d'energia media $\langle \rho \rangle \neq 0$, e un tensore energia-impulso il cui valore di aspettazione assume in generale la forma[5]

$$\langle T_{\mu\nu} \rangle = \langle \rho \rangle g_{\mu\nu}. \tag{1.99}$$

Sembra quindi possibile interpretare il termine cosmologico $\Lambda$ come densità d'energia media del vuoto, la quale – come tutti i tipi di densità d'energia – agisce da sorgente per il campo gravitazionale, ed è caratterizzata da un tensore energia-impulso effettivo che assume la semplice forma $T_{\mu\nu} = \Lambda g_{\mu\nu}$.

## 1.3 Il tensore dinamico energia-impulso

Il tensore $T_{\mu\nu}$ definito dall'Eq. (1.92) viene chiamato tensore dinamico (o tensore metrico) energia-impulso. L'aggettivo "dinamico" sottolinea il fatto che $T_{\mu\nu}$ agisce da sorgente gravitazionale nelle equazioni di Einstein, mentre l'aggettivo "metrico" si riferisce al fatto che $T_{\mu\nu}$ si ottiene dall'azione materiale variando – appunto – rispetto alla metrica. Tale tensore è associato alla densità d'energia e impulso del sistema materiale considerato perché, come vedremo in questa sezione, descrive le quantità che si conservano in seguito alle proprietà di simmetria dell'azione materiale rispetto alle traslazioni *locali* infinitesime,

$$x^\mu \to x'^\mu = x^\mu + \xi^\mu(x). \tag{1.100}$$

Esso rappresenta quindi la naturale generalizzazione ad un contesto Riemanniano del tensore canonico energia-impulso definito nello spazio-tempo di Minkowki, ossia del tensore associato all'invarianza dell'azione materiale per traslazioni *globali* infinitesime.

Per determinare le correnti conservate associate all'invarianza per traslazioni locali applichiamo l'usuale procedura del teorema di Nöther (si veda ad esempio il testo [7] della bibliografia finale), e calcoliamo la variazione infinitesima dell'azione

---

[5] Si veda ad esempio S. Weinberg, *Rev. Mod. Phys.* **61**, 1 (1989).

materiale $S_M$ sotto l'effetto della particolare trasformazione di coordinate (1.100), restando al primo ordine in $\xi^\mu$.

L'azione $S_M$ dipende in generale dalle coordinate $x$, dal campo $\psi$ e dalla metrica $g$ (si veda l'Eq. (1.75)), e dunque dobbiamo variare separatamente rispetto a ciascuna di queste tre variabili, tenendo di volta in volta le altre due fisse. La variazione rispetto alle coordinate dà ovviamente un contributo nullo a $\delta S$, poiché sia $d^4x\sqrt{-g}$ che $\mathscr{L}_M$ sono scalari, invarianti per generici diffeomorfismi. Rimane dunque il contributo

$$\delta_\xi S_M = \int_\Omega d^4x \left[ \frac{\delta(\sqrt{-g}\mathscr{L}_M)}{\delta\psi} \delta_\xi \psi + \frac{\delta(\sqrt{-g}\mathscr{L}_M)}{\delta g^{\mu\nu}} \delta_\xi g^{\mu\nu} \right], \qquad (1.101)$$

dove $\delta_\xi \psi$ e $\delta_\xi g^{\mu\nu}$ indicano, rispettivamente, le variazioni infinitesime del campo e della metrica indotte dalla trasformazione (1.100).

Il primo di questi due termini (la derivata funzionale rispetto a $\psi$, fatta a $x$ fissato) fornisce esattamente le equazioni di Eulero-Lagrange per il campo $\psi$, e quindi è identicamente nullo se vogliamo applicare il teorema di Nöther, che si riferisce agli stati del sistema che soddisfano le equazioni del moto,

$$\frac{\delta(\sqrt{-g}\mathscr{L}_M)}{\delta\psi} = 0. \qquad (1.102)$$

Rimane il secondo termine che, sfruttando la definizione (1.92), può essere riscritto in funzione di $T_{\mu\nu}$ come

$$\delta_\xi S_M = \frac{1}{2} \int_\Omega d^4x \sqrt{-g}\, T_{\mu\nu} \delta_\xi g^{\mu\nu}, \qquad (1.103)$$

dove $\delta_\xi g^{\mu\nu}$ è la trasformazione infinitesima della metrica, *calcolata a x fissato*.

Per calcolare $\delta_\xi g^{\mu\nu}$ partiamo dalla regola di trasformazione tensoriale applicata al diffeomorfismo infinitesimo (1.100):

$$\begin{aligned} g'^{\mu\nu}(x') = g'^{\mu\nu}(x+\xi) &= \frac{\partial x'^\mu}{\partial x^\alpha} \frac{\partial x'^\nu}{\partial x^\beta} g^{\alpha\beta}(x) \\ &\simeq \left( \delta^\mu_\alpha + \partial_\alpha \xi^\mu + \cdots \right) \left( \delta^\nu_\beta + \partial_\beta \xi^\nu + \cdots \right) g^{\alpha\beta}(x). \end{aligned} \qquad (1.104)$$

Valutiamo questa trasformazione nel punto traslato da $x^\mu$ a $x^\mu - \xi^\mu$, e sviluppiamo $g^{\alpha\beta}(x-\xi)$ in serie di Taylor al primo ordine per $\xi^\mu \to 0$:

$$\begin{aligned} g'^{\mu\nu}(x) &\simeq \left( \delta^\mu_\alpha + \partial_\alpha \xi^\mu \right) \left( \delta^\nu_\beta + \partial_\beta \xi^\nu \right) g^{\alpha\beta}(x-\xi) \\ &\simeq \left( \delta^\mu_\alpha \delta^\nu_\beta + \delta^\mu_\alpha \partial_\beta \xi^\nu + \delta^\nu_\beta \partial_\alpha \xi^\mu \right) \left[ g^{\alpha\beta}(x) - \xi^\rho \partial_\rho g^{\alpha\beta}(x) + \cdots \right] \qquad (1.105) \\ &\simeq g^{\mu\nu}(x) - \xi^\rho \partial_\rho g^{\mu\nu} + g^{\mu\alpha} \partial_\alpha \xi^\nu + g^{\nu\alpha} \partial_\alpha \xi^\mu + \cdots. \end{aligned}$$

La variazione cercata è quindi

$$\delta_\xi g^{\mu\nu} \equiv g'^{\mu\nu}(x) - g^{\mu\nu}(x) = -\xi^\rho \partial_\rho g^{\mu\nu} + g^{\mu\alpha}\partial_\alpha \xi^\nu + g^{\nu\alpha}\partial_\alpha \xi^\mu, \qquad (1.106)$$

e si può esprimere in forma esplicitamente covariante come

$$\delta_\xi g^{\mu\nu} = \nabla^\mu \xi^\nu + \nabla^\nu \xi^\mu \equiv 2\nabla^{(\mu}\xi^{\nu)} \qquad (1.107)$$

(si veda l'Esercizio 1.4).

Sostituiamo ora questo risultato nell'Eq. (1.103). Sfruttando la simmetria di $T_{\mu\nu}$, e integrando per parti, abbiamo:

$$\delta_\xi S_M = \int_\Omega d^4x \sqrt{-g}\, T_{\mu\nu}\nabla^\mu \xi^\nu = \int_\Omega d^4x \sqrt{-g}\left[\nabla^\mu\left(T_{\mu\nu}\xi^\nu\right) - \xi^\nu\nabla^\mu T_{\mu\nu}\right]. \quad (1.108)$$

Il primo di questi due integrali si può trasformare, mediante il teorema di Gauss, in un integrale di flusso del vettore $T_{\mu\nu}\xi^\nu$, valutato sul bordo $\partial\Omega$ della regione di integrazione. Tale contributo è nullo se – come è lecito assumere – la sorgente materiale è localizzata in una porzione finita di spazio, e $T_{\mu\nu}$ tende a zero in modo sufficientemente rapido per $x$ che tende al bordo $\partial\Omega$. Possiamo quindi concludere che l'azione materiale è invariante, qualunque sia il generatore infinitesimo della traslazione locale infinitesima (1.100), se (e solo se) il tensore $T_{\mu\nu}$ soddisfa alla legge di conservazione covariante

$$\nabla_\nu T^{\mu\nu} \equiv \partial_\nu T^{\mu\nu} + \Gamma_{\nu\alpha}{}^\mu T^{\alpha\nu} + \Gamma_{\nu\alpha}{}^\nu T^{\mu\alpha}$$
$$\equiv \frac{1}{\sqrt{-g}}\partial_\nu\left(\sqrt{-g}T^{\mu\nu}\right) + \Gamma_{\nu\alpha}{}^\mu T^{\alpha\nu} = 0 \qquad (1.109)$$

(nel secondo passaggio abbiamo usato i risultati (1.38), (1.39) per la traccia della connessione).

Questa legge di conservazione generalizzata identifica $T_{\mu\nu}$ come l'appropriata versione del tensore energia-impulso in uno spazio-tempo di Riemann, e collega la consistenza formale delle equazioni di Einstein – in particolare, la consistenza dell'identità di Bianchi con la legge di conservazione di $T_{\mu\nu}$ – alle proprietà di simmetria dell'azione materiale.

Nella prossima sezione presenteremo alcuni semplici esempi di tensore energia-impulso che saranno frequentemente utilizzati nei capitoli seguenti.

### 1.3.1 Esempi: campo scalare e fluido perfetto

Consideriamo l'azione per un campo scalare $\phi$, con auto-interazioni descritte da un generico potenziale $V(\phi)$. Applicando il principio di minimo accoppiamento all'azione dello spazio-tempo di Minkowski otteniamo la corrispondente azione per uno spazio-tempo Riemanniano:

$$S = \int_{\Omega} d^4 x \sqrt{-g} \left[ \frac{1}{2} g^{\mu\nu} \partial_\mu \phi \partial_\nu \phi - V(\phi) \right]. \tag{1.110}$$

La Lagrangiana materiale, in questo caso, dipende dalla metrica ma non dalle sue derivate, e quindi la derivata funzionale presente nella definizione (1.93) si riduce a una semplice derivata parziale:

$$\begin{aligned}
T_{\mu\nu} &= \frac{2}{\sqrt{-g}} \frac{\partial (\sqrt{-g} \mathscr{L}_M)}{\partial g^{\mu\nu}} \\
&= \frac{2}{\sqrt{-g}} \frac{\partial}{\partial g^{\mu\nu}} \left[ \sqrt{-g} \left( \frac{1}{2} g^{\mu\nu} \partial_\mu \phi \partial_\nu \phi - V \right) \right].
\end{aligned} \tag{1.111}$$

Utilizzando l'Eq. (1.87) otteniamo perciò il tensore energia-impulso

$$T_{\mu\nu} = \partial_\mu \phi \partial_\nu \phi - \frac{1}{2} g_{\mu\nu} (\partial \phi)^2 + g_{\mu\nu} V(\phi), \tag{1.112}$$

dove $(\partial \phi)^2 \equiv \partial_\alpha \phi \partial^\alpha \phi$. È istruttivo verificare che la componente $T_0{}^0$ di questo tensore coincide esattamente con la densità di Hamiltoniana,

$$\mathscr{H} = \frac{\partial \mathscr{L}}{\partial (\partial_0 \phi)} \partial_0 \phi - \mathscr{L} \equiv T_0{}^0, \tag{1.113}$$

e quindi rappresenta la densità d'energia totale del sistema considerato, in accordo all'interpretazione data nella sezione precedente.

È anche facile verificare che questo tensore ha divergenza nulla, qualora sia soddisfatta l'equazione del moto del campo scalare che impone

$$\begin{aligned}
0 &\equiv \partial_\mu \frac{\partial (\sqrt{-g} \mathscr{L}_M)}{\partial (\partial_\mu \phi)} - \frac{\partial (\sqrt{-g} \mathscr{L}_M)}{\partial \phi} \\
&= \partial_\mu \left( \sqrt{-g} g^{\mu\nu} \partial_\nu \phi \right) + \sqrt{-g} \frac{\partial V}{\partial \phi},
\end{aligned} \tag{1.114}$$

ossia (usando la definizione (1.42) di D'Alembertiano covariante):

$$\nabla_\mu \nabla^\mu \phi + \frac{\partial V}{\partial \phi} = 0. \tag{1.115}$$

Prendendo la divergenza covariante dell'Eq. (1.112) abbiamo infatti:

$$\begin{aligned}
\nabla^\mu T_{\mu\nu} &= \left( \nabla^\mu \nabla_\mu \phi \right) \partial_\nu \phi + \partial^\mu \phi \left( \nabla_\mu \partial_\nu \phi \right) - \left( \nabla_\nu \partial_\mu \phi \right) \partial^\mu \phi + \frac{\partial V}{\partial \phi} \partial_\nu \phi \\
&\equiv 0.
\end{aligned} \tag{1.116}$$

Il primo e quarto termine, al membro destro della divergenza, si cancellano tra loro grazie all'equazione del moto (1.115). Il secondo e terzo termine, invece, si annullano in virtù della simmetria del tensore che definisce le derivate covarianti seconde di $\phi$:

$$\nabla_\mu \partial_\nu \phi = \partial_\mu \partial_\nu \phi - \Gamma_{\mu\nu}{}^\alpha \partial_\alpha \phi = \nabla_{(\mu} \partial_{\nu)} \phi \qquad (1.117)$$

(e quindi, in particolare, grazie alla simmetria della connessione di Christoffel).

È conveniente introdurre anche il tensore energia-impulso di un fluido perfetto perché, come vedremo in seguito, esso gioca un ruolo di primo piano nella descrizione delle sorgenti gravitazionali su scala cosmologica. Un fluido perfetto non presenta viscosità o attriti interni, ovvero le interazioni tra le particelle che lo compongono sono nulle (o comunque trascurabili). In un sistema di riferimento localmente a riposo con un elemento di fluido, a un tempo dato, la distribuzione di densità appare dunque isotropa, e le componenti del tensore energia-impulso si possono scrivere come segue:

$$T_0{}^0 = \rho, \qquad T_i{}^j = -p\delta_i^j, \qquad T_i{}^0 = 0 = T_0{}^i. \qquad (1.118)$$

Il coefficiente $\rho$ associato a $T_0{}^0$ rappresenta (come visto nel caso del campo scalare) la densità d'energia propria, mentre $p$ rappresenta la pressione del fluido (si veda ad esempio il testo [2] della bibliografia finale).

Entrambi i coefficienti $\rho$ e $p$ sono scalari (invarianti per trasformazioni generali di coordinate); perciò, in un differente sistema di riferimento in cui l'elemento di fluido è caratterizzato da una generica quadri-velocità $u^\mu$, il tensore $T_\mu{}^\nu$ si può scrivere in generale come segue:

$$T_\mu{}^\nu = (\rho + p)u_\mu u^\nu - p\delta_\mu^\nu. \qquad (1.119)$$

Oppure, in forma controvariante, come

$$T_{\mu\nu} = (\rho + p)u_\mu u_\nu - pg_{\mu\nu}. \qquad (1.120)$$

Si noti che il campo di velocià $u^\mu$ è riferito ad un osservatore fisico che si muove all'interno del cono luce, e quindi è normalizzato con l'usuale condizione

$$g_{\mu\nu} u^\mu u^\nu = 1. \qquad (1.121)$$

Nel sistema a riposo col fluido, in cui $u^i = 0$, si ha quindi $u_0 u^0 = 1$, e le componenti del tensore (1.119) riproducono esattamente quelle dell'Eq. (1.118), qualunque sia la metrica data. Inoltre, in un qualunque sistema, la traccia di $T_{\mu\nu}$ è uno scalare che si può esprimere come

$$T \equiv g^{\mu\nu} T_{\mu\nu} = \rho - 3p \qquad (1.122)$$

(il coefficiente numerico 3 dipende dal numero di dimensioni spaziali della varietà spazio-temporale considerata).

Notiamo infine che un fluido è detto barotropico se l'equazione di stato $p = p(\rho)$, che esprime la relazione funzionale tra la pressione e la densità d'energia, assume la forma di una relazione di proporzionalità diretta:

$$\frac{p}{\rho} = w = \text{costante}. \qquad (1.123)$$

Ad esempio, un gas di particelle non relativistiche, con equazione di stato $p = 0$, è un fluido barotropico con $w = 0$. Un gas di particelle ultra-relativistiche (ovvero, un fluido di radiazione) con tensore energia-impulso a traccia nulla, e quindi con equazione di stato $p = \rho/3$, è un fluido barotropico con $w = 1/3$. Anche il tensore energia-impulso

$$T_{\mu\nu} = \Lambda g_{\mu\nu}, \tag{1.124}$$

che descrive gli effetti gravitazionali della costante cosmologica, ammette un'interpretazione fluidodinamica. Se lo riscriviamo in forma tensoriale mista, e lo confrontiamo con l'Eq. (1.118), troviamo che descrive un fluido perfetto barotropico con densità d'energia $\rho = \Lambda =$ costante, e con equazione di stato

$$p = -\Lambda = -\rho \tag{1.125}$$

(ossia con coefficiente $w = -1$). Le implicazioni cosmologiche di questo risultato verranno discusse, in particolare, nel Cap. 4.

## Esercizi

### 1.1. Traccia della connessione di Christoffel
Ricavare l'Eq. (1.39), che esprime la traccia della connessione di Christoffel in funzione della derivata logaritmica del determinante del tensore metrico.

### 1.2. Contributo variazionale del tensore di Ricci
Determinare il contributo del tensore di Ricci alla variazione dell'azione gravitazionale (1.88), e mostrare che tale contributo può essere scritto come l'integrale di flusso (sull'ipersuperficie di bordo $\partial\Omega$) di un vettore proporzionale alla variazione delle derivate della metrica, in accordo all'Eq. (1.89).

### 1.3. Variazione dell'azione di York-Gibbons-Hawking
Calcolare la variazione rispetto alla metrica dell'azione di York-Gibbons-Hawking, e mostrare che tale variazione si può esprimere come nell'Eq. (1.90).

### 1.4. Variazione della metrica per traslazioni locali infinitesime
Mostrare che la variazione locale – ovvero a $x$ fissato – del tensore metrico $g^{\mu\nu}$, sotto l'azione del diffeomorfismo infinitesimo (1.100), si può scrivere (al primo ordine in $\xi^\mu$) in forma esplicitamente covariante come nell'Eq. (1.107), ossia come:

$$\delta_\xi g^{\mu\nu} = 2\nabla^{(\mu}\xi^{\nu)}. \tag{1.126}$$

## *Soluzioni*

### 1.1. Soluzione
Il determinante $g$ della metrica $g_{\mu\nu}$, espresso come sviluppo nei suoi minori, si può scrivere in forma compatta (sfruttando le proprietà del simbolo di Levi-Civita

completamente antisimmetrico) come segue:

$$-g\varepsilon_{0123} = g_{0\mu}g_{1\nu}g_{2\rho}g_{3\sigma}\varepsilon^{\mu\nu\rho\sigma} \tag{1.127}$$

(abbiamo usato la convenzione $\varepsilon_{0123} = -1$). Per lo sviluppo in minori lungo una generica riga o colonna abbiamo dunque la relazione tensoriale

$$-g\varepsilon_{\alpha\beta\gamma\delta} = g_{\alpha\mu}g_{\beta\nu}g_{\gamma\rho}g_{\delta\sigma}\varepsilon^{\mu\nu\rho\sigma}. \tag{1.128}$$

Differenziamo e poi dividiamo per $\sqrt{-g}$ entrambi i membri di questa uguaglianza. Ricordando la definizione dei tensori completamente antisimmetrici,

$$\eta_{\alpha\beta\gamma\delta} = \sqrt{-g}\,\varepsilon_{\alpha\beta\gamma\delta}, \qquad \eta^{\mu\nu\rho\sigma} = \frac{\varepsilon^{\mu\nu\rho\sigma}}{\sqrt{-g}} \tag{1.129}$$

(si veda la sezione sulle Notazioni e Convenzioni) otteniamo allora

$$
\begin{aligned}
-\sqrt{-g}\frac{\varepsilon_{\alpha\beta\gamma\delta}}{\sqrt{-g}\sqrt{-g}}dg &\equiv \eta_{\alpha\beta\gamma\delta}\frac{dg}{g} \\
&= \frac{\varepsilon^{\mu\nu\rho\sigma}}{\sqrt{-g}}\left[(dg_{\alpha\mu})g_{\beta\nu}g_{\gamma\rho}g_{\delta\sigma} + \cdots\right] \\
&= \left[\eta^{\mu}{}_{\beta\gamma\delta}dg_{\alpha\mu} + \cdots\right].
\end{aligned} \tag{1.130}
$$

Nella parentesi quadra al membro destro abbiamo omesso, per semplicità, i restanti tre termini, simili al primo, che contengono i differenziali $dg_{\beta\nu}$, $dg_{\gamma\rho}$, $dg_{\delta\sigma}$.

Moltiplichiamo infine entrambi i membri per $\eta^{\alpha\beta\gamma\delta}$, sfruttando le regole di prodotto dei tensori completamente antisimmetrici (si veda ad esempio il testo [7], Cap. 3.2, della bibliografia finale). Arriviamo così al risultato

$$4!\frac{dg}{g} = 3!\,4\,g^{\mu\alpha}dg_{\alpha\mu}, \tag{1.131}$$

da cui

$$\frac{dg}{g} = \frac{2}{\sqrt{-g}}d\sqrt{-g} = g^{\mu\nu}dg_{\mu\nu}. \tag{1.132}$$

In forma finita abbiamo la relazione

$$\frac{1}{\sqrt{-g}}\partial_{\alpha}\sqrt{-g} = \frac{1}{2}g^{\mu\nu}\partial_{\alpha}g_{\mu\nu} \equiv \Gamma_{\alpha\mu}{}^{\mu}, \tag{1.133}$$

che fornisce la traccia della connessione di Christoffel in accordo alle Eqs. (1.38), (1.39).

### 1.2. Soluzione

Ci serve innanzitutto l'espressione esplicita del contributo variazionale $g^{\mu\nu}\delta R_{\mu\nu}$ in funzione della metrica e delle sue derivate. Per ottenerla è conveniente lavorare in un sistema localmente inerziale in cui $\Gamma = 0$, $\partial\Gamma \neq 0$, e dove possiamo porre $\delta g = 0$ tenendo però $\partial(\delta g) \neq 0$. Usando la definizione (1.69) del tensore di Ricci abbiamo, in questo sistema,

$$
\begin{aligned}
\delta R_{\mu\nu}\big|_{\Gamma=0} &= \partial_\alpha\left(\delta\Gamma_{\mu\nu}{}^\alpha\right) - \partial_\mu\left(\delta\Gamma_{\alpha\nu}{}^\alpha\right) \\
&= \frac{1}{2}g^{\alpha\beta}\partial_\alpha\left(\partial_\mu\delta g_{\nu\beta} + \partial_\nu\delta g_{\mu\beta} - \partial_\beta\delta g_{\mu\nu}\right) - \frac{1}{2}g^{\alpha\beta}\partial_\mu\partial_\nu\delta g_{\alpha\beta}
\end{aligned}
\tag{1.134}
$$

(abbiamo usato il fatto che la variazione rispetto alla metrica viene fatta a $x$ fissato, e quindi le operazioni di variazione e derivata parziale commutano tra loro). Prendendo la traccia otteniamo:

$$
\left(g^{\mu\nu}\delta R_{\mu\nu}\right)_{\Gamma=0} = \partial^\beta\partial^\nu\delta g_{\nu\beta} - g^{\alpha\beta}\partial_\mu\partial^\mu\delta g_{\alpha\beta}.
\tag{1.135}
$$

In un generico sistema di coordinate (dove le derivate parziali diventano covarianti) abbiamo quindi:

$$
g^{\mu\nu}\delta R_{\mu\nu} = \nabla^\mu\nabla^\nu\delta g_{\mu\nu} - g^{\alpha\beta}\nabla_\mu\nabla^\mu\delta g_{\alpha\beta}.
\tag{1.136}
$$

Il contributo di questo termine alla variazione dell'azione si ottiene integrando sul quadri-volume $\Omega$ con la misura di integrazione scalare $d^4x\sqrt{-g}$ (si veda l'Eq. (1.88)). Applicando il teorema di Gauss (1.43) otteniamo

$$
\begin{aligned}
&-\frac{1}{16\pi G}\int_\Omega \sqrt{-g}\,g^{\mu\nu}\delta R_{\mu\nu} \\
&= -\frac{1}{16\pi G}\int_{\partial\Omega} dS^\mu \sqrt{-g}\left(g^{\nu\alpha}\nabla_\alpha\delta g_{\mu\nu} - g^{\alpha\beta}\nabla_\mu\delta g_{\alpha\beta}\right) \\
&= -\frac{1}{16\pi G}\int_{\partial\Omega} d^3x\sqrt{|h|}\,n^\mu\left(g^{\nu\alpha}\nabla_\alpha\delta g_{\mu\nu} - g^{\alpha\beta}\nabla_\mu\delta g_{\alpha\beta}\right).
\end{aligned}
\tag{1.137}
$$

Nel secondo passaggio abbiamo introdotto esplicitamente l'elemento di volume covariante $d^3x\sqrt{|h|}$ sull'ipersuperficie di bordo, orientato lungo la normale $n^\mu$ dell'Eq. (1.78), e abbiamo indicato con $h$ il determinante della metrica $h_{\mu\nu}$ indotta sul bordo, definita dall'Eq. (1.79).

Notiamo ora che la variazione dell'azione viene effettuata imponendo che sul bordo $\partial\Omega$ la metrica resti fissa (si veda l'Eq. (1.76)). Perciò, al precedente integrale contribuiranno solo le derivate parziali della metrica

$$
n^\mu\left(g^{\nu\alpha}\partial_\alpha\delta g_{\mu\nu} - g^{\alpha\beta}\partial_\mu\delta g_{\alpha\beta}\right),
\tag{1.138}
$$

perché termini del tipo $\Gamma\delta g$ sono nulli sul bordo. Per esprimere il contributo variazionale nella forma dell'Eq. (1.89) possiamo inoltre utilizzare l'espressione (1.79) della metrica indotta, e riscrivere l'Eq. (1.138) come segue:

$$n^\mu \left( h^{\nu\alpha} + \varepsilon n^\nu n^\alpha \right) \partial_\alpha \delta g_{\mu\nu} - n^\mu \left( h^{\alpha\beta} + \varepsilon n^\alpha n^\beta \right) \partial_\mu \delta g_{\alpha\beta}$$

$$= n^\mu h^{\nu\alpha} \partial_\alpha \delta g_{\mu\nu} - n^\mu h^{\alpha\beta} \partial_\mu \delta g_{\alpha\beta}$$

(1.139)

(i termini con $\varepsilon$ si cancellano identicamente). Il termine $h^{\nu\alpha} \partial_\alpha \delta g$ proietta la derivata di $\delta g$ lungo la direzione tangente al bordo $\partial\Omega$, dove $\delta g$ è nullo, e quindi non contribuisce alla variazione. Resta solo il secondo termine, che proietta le derivate di $\delta g$ in direzione normale al bordo. Sostituendo nell'Eq. (1.137) otteniamo dunque

$$-\frac{1}{16\pi G} \int_\Omega \sqrt{-g} \, g^{\mu\nu} \delta R_{\mu\nu} = \frac{1}{16\pi G} \int_{\partial\Omega} d^3x \sqrt{|h|} \, h^{\alpha\beta} n^\mu \partial_\mu \delta g_{\alpha\beta}, \qquad (1.140)$$

che riproduce esattamente il risultato (1.89) riportato nel testo.

### 1.3. Soluzione

Variamo rispetto alla metrica l'azione (1.77), sfruttando la definizione esplicita (1.81) della curvatura scalare estrinseca ed applicando la condizione di bordo (1.76). Abbiamo allora:

$$\delta_g \left( \sqrt{|h|} K \right) = \delta \left[ \sqrt{|h|} \, h^{\mu\nu} \left( \partial_\mu n_\nu - \Gamma_{\mu\nu}{}^\alpha n_\alpha \right) \right]$$

$$= -\sqrt{|h|} \, n_\alpha \delta\Gamma_{\mu\nu}{}^\alpha.$$

(1.141)

L'unico contributo alla variazione viene da $\delta\Gamma$ perché, differenziando l'Eq. (1.78), si trova che $\delta n$ è proporzionale a $\delta g$, e quindi anche $\delta h$ è proporzionale a $\delta g$. Ma sul bordo $\partial\Omega$ la variazione $\delta g$ è nulla, così come i termini proporzionali alle sue derivate tangenziali. Per cui

$$\delta h^{\mu\nu}\big|_{\partial\Omega} = 0, \qquad h^{\mu\nu} \partial_\mu \delta n_\mu \big|_{\partial\Omega} \sim h^{\mu\nu} \partial_\mu \delta g \big|_{\partial\Omega} = 0. \qquad (1.142)$$

Usiamo ora la definizione esplicita della connessione di Christoffel. Sostituendo nell'Eq. (1.141), ed usando la condizione (1.142), abbiamo:

$$\delta_g \left( \sqrt{|h|} K \right) = -\frac{1}{2} \sqrt{|h|} \, h^{\mu\nu} n^\alpha \left( \partial_\mu \delta g_{\nu\alpha} + \partial_\nu \delta g_{\mu\alpha} - \partial_\alpha \delta g_{\mu\nu} \right)$$

$$= \frac{1}{2} \sqrt{|h|} \, h^{\mu\nu} n^\alpha \partial_\alpha \delta g_{\mu\nu}.$$

(1.143)

La variazione dell'azione di York-Gibbons-Hawking fornisce allora

$$\delta_g S_{YGH} = -\frac{1}{8\pi G} \delta \int_{\partial\Omega} d^3x \sqrt{|h|} K = -\frac{1}{16\pi G} \int_{\partial\Omega} d^3x \sqrt{|h|} h^{\alpha\beta} n^\mu \partial_\mu \delta g_{\alpha\beta}, \quad (1.144)$$

in perfetto accordo con l'Eq. (1.90).

## 1.4. Soluzione

Scriviamo esplicitamente il membro destro dell'Eq. (1.126),

$$
\begin{aligned}
2\nabla^{(\mu}\xi^{\nu)} &= g^{\mu\alpha}\nabla_{\alpha}\xi^{\nu} + g^{\nu\alpha}\nabla_{\alpha}\xi^{\mu} \\
&= g^{\mu\alpha}\partial_{\alpha}\xi^{\nu} + g^{\nu\alpha}\partial_{\alpha}\xi^{\mu} + \left(g^{\mu\alpha}\Gamma_{\alpha\rho}{}^{\nu} + g^{\nu\alpha}\Gamma_{\alpha\rho}{}^{\mu}\right)\xi^{\rho}.
\end{aligned}
\tag{1.145}
$$

Sfruttiamo il fatto che la metrica ha derivata covariante nulla, ed imponiamo la condizione $\nabla_{\rho}g^{\mu\nu} = 0$, che implica

$$
\partial_{\rho}g^{\mu\nu} = -\Gamma_{\rho\alpha}{}^{\mu}g^{\alpha\nu} - \Gamma_{\rho\alpha}{}^{\nu}g^{\mu\alpha}.
\tag{1.146}
$$

Sostituendo nella parentesi tonda dell'Eq. (1.145) troviamo

$$
2\nabla^{(\mu}\xi^{\nu)} = -\xi^{\rho}\partial_{\rho}g^{\mu\nu} + g^{\mu\alpha}\partial_{\alpha}\xi^{\nu} + g^{\nu\alpha}\partial_{\alpha}\xi^{\mu}.
\tag{1.147}
$$

Il membro destro di questa equazione coincide esattamente con la variazione locale infinitesima della metrica $\delta_{\xi}g^{\mu\nu}$ fornita dall'Eq. (1.106). Perciò:

$$
2\nabla^{(\mu}\xi^{\nu)} = \delta_{\xi}g^{\mu\nu},
\tag{1.148}
$$

come si richiedeva di dimostrare.

# La geometria di Friedmann-Robertson-Walker

In questo capitolo introdurremo la metrica di Friedmann-Lemaître-Roberston-Walker (FLRW), comunemente usata per rappresentare gli effetti del campo gravitazionale presente a livello cosmico su scale di distanze confrontabili con il cosiddetto "raggio di Hubble" (la cui definizione precisa verrà data in seguito). Ne illustreremo le principali proprietà geometriche soffermandoci, in particolare, sugli aspetti cinematici relativi al moto dei corpi di prova e alla propagazione dei segnali.

La metrica FLRW descrive una varietà spazio-temporale che ammette sezioni spaziali tridimensionali che risultano perfettamente omogenee ed isotrope (cioè prive di punti e direzioni privilegiate). È opinione diffusa – fino ad ora implicitamente o esplicitamente condivisa dalla quasi totalità dei moderni studi cosmologici – che una metrica così altamente simmetrica sia da interpretare come una descrizione della geometria "media" dell'Universo, valida su larga scala, dove ci si aspetta che le forti disomogeneità locali diventino (in media) trascurabili.

Recentemente si è scoperto che il processo di media spaziale, che dovrebbe "smussare" le eventuali disomogeneità presenti, non commuta, in generale, con gli operatori differenziali che compaiono nelle equazioni di Einstein[1]. Ne consegue, in particolare, che la metrica che dovrebbe descrivere la geometria media non soddisfa le ordinarie equazioni della relatività generale, ma soddisfa equazioni generalizzate contenenti termini aggiuntivi che rappresentano i residui effetti delle disomogeneità sulla dinamica dell'evoluzione cosmologica. Un'introduzione a questo tipo di problematiche verrà presentata nell'Appendice B.

Nell'ambito delle lezioni riportate in questo testo, però, non sarà necessario far riferimento a tali equazioni generalizzate, e alla interpretazione della geometria FLRW come risultato di un processo di media: assumeremo solo che la metrica FLRW rappresenti una soluzione esatta delle ordinarie equazioni di Einstein, e fornisca una adeguata descrizione dell'evoluzione cosmologica nell'approssimazione in cui le disomogeneità (e anisotropie) locali sono assenti o trascurabili.

---

[1] Si veda ad esempio T. Buchert, *Gen. Rel. Grav.* **40**, 467 (2008), per un recente lavoro di rassegna.

Gasperini M.: Lezioni di Cosmologia Teorica.
DOI 10.1007/978-88-470-2484-7_2, © Springer-Verlag Italia 2012

Nelle sezioni seguenti, in particolare, ci concentreremo sulle isometrie spaziali della metrica FLRW, sulle possibili scelte del *gauge* temporale, sullo spostamento spettrale prodotto dal campo gravitazionale cosmico, e sulla struttura causale della corrispondente varietà spazio-temporale.

## 2.1 Varietà massimamente simmetriche

Per gli scopi di questo capitolo dobbiamo innanzitutto richiamare alcuni risultati di geometria differenziale che riguardano le varietà a curvatura costante, anche dette varietà "massimamente simmetriche".

Consideriamo un'ipersuperficie $\Sigma_n$ di tipo spazio, con $n$ dimensioni e con curvatura costante (positiva, negativa o nulla). Immaginiamo che $\Sigma_n$ sia immerso in uno spazio pseudo-Euclideo $(n+1)$-dimensionale, parametrizzato dalle coordinate $X^A$, con elemento di linea:

$$ds^2 = \eta_{AB}dX^A dX^B, \qquad A, B, \cdots = 0, 1, \ldots, n, \tag{2.1}$$

dove $\eta$ è la metrica di Minkowski. L'equazione per $\Sigma_n$, in questo spazio, si scrive:

$$\eta_{AB}X^A X^B = -\frac{1}{k} = \text{cost}, \tag{2.2}$$

dove $k$ è una costante con dimensioni $[k] = L^{-2}$. Se $k > 0$ l'equazione descrive una (pseudo) ipersfera $n$-dimensionale di raggio $R^2 = 1/k$. Se $k < 0$ l'equazione descrive invece un'iperboloide $n$-dimensionale. In ogni caso si tratta di varietà con raggio di curvatura costante.

Per determinare la metrica che rappresenta la geometria intrinseca di $\Sigma_n$ è conveniente parametrizzare tale varietà mediante coordinate dette "stereografiche", $\{x^a, a = 1, \ldots, n\}$, tali che:

$$\begin{aligned} X^A &= \delta^A_a x^a, \qquad A = 1, \ldots, n, \\ X^0 &= y \end{aligned} \tag{2.3}$$

(abbiamo chiamato $y$ la coordinata di tipo tempo dello spazio pseudo-Euclideo esterno). La condizione che le coordinate $x^a$ varino su $\Sigma_n$ impone il vincolo (2.2), ossia impone che

$$y^2 - \delta_{ab}x^a x^b = -\frac{1}{k}. \tag{2.4}$$

Differenziando abbiamo

$$ydy = \delta_{ab}x^a dx^b, \tag{2.5}$$

da cui

$$dy^2 = -k\frac{x_a x_b dx^a dx^b}{1 - kx_a x^a}, \tag{2.6}$$

dove i prodotti scalari sono effettuati con la metrica Euclidea $n$-dimensionale. L'elemento di linea (2.1) ristretto all'ipersuperficie $\Sigma_n$ assume dunque la forma

$$ds^2 = dy^2 - \delta_{ab}dx^a dx^b \equiv g_{ab}(x)dx^a dx^b, \tag{2.7}$$

dove

$$g_{ab} = -\delta_{ab} - k\frac{x_a x_b}{1 - kx_c x^c} \tag{2.8}$$

è la metrica intrinseca della varietà $\Sigma_n$ a curvatura costante, in coordinate stereografiche (il segno meno è dovuto alle nostra convenzioni per gli autovalori della metrica spaziale). Si noti che nel limite $k \to 0$, ossia nel limite in cui il raggio di curvatura tende all'infinito, si ritrova la metrica $\delta_{ab}$ dell'iperpiano Euclideo $n$-dimensionale.

Le varietà a curvatura costante sono anche dette "massimamente simmetriche" perché ammettono il massimo numero consentito di isometrie, numero che, in uno spazio a $n$ dimensioni, è pari a $n(n+1)/2$. Le isometrie sono trasformazioni di coordinate che si possono scrivere (al primo ordine) nella forma infinitesima dell'Eq. (1.100), e che lasciano la metrica localmente invariata, $g'^{\mu\nu}(x) = g^{\mu\nu}(x)$, ossia che soddisfano la condizione $\delta g^{\mu\nu} = 0$, dove $\delta g^{\mu\nu}$ è la variazione infinitesima locale data dall'Eq. (1.106) (oppure, equivalentemente, dall'Eq. (1.107)).

Se risolviamo l'equazione $\delta g^{\mu\nu} = 0$ per la metrica (2.8) troviamo infatti che esistono $n(n+1)/2$ diversi vettori $\xi^a$ (detti "vettori di Killing") indipendenti tra loro, che soddisfano la condizione di invarianza locale della metrica $\delta g^{\mu\nu} = 0$, e che generano quindi $n(n+1)/2$ diverse trasformazioni di isometrie. Per un semplice esempio possiamo pensare allo spazio-tempo di Minkowski, che è una varietà con $n = 4$ dimensioni a curvatura costante (uguale a zero). Tale varietà ammette $(4 \times 5)/2 = 10$ isometrie che coincidono con le 10 trasformazioni del gruppo di Poincarè, le quali rappresentano appunto il massimo numero di trasformazioni che lasciano invariata la metrica di Minkowski.

### 2.1.1 Spazio tridimensionale omogeneo e isotropo

Consideriamo ora una varietà spazio-temporale $\mathcal{M}_4$, con $D = 4$ dimensioni, e con sezioni spaziali che corrispondono a varietà tridimensionali a curvatura costante (e che sono quindi massimamente simmetriche). Chiamiamo $k$ il parametro di curvatura, e $x^i$, $i = 1, 2, 3$, le coordinate stereografiche che parametrizzano le sezioni spaziali massimamente simmetriche. Utilizzando i risultati (2.7), (2.8) possiamo scrivere l'elemento di linea di $\mathcal{M}_4$, in generale, come segue:

$$ds^2 = N^2(t')dt'^2 - a^2(t')\left[|d\boldsymbol{x}|^2 + k\frac{(\boldsymbol{x} \cdot d\boldsymbol{x})^2}{1 - k|\boldsymbol{x}|^2}\right]. \tag{2.9}$$

Il punto indica il prodotto scalare rispetto alla metrica Euclidea $\delta_{ij}$, e le due funzioni $N$ ed $a$ dipendono solo dalla coordinata temporale $t'$. La funzione $a(t')$, detta "fattore di scala", va determinata risolvendo le equazioni di Einstein per questa metrica. La funzione $N(t')$, invece, può essere sempre scelta in modo arbitrario mediante un'opportuna trasformazione della coordinata temporale $t'$ (come vedremo nella sezione seguente).

Ad ogni istante dato, $t' = t_0 = $ cost, $dt' = 0$, l'elemento di linea (2.9) si riduce a $-a^2 d\sigma^2$, dove $d\sigma^2$ è l'elemento di linea di uno spazio tridimensionale $\Sigma_3$ con raggio di curvatura costante. Tale spazio, essendo massimamente simmetrico, ammette $(3 \times 4)/2 = 6$ isometrie, che corrispondono alle tre rotazioni e alle tre traslazioni lungo le direzioni spaziali $x^i$, $i = 1, 2, 3$. Questo significa che lo spazio $\Sigma_3$ non ha nè punti nè direzioni privilegiate, ovvero che la sua geometria non dipende nè da dove si pone l'origine del sistema di riferimento nè dall'orientazione spaziale dei suoi assi. In altri termini, la metrica delle ipersuperfici $\Sigma_3$ descrive una geometria *omogenea* e *isotropa*, e come tale si presta a rappresentare gli effetti del campo gravitazionale cosmico su grandi scale di distanza (dell'ordine di quelle intergalattiche o superiori).

In vista della simmetria rotazionale che caratterizza la geometria di $\Sigma_3$, può essere utile riscrivere la parte spaziale della metrica in coordinate sferico-polari $\{r, \theta, \phi\}$, effettuando la trasformazione di coordinate

$$x^1 = r \sin\theta \cos\phi, \qquad x^2 = r \sin\theta \sin\phi, \qquad x^3 = r \cos\theta. \qquad (2.10)$$

Differenziando queste equazioni otteniamo

$$\boldsymbol{x} \cdot d\boldsymbol{x} = r\,dr, \quad |\boldsymbol{x}|^2 = r^2, \quad |d\boldsymbol{x}|^2 = dr^2 + r^2\left(d\theta^2 + \sin^2 d\phi^2\right). \qquad (2.11)$$

Sostituendo nell'Eq. (2.9) arriviamo a quella che si può definire la forma generale della metrica di Friedmann-Lemaître-Robertson-Walker (FLRW),

$$ds^2 = N^2(t')dt'^2 - a^2(t')\left(\frac{dr^2}{1 - kr^2} + r^2 d\Omega^2\right),$$
$$d\Omega^2 = d\theta^2 + \sin^2 d\phi^2, \qquad (2.12)$$

dove resta solo da specificare un *gauge* opportuno per la coordinata temporale $t'$ (si veda la sezione seguente).

Può essere infine conveniente, per il caso $k \neq 0$, sostituire la coordinata radiale con un diverso parametro $\chi$ che tiene conto del segno di $k$. Per curvature positive, ossia per il caso in cui $\Sigma_3$ corrisponde a una sfera tridimensionale, e $r$ varia da 0 a un valore massimo $1/\sqrt{k}$, possiamo porre

$$r = \frac{1}{\sqrt{k}} \sin\chi, \qquad 0 \leq \chi \leq \pi, \qquad (2.13)$$

e la parte spaziale della metrica assume la forma $-a^2 d\sigma^2$, dove:

$$d\sigma^2 = \frac{1}{k}\left(d\chi^2 + \sin^2\chi d\Omega^2\right). \qquad (2.14)$$

Per curvature negative, invece, possiamo porre

$$r = \frac{1}{\sqrt{|k|}} \sinh \chi, \qquad 0 \leq \chi \leq \infty, \qquad (2.15)$$

e la parte spaziale della metrica assume la forma $-a^2 d\sigma^2$, dove:

$$d\sigma^2 = \frac{1}{|k|} \left( d\chi^2 + \sinh^2 \chi d\Omega^2 \right). \qquad (2.16)$$

## 2.2 Coordinate comoventi

Il sistema di coordinate in cui la metrica assume la forma (2.9) (oppure (2.12)) è detto "comovente" perché, in tali coordinate, un corpo di prova inizialmente a riposo resta a riposo, nonostante sia sottoposto all'azione di un campo gravitazionale che varia nel tempo. Ovvero, il corpo di prova evolve nel tempo in un modo che si può definire "solidale" con l'evoluzione della geometria stessa.

Questa proprietà si può facilmente verificare considerando un corpo di prova che all'istante iniziale è fermo, $\dot{x}^i = 0$, localizzato nel punto di coordinate $x^i = $ costante. La sua accelerazione iniziale, fornita dall'equazione geodetica (1.54), è allora data da

$$\ddot{x}^i = -\Gamma_{\alpha\beta}{}^i \dot{x}^\alpha \dot{x}^\beta = -\Gamma_{00}{}^i (\dot{x}^0)^2. \qquad (2.17)$$

Per la metrica (2.9), d'altra parte,

$$\Gamma_{00}{}^i = \frac{1}{2} g^{ij} \left( 2\partial_0 g_{0j} - \partial_j g_{00} \right) \equiv 0, \qquad (2.18)$$

perché $g_{0j} = 0$, mentre $g_{00}$ dipende solo dal tempo. Perciò anche l'accelerazione iniziale è nulla, e il corpo inizialmente fermo resta fisso nella posizione di partenza.

Questa proprietà della metrica FLRW si può anche esprimere dicendo che, per questa metrica, i campi di velocità tangenti alla traiettoria di osservatori (o corpi di prova) statici sono campi di velocità geodetici.

Per verificarlo consideriamo il quadri-vettore velocità $u^\mu = \dot{x}^\mu$ di un osservatore statico nella metrica (2.9), definito da:

$$u^\mu = \left( N^{-1}, \mathbf{0} \right), \qquad g_{\mu\nu} u^\mu u^\nu = 1. \qquad (2.19)$$

Per le componenti spaziali $u^i = 0$ l'equazione geodetica è identicamente soddisfatta, in quanto $\Gamma_{00}{}^i = 0$. Per la componente $u^0 = N^{-1}$ abbiamo

$$\frac{du^0}{d\tau} = \frac{du^0}{dt'} \frac{dt'}{d\tau} = -\frac{1}{N^3} \frac{dN}{dt'} \qquad (2.20)$$

(per la metrica (2.9), infatti, il tempo proprio $\tau$ è collegato a $t'$ dalla relazione $d\tau = N dt'$). D'altra parte, per la metrica (2.9),

$$\Gamma_{00}{}^0 = \frac{1}{N}\frac{dN}{dt'}. \tag{2.21}$$

perciò:

$$\frac{du^0}{d\tau} + \Gamma_{00}{}^0 (u^0)^2 \equiv 0, \tag{2.22}$$

e quindi tutte le componenti del campo di velocità $u^\mu$ soddisfano l'equazione geodetica.

### 2.2.1 Gauge sincrono e tempo cosmico

L'uso di coordinate comoventi per la parametrizzazione della geometria FLRW identifica la classe degli osservatori geodetici statici come osservatori "privilegiati di questa geometria (perché "a riposo" con la geometria stessa). Tali osservatori forniscono un possibile riferimento universale rispetto al quale sincronizzare gli orologi, e rispetto al quale definire una conveniente coordinata che parametrizzi l'evoluzione temporale in modo indipendente dall'evoluzione della geometria stessa.

Tale coordinata temporale (che d'ora in poi indicheremo con il simbolo $t$) coincide con il tempo proprio degli osservatori statici, ed è chiamato *tempo cosmico*. Il tempo cosmico $t$ è dunque definito dalla condizione differenziale

$$dt = N(t')dt', \tag{2.23}$$

e corrisponde alla scelta di un sistema di riferimento in cui $g_{00} = 1$ e $g_{0i} = 0$. Tale scelta di coordinate viene detta "*gauge* sincrono", e porta l'Eq. (2.12) a quella che probabilmente è la forma più tradizionale della metrica FLRW,

$$ds^2 = dt^2 - a^2(t)\left[\frac{dr^2}{1 - kr^2} + r^2\left(d\theta^2 + \sin^2\theta d\phi^2\right)\right], \tag{2.24}$$

scritta utilizzando coordinate sferico-polari per la parte spaziale, e il tempo cosmico per la coordinata $x^0$.

### 2.2.2 Tempo conforme

La scelta del *gauge* sincrono non è però l'unica scelta possibile per la coordinata temporale. Un'altra possibilità, che verrà spesso utilizzata in seguito, è quella di fissare la coordinata temporale imponendo che $g_{00}$ coincida con il fattore di scala $a^2$. Questa condizione definisce il cosiddetto *tempo conforme*, comunemente indicato con il simbolo $\eta$, che è dunque collegato al tempo cosmico $t$ dalla relazione differenziale

$$dt = N(t')dt' = a(\eta)d\eta. \tag{2.25}$$

La metrica FLRW, in questo caso, assume la forma

$$ds^2 = a^2(\eta)\left(d\eta^2 - d\sigma^2\right), \tag{2.26}$$

dove $d\sigma^2$ è l'elemento di linea delle ipersuperfici spaziali $\Sigma_3$ a curvatura costante.

La scelta del *gauge* conforme è particolarmente conveniente nel caso in cui lo spazio-tempo abbia sezioni spaziali a curvatura nulla, rappresentate da iperpiani tridimensionali con metrica Euclidea. In questo caso abbiamo $k = 0$ e l'elemento di linea (2.26) si riduce a

$$ds^2 = a^2(\eta)\left(d\eta^2 - |d\boldsymbol{x}|^2\right). \tag{2.27}$$

La metrica, in questo caso, si dice "conformemente piatta", in quanto differisce dalla metrica piatta di Minkowski unicamente per la presenza del fattore moltiplicativo $a^2(\eta)$, che riscala tempi e lunghezze in rapporto alle variazioni temporali della geometria. L'uso del tempo conforme risulta indicato per lo studio delle perturbazioni cosmologiche, come vedremo in seguito.

## 2.3 Effetti cinematici nella geometria FLRW

Una volta fissato il gauge temporale, la geometria FLRW dipende solo da due parametri: la curvatura (costante) $k$ delle sezioni spaziali tridimensionali, e il fattore di scala $a(t)$, che controlla l'evoluzione temporale del campo gravitazionale cosmico.

Per determinare il possibile andamento di $a(t)$ occorre formulare un opportuno modello cosmologico, e risolvere le corrispondenti equazioni di Einstein (si veda ad esempio il Cap. 3). Anche senza usare un'espressione esplicita per $a(t)$, però, è possibile studiare la propagazione dei segnali e il moto dei corpi di prova in una generica geometria FLRW, e scoprire alcuni interessanti effetti cinematici, assenti in altri tipi di geometrie. Ad esempio: lo spostamento spettrale delle frequenze (o delle energie) ricevute rispetto a quelle emesse, e la possibile esistenza di regioni dello spazio-tempo inaccessibili all'osservazione (diretta o indiretta) di un particolare osservatore.

Cominciamo dallo spostamento spettrale.

### 2.3.1 Spostamento spettrale

Consideriamo una particella di massa nulla (ad esempio un fotone) che si propaga liberamente in una varietà spazio-temporale di tipo FLRW spazialmente piatta ($k =$

0), descritta dalla metrica:

$$g_{00} = N^2, \qquad g_{ij} = -a^2 \delta_{ij}. \qquad (2.28)$$

Si noti che non abbiamo fissato il *gauge* temporale, e abbiamo parametrizzato le sezioni spaziali a $t =$ costante con coordinate cartesiane $x^i$.

Supponiamo che il fotone abbia energia propria $\mathscr{E}$, e che si propaghi lungo la direzione spaziale individuata dal versore $n^i$, tale che $\delta_{ij} n^i n^j = 1$. Possiamo allora esprimere il suo quadri-impulso $p^\mu$ come

$$p^\mu = \left( \frac{\mathscr{E}}{N}, \frac{\mathscr{E}}{a} n^i \right), \qquad (2.29)$$

e verificare che soddisfa alla condizione di vettore nullo,

$$g_{\mu\nu} p^\mu p^\nu = \mathscr{E}^2 \left( 1 - \delta_{ij} n^i n^j \right) \equiv 0. \qquad (2.30)$$

Notiamo inoltre che il fotone si propaga lungo le geodetiche nulle della metrica (2.28), caratterizzate dalla condizione

$$ds^2 \equiv N^2 dt^2 - a^2 \delta_{ij} dx^i dx^j = 0. \qquad (2.31)$$

Perciò

$$N dt n^i = a dx^i \qquad (2.32)$$

è l'equazione differenziale che specifica la sua traiettoria lungo la direzione spaziale $n^i$.

Supponiamo ora che il fotone sia emesso e ricevuto da due osservatori geodetici statici, situati lungo la geodetica nulla percorsa dal fotone e localizzati, rispettivamente, nei punti di emissione $x_e$ e di ricezione $x_r$. L'energia misurata localmente da ciascun osservatore si ottiene proiettando scalarmente il quadri-impulso del fotone (dato dall'Eq. (2.29)) sulla quadri-velocità dell'osservatore considerato (data dall'Eq. (2.19)), e il rapporto tra l'energia emessa e l'energia ricevuta risulta quindi:

$$\frac{\left( g_{\mu\nu} p^\mu u^\nu \right)_e}{\left( g_{\mu\nu} p^\mu u^\nu \right)_r} = \frac{\mathscr{E}(t_e)}{\mathscr{E}(t_r)} = \frac{\omega_e}{\omega_r} \qquad (2.33)$$

(nel secondo passaggio abbiamo usato la relazione quantistica $\mathscr{E} = \hbar\omega$ tra l'energia e la frequenza dell'onda associata alla particella). Si noti, in particolare, che l'energia di un fotone con impulso $p^\mu$, misurata localmente da ciascun osservatore, non è $p^0$, bensì $\sqrt{g_{00}} p^0 = N p^0$. Ne consegue (come vedremo) che lo spostamento spettrale prodotto dalla geometria FLRW è controllato solo dal fattore di scala, indipendentemente dalla scelta del *gauge* temporale e da come vengono normalizzate le componenti di $p^\mu$ (si veda a questo proposito l'Esercizio 2.4).

Per determinare la variazione di energia (o di frequenza) tra il punto di emissione e di ricezione dobbiamo ricordare che il quadri-impulso $p^\mu$ viene trasportato parallelamente lungo la traiettoria geodetica (si veda la Sez. 1.1.2, Eq. (1.55)). Per la componente $p^0$, in particolare, abbiamo:

$$dp^0 = -\Gamma_{\alpha\beta}{}^0 dx^\alpha p^\beta. \tag{2.34}$$

Il calcolo della connessione di Christoffel per la metrica (2.28), d'altra parte, fornisce:

$$\Gamma_{00}{}^0 = \frac{\dot{N}}{N}, \qquad \Gamma_{ij}{}^0 = \frac{a\dot{a}}{N^2}\delta_{ij}, \qquad \Gamma_{i0}{}^0 = 0, \tag{2.35}$$

dove il punto indica la derivata rispetto a $x^0 = t$. Perciò:

$$
\begin{aligned}
dp^0 \equiv d\left(\frac{\mathscr{E}}{N}\right) &= -\frac{\dot{N}}{N}\left(\frac{\mathscr{E}}{N}\right) dt - \frac{a\dot{a}}{N^2}\delta_{ij}dx^i p^j, \\
&= -\frac{\dot{N}}{N}\left(\frac{\mathscr{E}}{N}\right) dt - \frac{\dot{a}}{a}\left(\frac{\mathscr{E}}{N}\right) dt
\end{aligned}
\tag{2.36}
$$

(nella seconda riga abbiamo usato l'Eq. (2.32) per $dx^i$ e l'Eq. (2.29) per $p^j$). Differenziando esplicitamente il primo membro di questa equazione troviamo che la dipendenza da $N = \sqrt{g_{00}}$ scompare, e arriviamo al risultato

$$\frac{d\mathscr{E}}{\mathscr{E}} = -\frac{da}{a}, \tag{2.37}$$

ossia

$$\mathscr{E}(t) = \frac{\overline{\varepsilon}}{a(t)}, \tag{2.38}$$

dove $\overline{\varepsilon}$ è una costante di integrazione (che rappresenta l'energia associata al fotone nel limite in cui il campo gravitazionale è trascurabile, e lo spazio-tempo si riduce a quello di Minkowski). Sostituendo nell'Eq. (2.33) possiamo infine esprimere lo spostamento spettrale relativo ai due osservatori nella ben nota forma:

$$\frac{\omega_e}{\omega_r} = \frac{\mathscr{E}(t_e)}{\mathscr{E}(t_r)} = \frac{a(t_r)}{a(t_e)}, \tag{2.39}$$

che ci dice che la frequenza (o l'energia) propria osservata varia nel tempo in modo inversamente proporzionale al fattore di scala della metrica FLRW data.

È conveniente, per l'uso pratico, riferire lo spostamento spettrale della radiazione al tempo di osservazione attuale $t_0$, e utilizzare come variabile il parametro $z(t)$, che esprime la variazione percentuale della lunghezza d'onda ricevuta al tempo $t_0$ rispetto alla lunghezza d'onda emessa a un generico istante $t < t_0$:

$$z(t) = \frac{\Delta\lambda}{\lambda} \equiv \frac{\lambda(t_0) - \lambda(t)}{\lambda(t)}. \tag{2.40}$$

Usando l'Eq. (2.39) abbiamo

$$z(t) = \frac{\lambda_0}{\lambda(t)} - 1 = \frac{\omega(t)}{\omega_0} - 1 = \frac{a_0}{a(t)} - 1, \tag{2.41}$$

e quindi

$$1 + z(t) = \frac{a_0}{a(t)}. \tag{2.42}$$

La variabile $z(t)$ viene chiamata "parametro di *redshift*", facendo riferimento alle osservazioni di sorgenti poste a distanza cosmologica che sono caratterizzate da valori di $z$ positivi, ossia da lunghezze d'onda ricevute maggiori di quelle emesse (e quindi da frequenze più basse, spostate "verso il rosso" rispetto a quelle emesse). Tali osservazioni si spiegano facilmente nel contesto della metrica FLRW come l'effetto di un fattore di scala che cresce col tempo ($a_0 \equiv a(t_0) > a(t)$ per $t_0 > t$), e quindi di una geometria cosmica in espansione.

Nei modelli in cui $a(t)$ decresce nel tempo, invece, si ha $1 + z < 1$: la variabile $z$ è negativa e corrisponde ad un aumento delle frequenze, ossia ad uno spostamento "verso il blu" delle frequenze ricevute rispetto a quelle emesse.

### 2.3.2 Orizzonte di particella e orizzonte degli eventi

Un altro interessante effetto cinematico tipico della metrica FLRW riguarda la possibile presenza di orizzonti causali, determinati dai vincoli che la geometria dello spazio-tempo impone sul moto dei corpi di prova e sulla propagazione dei segnali.

Per illustrare questo effetto adottiamo per semplicità il *gauge* sincrono, e consideriamo una generica geometria FLRW descritta dalla metrica (2.24). La traiettoria di un segnale che si propaga verso l'origine, lungo una geodetica radiale nulla di questa metrica, è caratterizzata dalle condizioni differenziali $d\theta = 0$, $d\phi = 0$, e da

$$\frac{dt}{a(t)} = -\frac{dr}{\sqrt{1 - kr^2}}. \tag{2.43}$$

Supponiamo che il segnale sia emesso da un punto di coordinata radiale $r_1$ al tempo $t_1$, e sia ricevuto nell'origine $r = 0$ al tempo $t_0 > t_1$. Integrando lungo la traiettoria abbiamo

$$\int_0^{r_1} \frac{dr}{\sqrt{1 - kr^2}} = \int_{t_1}^{t_0} \frac{dt}{a(t)}. \tag{2.44}$$

La distanza propria del punto di emissione del segnale, valutata al tempo $t_0$, è allora data da

$$d(t_0) = a(t_0) \int_0^{r_1} \frac{dr}{\sqrt{1 - kr^2}} = a(t_0) \int_{t_1}^{t_0} \frac{dt}{a(t)}. \tag{2.45}$$

Ricordiamo che la distanza spaziale propria tra due punti dello spazio-tempo è data dal corrispondente invariante spazio-temporale $ds$, valutato a separazione temporale nulla.

Consideriamo ora l'integrale (2.45) nel limite in cui $t_1 \to t_{min}$, dove $t_{min}$ è la massima estensione *verso il passato* della coordinata temporale sulla varietà data. Si definisce *orizzonte di particella*, per un osservatore posto nell'origine delle coordinate al tempo $t_0$, la superficie sferica centrata sull'origine e di raggio proprio

$$d_p(t_0) = a(t_0) \int_{t_{min}}^{t_0} \frac{dt}{a(t)}. \tag{2.46}$$

L'orizzonte esiste, ovviamente, se tale integrale converge ad un valore finito $d_p(t_0) <$ $\infty$. I punti situati all'interno di questa superficie sono causalmente connessi con l'origine al tempo $t_0$ (perché c'è stato il tempo necessario per trasmettere informazioni fisiche tra questi punti e l'origine). I punti situati all'esterno, a distanza propria $d > d_p(t_0)$, non sono causalmente connessi con l'origine al tempo $t_0$, ma possono diventarlo a tempi successivi $t > t_0$. Si può dire dunque che l'orizzonte di particella divide la porzione di spazio già osservata da quella ancora da osservare.

Un'altra importante definizione di orizzonte si ottiene considerando una diversa configurazione in cui il segnale, che si propaga ancora verso l'origine lungo una geodetica radiale nulla, ma viene emesso da un punto di coordinata $r_2$ al tempo attuale $t_0$, e viene ricevuto nell'origine $r = 0$ ad un istante futuro $t_2 > t_0$. La distanza propria tra emettitore e origine, al tempo $t_0$, è allora data da

$$d(t_0) = a(t_0) \int_0^{r_2} \frac{dr}{\sqrt{1 - kr^2}} = a(t_0) \int_{t_0}^{t_2} \frac{dt}{a(t)}. \tag{2.47}$$

Consideriamo il limite $t_2 \to t_{max}$, dove $t_{max}$ è la massima estensione *verso il futuro* della coordinata temporale sulla varietà data, e assumiamo che in questo limite l'integrale (2.47) sia convergente. Si definisce allora *orizzonte degli eventi*, per un osservatore situato nell'origine al tempo $t_0$, la superficie sferica centrata sull'origine e di raggio proprio

$$d_e(t_0) = a(t_0) \int_{t_0}^{t_{max}} \frac{dt}{a(t)}. \tag{2.48}$$

Il fatto che questo integrale converga ad un valore $d_e(t_0) < \infty$ significa che i segnali emessi da distanze spaziali $d > d_e(t_0)$ non potranno *mai* raggiungere l'origine (perché sarebbero ricevuti a un tempo $t_2 > t_{max}$, che per definizione non esiste). I punti situati all'esterno di questa superficie, $d > d_e(t_0)$, non potranno mai entrare in connessione causale con l'origine. Perciò, l'orizzonte degli eventi divide la porzione di spazio-tempo osservabile da quella che non potrà mai essere accessibile all'osservazione.

Concludiamo osservando che la possibile esistenza di questi due tipi di orizzonte è una peculiarità della geometria FLRW che dipende crucialmente da due ingredienti: l'andamento del fattore di scala $a(t)$, e il dominio (finito o infinito) della coordinata temporale, $t_{min} \le t \le t_{max}$. Quest'ultimo, a sua volta, dipende dall'eventuale presenza di singolarità (passate o future), che possono limitare l'estensione fisica dello spazio-tempo introducendo bordi temporali (classicamente invalicabili) a distanza finita da qualunque osservatore. Un possibile esempio di metrica FLRW che ammette orizzonti viene presentato nell'Esercizio 2.5.

## Esercizi

### 2.1. Metrica di Milne

La metrica di Milne è una metrica di tipo FLRW con curvatura spaziale negativa, $k < 0$, e un fattore di scala che varia linearmente nel tempo cosmico, $a(t) = t/t_0$ ($t_0$ è un parametro costante positivo). Dimostrare che tale metrica descrive una varietà con curvatura nulla, corrispondente a una porzione dello spazio-tempo di Minkowski.

### 2.2. Metrica FLRW in coordinate del cono-luce

Si consideri la geometria conformemente piatta descritta dalla metrica

$$ds^2 = a^2(\eta)\left(d\eta^2 - dr^2 - r^2 d\Omega^2\right), \tag{2.49}$$

dove $d\Omega^2$ è definito nell'Eq. (2.12). Calcolare la metrica nel sistema di riferimento in cui il tempo conforme viene sostituito dalla coordinata

$$v = \eta + r, \tag{2.50}$$

definita sul cono-luce. Calcolare in questa nuova metrica lo spostamento spettrale di un fotone che si propaga lungo una geodetica radiale nulla, e verificare che si ritrova il risultato (2.39).

### 2.3. Moto relativo tra sorgente e osservatore

Determinare lo spostamento spettrale nella metrica (2.28) per un fotone (con quadri-impulso $p^\mu$ dato dall'Eq. (2.29)) che viene emesso da un osservatore geodetico statico caratterizzato dal campo di velocità $u^\mu$, e ricevuto da un osservatore non statico, con quadri-velocità

$$n^\mu = \gamma(u^\mu + v^\mu), \qquad \gamma = \frac{1}{\sqrt{1 + v_\mu v^\mu}}, \tag{2.51}$$

dove

$$u^\mu = \left(\frac{1}{N}, \mathbf{0}\right), \qquad v^\mu = \left(0, \frac{v^i}{a}\right). \tag{2.52}$$

### 2.4. Spostamento spettrale per un generico quadri-impulso nullo

Si consideri la propagazione di un fotone lungo una geodetica nulla della metrica (2.28), con generico quadri-impulso:

$$p^\mu = \left(p^0, p^i\right). \tag{2.53}$$

Calcolare il rapporto tra le frequenze di emissione e di ricezione misurate da due osservatori statici, e verificare che si ottiene il risultato (2.39).

### 2.5. Orizzonti per un fattore di scala a potenza

Si consideri una metrica FLRW caratterizzata da un fattore di scala che ha un andamento a potenza nel tempo cosmico, definito su tutto l'asse reale positivo:

$$a(t) = \left(\frac{t}{t_0}\right)^\alpha, \qquad 0 \le t \le \infty \qquad (2.54)$$

($\alpha$ è reale, e $t_0$ è un parametro costante positivo). Si discuta per quali valori di $\alpha$ la metrica ammette orizzonti di particella e orizzonti degli eventi.

## Soluzioni

### 2.1. Soluzione

Utilizzando l'Eq. (2.16) la metrica di Milne si può scrivere, nel gauge sincrono, come

$$ds^2 = dt^2 - t^2 \left(d\chi^2 + \sinh^2\chi \, d\Omega^2\right) \qquad (2.55)$$

(per semplicità, abbiamo riscalato il parametro $t_0$ in modo tale che $|k|t_0^2 = 1$). Tale metrica si può sempre ridurre globalmente alla metrica di Minkowski mediante un'opportuna trasformazione di coordinate.

Consideriamo infatti l'elemento di linea di Minkowski in coordinate polari, $\{x^0, r, \theta, \phi\}$:

$$ds^2 = dx_0^2 - dr^2 - r^2 d\Omega^2. \qquad (2.56)$$

Con la trasformazione di coordinate

$$x^0 = t\cosh\chi, \qquad r = t\sinh\chi, \qquad (2.57)$$

dove $t \in [0, \infty]$, $\chi \in [0, \infty]$, si ottiene

$$dx_0^2 - dr^2 = dt^2 - t^2 d\chi^2, \qquad (2.58)$$

e la metrica di Minkowski (2.56) si riduce dappertutto alla metrica di Milne (2.55). Il tensore di Riemann è ovviamente nullo nel sistema di coordinate in cui la metrica assume la forma di Minkowski (2.56), e quindi è identicamente nullo anche nel sistema di coordinate in cui la metrica assume la forma di Milne (2.55).

Notiamo infine che – in accordo alla definizione (2.57) di $\chi$ e $t$ – le curve $\chi = $ costante sono rette passanti per l'origine nel piano di Minkowski $(x_0, r)$. Tali rette variano da $r = 0$ fino al bordo del cono luce $r = x_0$ (corrispondente a $\chi = \infty$). Le curve $t = $ costante sono invece iperboli, che variano dall'asintoto $x_0 = r$ (corrispondente a $t = 0$) fino a $x_0 = \infty$. Perciò, al variare delle coordinate di Milne $t$ e $\chi$ da 0 a $\infty$, non viene ricoperta tutta la varietà di Minkowski, ma solo la regione di spazio-tempo compresa all'interno del cono-luce centrato sull'origine e orientato verso il futuro, detta appunto "spazio di Milne".

**2.2. Soluzione**

Consideriamo la trasformazione di coordinate

$$x^\mu = \{\eta, r, \theta, \phi\} \quad \longrightarrow \quad x'^\mu = \{v, r, \theta, \phi\}, \qquad (2.59)$$

dove $v$ è data dall'Eq. (2.50). Differenziando tale equazione, e sostituendo nell'elemento di linea (2.49), otteniamo:

$$ds'^2 = g'_{\mu\nu} dx'^\mu dx'^\nu = a^2 \left( dv^2 - 2dvdr - r^2 d\Omega^2 \right). \qquad (2.60)$$

La parte angolare della metrica rimane invariata. Concentriamo dunque la nostra attenzione sul piano $(v, r)$, dove la nuova metrica ha componenti:

$$g'_{00} = a^2, \qquad g'_{01} = -a^2, \qquad g'_{11} = 0. \qquad (2.61)$$

Invertendo la matrice $g'_{\mu\nu}$ si ottengono le corrispondenti componenti controvarianti:

$$g'^{00} = 0, \qquad g'^{01} = -a^{-2}, \qquad g'^{11} = -a^{-2}. \qquad (2.62)$$

In entrambi i casi, il fattore di scala $a$ è una funzione di $\eta = v - r$.

Consideriamo ora un fotone che si propaga verso l'origine lungo una geodetica radiale nulla, ossia lungo una traiettoria che nella nuova metrica $g'$ è caratterizzata dalle condizioni $d\Omega = 0$ e $dv = 0$. La definizione di spostamento spettrale come rapporto tra energia propria emessa e ricevuta (si veda l'Eq. (2.33)) rimane valida, perché le proiezioni scalari forniscono lo stesso risultato in tutti i sistemi di riferimento. La variazione dell'energia propria va però calcolata lungo le geodetiche della metrica $g'$.

A questo proposito osserviamo che il quadri-impulso del fotone, nel sistema di coordinate radiali della metrica (2.49), ha componenti

$$p^\mu = \left( \frac{\mathcal{E}}{a}, -\frac{\mathcal{E}}{a}, 0, 0 \right), \qquad (2.63)$$

e che la matrice Jacobiana corrispondente alla trasformazione di coordinate (2.59) è data da:

$$\frac{\partial x'^\mu}{\partial x^\nu} = \begin{pmatrix} 1 & 1 & 0 & 0 \\ 0 & 1 & 0 & 0 \\ 0 & 0 & 1 & 0 \\ 0 & 0 & 0 & 1 \end{pmatrix}. \qquad (2.64)$$

Nelle nuove coordinate $x'^\mu$ le componenti del quadri-impulso del fotone sono dunque le seguenti:

$$p'^\mu = \frac{\partial x'^\mu}{\partial x^\nu} p^\nu = \left( 0, -\frac{\mathcal{E}}{a}, 0, 0 \right). \qquad (2.65)$$

Si noti che $p'^1 < 0$, ossia che la propagazione è diretta verso l'origine, e che la condizione di vettore nullo, $g'_{\mu\nu} p'^\mu p'^\nu = 0$, è identicamente soddisfatta. La condizione di trasporto parallelo lungo la geodetica radiale fornisce allora la condizione

$$dp'^1 = -\Gamma_{11}'^{\;1} p'^1 dr = \frac{\mathscr{E}}{a}\Gamma_{11}'^{\;1} dr. \tag{2.66}$$

Per la metrica $g'$, d'altra parte, abbiamo:

$$\Gamma_{11}'^{\;1} = g'^{10}\partial_1 g'_{10} = \frac{2}{a}\frac{\partial a}{\partial r}. \tag{2.67}$$

Perciò, sostituendo nella (2.66),

$$d\left(\frac{\mathscr{E}}{a}\right) = -2\left(\frac{\mathscr{E}}{a}\right)\frac{da}{a}, \tag{2.68}$$

ossia

$$\frac{d\mathscr{E}}{\mathscr{E}} = -\frac{da}{a} \quad\Longrightarrow\quad \mathscr{E} \sim \frac{1}{a}, \tag{2.69}$$

che coincide esattamente con il risultato (2.38). Sostituendo nell'Eq. (2.33) si ritrova dunque lo spostamento spettrale nella forma (2.39), come previsto.

## 2.3. Soluzione

Notiamo innanzitutto che $u^\mu u_\mu = 1$, $u^\mu v_\mu = 0$, $n^\mu n_\mu = 1$, e $v^\mu v_\mu = -v^2$. Lo spostamento spettrale è dato dal rapporto delle frequenze misurate localmente dai due osservatori, che si ottengono proiettando scalarmente il quadri-impulso del fotone sulle due quadri-velocità $u^\mu$ e $n^\mu$. Perciò:

$$\frac{\omega_e}{\omega_r} = \frac{\left(g_{\mu\nu}p^\mu u^\nu\right)_e}{\left(g_{\mu\nu}p^\mu u^\nu\right)_r} = \frac{\mathscr{E}(t_e)}{\mathscr{E}(t_r)\gamma(1-\delta_{ij}n^i v^j)} = \frac{\mathscr{E}(t_e)}{\mathscr{E}(t_r)}\frac{\sqrt{1-v^2}}{(1-\boldsymbol{n}\cdot\boldsymbol{v})}. \tag{2.70}$$

Se la metrica fosse quella di Minkowski si avrebbe $\mathscr{E}(t_e) = \mathscr{E}(t_r)$, e si ritroverebbe esattamente lo spostamento spettrale previsto dall'effetto Doppler relativistico[2].

Nel caso della metrica FLRW dobbiamo aggiungere all'ordinario effetto Doppler lo spostamento spettrale prodotto dalla geometria, dovuto alla variazione dell'energia propria lungo la traiettoria geodetica del fotone:

$$\frac{\mathscr{E}(t_e)}{\mathscr{E}(t_r)} = \frac{a_r}{a_e} \tag{2.71}$$

(si veda l'Eq. (2.39)). Sostituendo nell'Eq. (2.70) otteniamo quindi il seguente spostamento spettrale totale:

$$\frac{\omega_e}{\omega_r} = \frac{a_r}{a_e}\frac{\sqrt{1-v^2}}{(1-\boldsymbol{n}\cdot\boldsymbol{v})}. \tag{2.72}$$

---

[2] Si veda ad esempio M. Gasperini, *Manuale di Relatività Ristretta* (Springer-Verlag, Milano, 2010).

## 2.4. Soluzione

Il rapporto cercato è dato da

$$\frac{\omega_e}{\omega_r} = \frac{\left(g_{\mu\nu}p^\mu u^\nu\right)_e}{\left(g_{\mu\nu}p^\mu u^\nu\right)_r}, \tag{2.73}$$

dove $p^\mu$ è il quadri-impulso (2.53), e $u^\mu$ è la quadri-velocità (2.19) di un osservatore geodetico statico. Usando la metrica (2.28) abbiamo

$$\frac{\omega_e}{\omega_r} = \frac{\left(Np^0\right)_e}{\left(Np^0\right)_r}. \tag{2.74}$$

La condizione di trasporto parallelo (2.34), con la connessione (2.35) e la condizione geodetica (2.32), fornisce:

$$dp^0 = -\frac{\dot{N}}{N}p^0 dt - \frac{\dot{a}}{N}\delta_{ij}n^i p^j dt. \tag{2.75}$$

Inoltre, poiché $p^\mu$ è un vettore nullo,

$$N^2(p^0)^2 = a^2\delta_{ij}p^i p^j, \tag{2.76}$$

da cui

$$p^j = \frac{N}{a}p^0 n^j. \tag{2.77}$$

Sostituendo nella (2.75) otteniamo

$$dp^0 = -\frac{dN}{N}p^0 - \frac{da}{a}p^0, \tag{2.78}$$

e quindi

$$\frac{d(Np^0)}{Np^0} = -\frac{da}{a}, \tag{2.79}$$

che integrata fornisce

$$Np^0 = \frac{\text{cost}}{a(t)}. \tag{2.80}$$

Sostituendo infine nell'Eq. (2.74) arriviamo al risultato

$$\frac{\omega_e}{\omega_r} = \frac{a_r}{a_e}, \tag{2.81}$$

che coincide esattamente con l'Eq. (2.39) ottenuta nel testo utilizzando un quadri-impulso normalizzato in maniera differente.

## 2.5. Soluzione

Consideriamo l'integrale (2.46) con $t_{min} = 0$, e imponiamo che il risultato sia convergente:

$$d_p(t_0) = a(t_0) \int_0^{t_0} dt \left(\frac{t_0}{t}\right)^\alpha = t_0^\alpha \left[\frac{t^{1-\alpha}}{1-\alpha}\right]_0^{t_0} < \infty \qquad (2.82)$$

(abbiamo supposto $\alpha \neq 1$). Tale condizione è soddisfatta, e quindi esiste un orizzonte di particella, se e solo se $\alpha < 1$. In questo caso l'orizzonte è situato a distanza propria

$$d_p(t_0) = \frac{t_0}{1-\alpha}, \qquad \alpha < 1, \qquad (2.83)$$

dall'origine.

Consideriamo poi l'integrale (2.48), con $t_{max} = \infty$, ed imponiamo che sia convergente:

$$d_e(t_0) = a(t_0) \int_{t_0}^\infty dt \left(\frac{t_0}{t}\right)^\alpha = t_0^\alpha \left[\frac{t^{1-\alpha}}{1-\alpha}\right]_{t_0}^\infty < \infty \qquad (2.84)$$

(abbiamo supposto, come in precedenza, $\alpha \neq 1$). Questa condizione è soddisfatta se e solo se $\alpha > 1$. In questo caso la metrica ammette un orizzonte degli eventi, situato a distanza propria

$$d_e(t_0) = \frac{t_0}{\alpha-1}, \qquad \alpha > 1, \qquad (2.85)$$

dall'origine.

Notiamo infine che per un'espansione di tipo lineare, $a = t/t_0$, entrambi gli integrali precedenti divergono logaritmicamente. Quindi per $\alpha = 1$ non esiste nè orizzonte di particella nè orizzonte degli eventi. Questo risultato si applica, in particolare, alla metrica di Milne introdotta nell'Esercizio 2.1.

# 3

# La dinamica del modello cosmologico standard

Il modello cosmologico standard, arrivato ad una formulazione completa e consistente nella seconda metà del Novecento, fornisce una dettagliata descrizione dello stato attuale dell'Universo e dei processi evolutivi che l'hanno determinato. Le sue principali assunzioni, motivate dalla fenomenologia gravitazionale e dalle osservazioni astronomiche su grande scala, si possono riassumere come segue.

- L'interazione gravitazionale su scale di distanze cosmologiche è correttamente descritta dalle equazioni della relatività generale.
- Le forme dominanti di materia ed energia presenti su queste scale di distanze sono distribuite in modo spazialmente omogeneo ed isotropo, e il campo gravitazionale da esse prodotto è dunque rappresentato da una geometria di tipo FLRW. Questa ipotesi, come discusso nell'introduzione al Cap. 2, va riferita alle sorgenti gravitazionali e alla geometria opportunamente mediate su regioni spaziali sufficientemente ampie[1] (si veda l'Appendice B per una discussione della procedura di media).
- Le sorgenti del campo gravitazionale cosmico si possono descrivere come un fluido perfetto, di tipo barotropico, con due componenti principali: materia (con equazione di stato $p = 0$), e radiazione (con equazione di stato $p = \rho/3$).
- La radiazione presente a livello cosmico si trova in uno stato di equilibrio termodinamico.

Queste ipotesi, come vedremo in questo capitolo, ci permettono di formulare un modello dinamico che descrive un Universo che si espande (e contemporaneamente si raffredda) a un ritmo ben preciso controllato dall'intensità dell'interazione gravitazionale.

Secondo questo modello l'Universo iniziale era molto più caldo e più denso di quello attuale, e dunque era in grado di ospitare le reazioni termonucleari che hanno

---

[1] È stato anche proposto, in alternativa, che la distribuzione della materia su scala cosmologica sia di tipo "frattale" (si veda ad esempio F. Sylos Labini, M. Montuori, L. Pietronero, *Phys. Rep.* **293**, 61 (1998)). Tale ipotesi non è stata per il momento nè definitivamente smentita nè confermata. Non è ancora noto, inoltre, che tipo di geometria descrive il campo gravitazionale prodotto da una densità d'energia distribuita in modo frattale.

Gasperini M.: Lezioni di Cosmologia Teorica.
DOI 10.1007/978-88-470-2484-7_3, © Springer-Verlag Italia 2012

prodotto gli elementi che oggi osserviamo (mediante un processo di nucleosintesi, a energie dell'ordine del MeV). Inoltre, l'espansione descritta dalla metrica FLRW permette di interpretare in modo naturale (e quantitativamente corretto) il redshift che caratterizza le sorgenti cosmiche in funzione della loro distanza. Infine, le proprietà termodinamiche dello stato dell'Universo spiegano – secondo questo modello – la presenza del fondo cosmico di radiazione fossile, che è stato direttamente osservato per la prima volta circa cinquant'anni fa[2], e le cui proprietà sono attualmente oggetto di misure sempre più accurate.

In questo capitolo studieremo le equazioni gravitazionali che determinano la dinamica del modello cosmologico standard, e discuteremo in particolare come tali equazioni possano essere confrontate con le osservazioni astronomiche relative a grandi scale di distanze.

## 3.1 Le equazioni di Friedmann-Robertson-Walker

Per determinare l'andamento temporale del fattore di scala $a(t)$, che controlla la dinamica del campo gravitazionale descritto da una metrica di tipo FLRW, dobbiamo risolvere le equazioni di Einstein per questa metrica.

Consideriamo dunque le equazioni (1.97), supponendo per il momento che il contributo della costante cosmologica sia trascurabile ($\Lambda = 0$),

$$ R_\mu{}^\nu = 8\pi G \left( T_\mu{}^\nu - \frac{1}{2}\delta_\mu^\nu T \right), \tag{3.1} $$

e prendendo come sorgente il tensore energia-impulso (1.119) di un fluido perfetto (in accordo alle ipotesi del modello standard, elencate nell'introduzione a questo capitolo). Supponiamo inoltre che il fluido considerato sia localmente a riposo nel sistema di coordinate comoventi (si veda la Sez. 2.2 per la definizione di queste coordinate). Perciò, nel gauge sincrono in cui la metrica assume la forma

$$ ds^2 = dt^2 - a^2(t) \left( \frac{dr^2}{1-kr^2} + r^2 d\Omega^2 \right), \tag{3.2} $$

la quadri-velocità del fluido si riduce a $u^\mu = (1, \mathbf{0})$, e il tensore energia-impulso (1.119) fornisce:

$$ T_0{}^0 = \rho(t), \qquad T_i{}^j = -p(t)\delta_i^j. \tag{3.3} $$

La pressione e la densità d'energia del fluido devono dipendere solo dal tempo e non dalle coordinate spaziali per essere in accordo con le proprietà di simmetria (in particolare con l'omogeneità spaziale) della geometria FLRW.

Per calcolare il membro sinistro delle equazioni di Einstein ci serve innanzitutto la connessione di Christoffel per la metrica (3.2). Applicando la definizione (1.36)

---

[2] A.A. Penzias, R.W. Wilson, *Astrophys. J.* **142**, 419 (1965).

troviamo che sono diverse da zero le seguenti componenti:

$$\Gamma_{01}{}^1 = \Gamma_{02}{}^2 = \Gamma_{03}{}^3 = H, \qquad\qquad \Gamma_{12}{}^2 = \Gamma_{13}{}^3 = \frac{1}{r},$$

$$\Gamma_{11}{}^0 = \frac{a\dot{a}}{1 - kr^2}, \qquad \Gamma_{22}{}^0 = a\dot{a}r^2, \qquad \Gamma_{33}{}^0 = a\dot{a}r^2 \sin^2\theta,$$

$$\Gamma_{11}{}^1 = \frac{kr}{1 - kr^2}, \qquad \Gamma_{22}{}^1 = r(kr^2 - 1), \quad \Gamma_{33}{}^1 = r(kr^2 - 1)\sin^2\theta,$$

$$\Gamma_{33}{}^2 = -\sin\theta\cos\theta, \qquad \Gamma_{23}{}^3 = \cot\theta. \tag{3.4}$$

Il punto indica la derivata rispetto al tempo cosmico, e

$$H = \frac{\dot{a}}{a} \tag{3.5}$$

è il cosiddetto "parametro di Hubble" che, come vedremo, gioca un ruolo di primo piano nella dinamica della geometria FLRW.

Data la connessione, le componenti del tensore di Ricci si ottengono direttamente dalla definizione (1.69):

$$R_{\nu\alpha} = R_{\mu\nu\alpha}{}^\mu = \partial_\mu\Gamma_{\nu\alpha}{}^\mu + \Gamma_{\mu\rho}{}^\mu\Gamma_{\nu\alpha}{}^\rho - \{\mu \leftrightarrow \nu\}. \tag{3.6}$$

Il calcolo delle sue componenti miste, in particolare, fornisce il seguente risultato:

$$R_0{}^0 = -3\frac{\ddot{a}}{a}, \qquad R_i{}^j = -\left(\frac{\ddot{a}}{a} + 2H^2 + 2\frac{k}{a^2}\right)\delta_i^j \tag{3.7}$$

(e $R_\alpha{}^\beta = 0$ per $\alpha \neq \beta$).

Consideriamo ora il membro destro delle equazioni (3.1). Per il fluido (3.3) abbiamo

$$T_0{}^0 - \frac{1}{2}T = \frac{1}{2}(\rho + 3p),$$

$$T_i{}^j - \frac{1}{2}T\delta_i^j = -\frac{1}{2}(\rho - p)\delta_i^j, \tag{3.8}$$

dove $T = \rho - 3p$ è la traccia del tensore energia-impulso. Combinando i risultati (3.7) e (3.8) arriviamo così alle due equazioni di campo

$$\frac{\ddot{a}}{a} = -\frac{4}{3}\pi G(\rho + 3p), \tag{3.9}$$

$$\frac{\ddot{a}}{a} + 2H^2 + 2\frac{k}{a^2} = 4\pi G(\rho - p), \tag{3.10}$$

la cui soluzione fornisce l'evoluzione temporale di $a(t)$ e $\rho(t)$, una volta data l'equazione di stato $p = p(\rho)$ che esprime la pressione in funzione della densità d'energia.

Le due equazioni precedenti possono anche essere espresse eliminando la dipendenza esplicita da $\ddot{a}/a$ in funzione di $H$ e della sua derivata,

$$\dot{H} = \frac{\ddot{a}}{a} - H^2. \tag{3.11}$$

Ricaviamo infatti $\ddot{a}/a$ dall'Eq. (3.10), e sostituiamolo nell'Eq. (3.9). Otteniamo la cosiddetta equazione di Friedmann,

$$H^2 + \frac{k}{a^2} = \frac{8}{3}\pi G \rho, \tag{3.12}$$

che è indipendente dalla pressione. Inoltre, usando l'Eq. (3.11) per $\ddot{a}/a$, sostituendo nella (3.10), ed eliminando $\rho$ con l'Eq. (3.12), abbiamo:

$$2\dot{H} + 3H^2 + \frac{k}{a^2} = -8\pi G p. \tag{3.13}$$

Le due equazioni (3.12), (3.13) sono equivalenti alle equazioni (3.9), (3.10), ma sono scritte in una forma più conveniente per le applicazioni che discuteremo in seguito.

Oltre a queste due componenti delle equazioni di Einstein possiamo inoltre sfruttare la conservazione del tensore energia-impulso del fluido (che segue dall'identità di Bianchi contratta (1.72)), e che implica

$$\nabla_\nu T_\mu{}^\nu \equiv \partial_\nu T_\mu{}^\nu + \Gamma_{\nu\alpha}{}^\nu T_\mu{}^\alpha - \Gamma_{\nu\mu}{}^\alpha T_\alpha{}^\nu = 0. \tag{3.14}$$

Usando l'Eq. (3.3) per $T_\mu{}^\nu$, e l'Eq. (3.4) per la connessione, si può verificare che le componenti spaziali di quest'equazione sono identicamente soddisfatte, mentre la componente temporale $\mu = 0$ fornisce la condizione

$$\dot{\rho} + 3H(\rho + p) = 0, \tag{3.15}$$

che termina l'evoluzione temporale della densità d'energia del fluido nella geometria FLRW data.

È importante sottolineare che quest'ultima equazione non fornisce una ulteriore condizione dinamica sul campo gravitazionale prodotto dal fluido, in quanto non è indipendente dalle due precedenti equazioni di Einstein ma si può ottenere da una loro opportuna combinazione. Derivando rispetto al tempo l'Eq. (3.12), e usando l'Eq. (3.13) per $\dot{H}$, abbiamo infatti

$$\begin{aligned}
\frac{8}{3}\pi G \dot{\rho} &= 2H\left(\dot{H} - \frac{k}{a^2}\right) \\
&= H\left(-3H^2 - 3\frac{k}{a^2} - 8\pi G p\right) \\
&= -8\pi G H(\rho + p),
\end{aligned} \tag{3.16}$$

che ci porta immediatamente alla precedente Eq. (3.15). Al posto delle equazioni (3.12), (3.13) possiamo quindi usare, come sistema completo di equazioni differenziali, il sistema formato dalla (3.12) e dalla (3.15) che sono equazioni differenziali del primo ordine e che, come vedremo nella prossima sezione, possono essere facilmente risolte per equazioni di stato di tipo barotropico.

Notiamo infine che l'evoluzione descritta dall'Eq. (3.15), per un fluido minimamente accoppiato alla geometria FLRW, è un'evoluzione di tipo *adiabatico*, come quella di un fluido libero nello spazio-tempo di Minkowski.

Prendiamo infatti un elemento di fluido con volume proprio $V$ ed energia totale $E = \rho V$, e ricordiamo che per la metrica (3.2) le distanze proprie variano nel tempo in modo proporzionale al fattore di scala. Per il volume proprio avremo dunque $V(t) \sim a^3(t)$, e

$$\frac{\dot{V}}{V} = 3\frac{\dot{a}}{a} = 3H. \tag{3.17}$$

Ponendo $\rho = E/V$ nell'Eq. (3.15) possiamo quindi riscrivere l'equazione di conservazione come

$$\frac{\dot{E}}{V} - \frac{E}{V}\frac{\dot{V}}{V} + \frac{\dot{V}}{V}\left(\frac{E}{V} + p\right) = 0, \tag{3.18}$$

ovvero, in forma differenziale,

$$dE + p\,dV = 0, \tag{3.19}$$

che è appunto la condizione termodinamica di adiabaticità (ovvero di evoluzione a entropia costante). Perciò, l'interazione con un campo gravitazione di tipo FLRW non può far variare l'entropia del fluido, che resta conservata indipendentemente dall'andamento temporale della geometria cosmica.

## 3.2 Soluzioni esatte per fluidi perfetti barotropici

Consideriamo il sistema formato dalle due equazioni differenziali (3.12) e (3.15), che sono equazioni del primo ordine per le tre incognite $a(t)$, $\rho(t)$ e $p(t)$. Per risolvere tale sistema è necessario specificare meglio il modello di sorgente materiale, fornendo un'ulteriore condizione – l'equazione di stato – che esprima la relazione tra $\rho$ e $p$ per il fluido considerato.

Nel contesto del modello cosmologico standard possiamo limitarci al caso di fluidi perfetti "barotropici", ossia fluidi la cui equazione di stato esprime una semplice proporzionalità diretta tra pressione e densità d'energia: $p/\rho = \gamma = $ costante. Possiamo supporre, in generale, che il tensore energia-impulso del nostro modello descriva una miscela di fluidi barotropici, con diversi parametri di stato $\gamma_n$. La pressione e la densità d'energia totali sono allora date da:

$$\rho = \sum_n \rho_n, \qquad p = \sum_n p_n, \qquad p_n = \gamma_n \rho_n. \tag{3.20}$$

Possiamo inoltre assumere che le varie componenti della miscela siano disaccoppiate tra loro, e che ognuna di esse soddisfi separatamente l'equazione di conservazione (3.15):

$$\dot{\rho}_n + 3H\rho_n(1 + \gamma_n) = 0. \tag{3.21}$$

In questo caso ogni componente del fluido evolve nel tempo in un modo che risulta univocamente determinato dalla propria equazione di stato. Ricordando che $H = \dot{a}/a$, e separando le variabili, l'Eq. (3.21) fornisce infatti

$$\frac{d\rho_n}{\rho_n} = -3(1 + \gamma_n)\frac{da}{a}, \tag{3.22}$$

da cui

$$\rho_n = \rho_{0n}a^{-3(1+\gamma_n)}, \tag{3.23}$$

dove $\rho_{0n}$ è una costante di integrazione determinata dalle condizioni iniziali.

Poiché gli andamenti temporali di $\rho_n$ (e di $p_n$) sono diversi a seconda del parametro $\gamma_n$, le componente della miscela tenderanno a separarsi con il passare del tempo, e avremo così un modello cosmologico "a più stadi". In ogni stadio, o *fase cosmologica*, ci sarà una componente del fluido che domina sulle altre (si veda la Fig. 3.1), e che determina l'evoluzione della geometria durante quella fase.

Consideriamo ad esempio la fase in cui la componente $n$-esima è quella dominante, ossia la fase in cui $\rho \simeq \rho_n$ e $p \simeq p_n = \gamma_n \rho_n$. Sostituendo la soluzione per $\rho_n$ nell'equazione di Friedmann (3.12), e trascurando la curvatura spaziale (si veda la Sez. 3.2.1), abbiamo allora:

$$\left(\frac{da}{dt}\right)^2 = \frac{8}{3}\pi G\rho_0 a^{2-3(1+\gamma_n)}. \tag{3.24}$$

Separando le variabili questa equazione può essere immediatamente integrata,

$$\int da\, a^{-1+\frac{3}{2}(1+\gamma_n)} = \pm\left(\frac{8}{3}\pi G\rho_0\right)^{1/2}\int dt, \tag{3.25}$$

e fornisce

$$a(t) = \left(\frac{\pm t}{t_0}\right)^{2/[3(1+\gamma_n)]}, \tag{3.26}$$

dove $t_0$ è un'opportuna costante di integrazione (positiva). L'andamento della geometria è dunque determinato dal parametro di stato $\gamma_n$, associato alla componente del fluido che è dominante durante la fase cosmologica considerata.

È importante notare che la soluzione (3.26) è valida per valori del tempo cosmico definiti sulla semiretta reale positiva, $0 \leq t \leq \infty$, oppure su quella negativa, $-\infty \leq t \leq 0$. L'esistenza di questi due rami è una conseguenza dell'invarianza delle equazioni di Einstein per trasformazioni di riflessione temporale (o *time-reversal*), $t \rightarrow -t$.

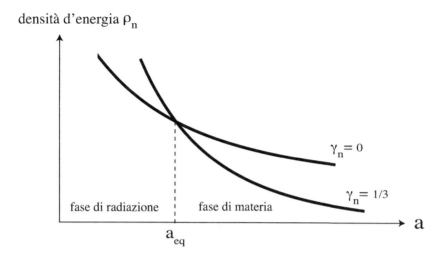

**Fig. 3.1** Andamento della densità d'energia in funzione del fattore di scala, in accordo all'Eq. (3.23), per due particolari equazioni di stato: $\gamma_n = 0$ (materia) e $\gamma_n = 1/3$ (radiazione). La sorgente cosmologica dominante è la materia per $a > a_{eq}$, e la radiazione per $a < a_{eq}$

Se l'esponente $2/[3(1 + \gamma_n)]$ è positivo, in particolare, la soluzione (3.26) descrive un fattore di scala che cresce col tempo (ossia una geometria che si espande, $\dot{a} > 0$) per $t > 0$, e un fattore di scala che decresce col tempo (ossia una geometria che si contrae, $\dot{a} < 0$) per $t < 0$. Se l'esponente è negativo vale ovviamente l'opposto. Si noti che questi due rami non possono rappresentare due fasi successive dello stesso modello cosmologico perché sono fisicamente disgiunte da una singolarità spazio-temporale localizzata a $t = 0$, dove – come vedremo meglio in seguito – la curvatura e la densità d'energia divergono. Le soluzioni non possono essere analiticamente continuate attraverso la singolarità, che corrisponde a un confine spazio-temporale classicamente invalicabile.

Il modello standard assume che la geometria cosmica sia rappresentata da una metrica definita su un dominio di valori temporali positivi, e usa come sorgenti dei fluidi che hanno parametri di stato $\gamma_n \geq 0$ (si veda la sezione seguente). In questo caso la soluzione (3.26) descrive un Universo che si espande monotonicamente a partire da uno stato iniziale singolare, e che evolve verso regimi caratterizzati da curvatura e densità d'energia sempre più piccole e decrescenti.

### 3.2.1 Fase di radiazione, fase di materia, epoca d'equilibrio

Il fluido cosmico usato come sorgente dal modello standard contiene due componenti principali: la materia (con parametro di stato $\gamma_m = 0$) e la radiazione (con parametro di stato $\gamma_r = 1/3$). Perciò:

$$\rho = \rho_m + \rho_r, \qquad p = p_m + p_r = p_r = \frac{1}{3}\rho_r. \qquad (3.27)$$

La componente a pressione nulla descrive le sorgenti gravitazionali macroscopiche (stelle, galassie, gas interstellare, ...), e qualunque altro contributo alla densità d'energia fornito da materia non-relativistica (inclusi eventuali fondi cosmici di particelle massive sufficientemente pesanti). La componente di radiazione descrive invece tutti i contributi di tipo ultra-relativistico, associati a particelle con massa nulla (fotoni, gravitoni) e a tutte quelle particelle che, pur essendo massive, sono dotate di energie molto superiori alla loro massa a riposo (come ad esempio i neutrini).

Il modello standard prevede dunque l'esistenza di due fasi cosmologiche, una dominata dalla materia e una dalla radiazione. In una geometria FLRW che si espande la densità d'energia della radiazione si diluisce più rapidamente di quella della materia, per cui la fase dominata dalla materia tende a essere successiva a quella dominata dalla radiazione (si veda la Fig. 3.1). La transizione tra le due fasi avviene ad un epoca $t_{eq}$, detta "epoca d'equilibrio", caratterizzata dalla condizione $\rho_r(t_{eq}) \simeq \rho_m(t_{eq})$.

In ciascuna delle due fasi l'andamento della geometria e della densità d'energia è fissato rispettivamente dalle equazioni (3.26) e (3.23). Nella fase di radiazione abbiamo dunque

$$a \sim \left(\frac{t}{t_0}\right)^{1/2}, \quad \rho_r \sim \frac{1}{a^4} \sim \frac{1}{t^2}, \quad \rho_m \sim \frac{1}{a^3} \sim \frac{1}{t^{3/2}}, \quad 0 \le t \le t_{eq}. \qquad (3.28)$$

Nella fase di materia, invece,

$$a \sim \left(\frac{t}{t_0}\right)^{2/3}, \quad \rho_r \sim \frac{1}{a^4} \sim \frac{1}{t^{8/3}}, \quad \rho_m \sim \frac{1}{a^3} \sim \frac{1}{t^2}, \quad t_{eq} \le t \le \infty. \qquad (3.29)$$

In entrambi i casi si ha $\rho_r/\rho_m \to 0$ per $t \to \infty$. Inoltre, in entrambi i casi la metrica soddisfa alle condizioni

$$H = \frac{\dot{a}}{a} > 0, \qquad \frac{\ddot{a}}{a} < 0, \qquad \dot{H} < 0, \qquad (3.30)$$

e quindi descrive una geometria in *espansione decelerata*, con *curvatura decrescente*. L'andamento della curvatura può essere controllato calcolando, ad esempio, l'invariante $R_{\mu\nu}R^{\mu\nu}$. Usando l'Eq. (3.7) abbiamo infatti:

$$\begin{aligned} R_\mu{}^\nu R_\nu{}^\mu &= \left(R_0{}^0\right)^2 + \left(R_1{}^1\right)^2 + \left(R_2{}^2\right)^2 + \left(R_3{}^3\right)^2 \\ &= 12\left(\dot{H}^2 + \frac{k^2}{a^4} + \frac{k}{a^2}\dot{H}\right) + 36\left(H^4 + H^2\dot{H} + \frac{k}{a^2}H^2\right). \end{aligned} \qquad (3.31)$$

Poiché $H \sim 1/t$, e poiché $a(t)$ aumenta col tempo, vediamo allora che tutti i contributi alla curvatura tendono a decrescere per $t \to \infty$.

All'epoca attuale $t = t_0$ la densità d'energia della materia è decisamente dominante rispetto a quella della radiazione, poiché $\rho_m(t_0) \sim 10^4 \rho_r(t_0)$. I dati attuali[3] forniscono infatti

$$\rho_m \simeq (0.133 \pm 0.006) \, h^{-2} \rho_c, \tag{3.32}$$
$$\rho_r \simeq 2.47 \times 10^{-5} \, h^{-2} \rho_c, \tag{3.33}$$

dove

$$\rho_c \equiv \rho_c(t_0) = \frac{3 H_0^2}{8 \pi G} \simeq 1.878 \times 10^{-29} \, h^2 \, \mathrm{g\,cm}^{-3} \tag{3.34}$$
$$\simeq 1.05 \times 10^{-5} \, h^2 \, \mathrm{GeV\,cm}^{-3}$$

è la cosiddetta "densità critica", e

$$H_0 \equiv H(t_0) = 100 \, h \, \mathrm{km\,s}^{-1} \mathrm{Mpc}^{-1} \simeq 3.26 \times 10^{-18} \, h \, \mathrm{s}^{-1} \tag{3.35}$$

è il presente valore del parametro di Hubble, con

$$h \simeq 0.72 \pm 0.03. \tag{3.36}$$

Secondo il modello standard, l'epoca attuale va dunque collocata nella fase dominata dalla materia.

Le osservazioni che abbiamo a disposizione sono inoltre compatibili con un contributo nullo (o trascurabile) della curvatura spaziale alle equazioni cosmologiche che descrivono l'epoca attuale. Il rapporto tra i due termini al membro sinistro dell'equazione di Friedmann (3.12), valutati al tempo $t_0$, risulta infatti vincolato dalla condizione sperimentale[4]:

$$0 \lesssim \frac{k}{a_0^2 H_0^2} \lesssim 0.012. \tag{3.37}$$

Il rapporto $k/(a^2 H^2)$, d'altra parte, varia nel tempo come $t^{2/3}$ nella fase di materia (si veda l'Eq. (3.29)), e come $t$ nella fase di radiazione (si veda l'Eq. (3.28)). Man mano che si va indietro nel tempo il contributo della curvatura spaziale diventa quindi sempre più piccolo rispetto agli altri termini delle equazioni di Einstein. Questo giustifica l'approssimazione che abbiamo fatto trascurando la curvatura spaziale per le soluzioni cosmologiche (3.26), approssimazione che vale sia per l'epoca attuale $t_0$, sia per le precedenti epoche dominate dalla materia, $t_{eq} < t < t_0$, nonché – con precisione sempre migliore – anche per tutta la fase precedente ($t < t_{eq}$) dominata dalla radiazione.

Per le epoche future, invece, il contributo della curvatura potrebbe diventare dominante, e cambiare l'evoluzione temporale descritta dall'Eq. (3.26). Le previsioni per l'evoluzione futura fornite dal modello standard si ottengono risolvendo le equa-

---

[3] I dati annualmente aggiornati sono disponibili sul sito del *Particle Data Group*, all'indirizzo http://pdg.lbl.gov/

[4] Si veda la Nota n. 3.

zioni cosmologiche per la fase dominata dalla materia senza trascurare il termine di curvatura spaziale, e distinguendo i due casi $k > 0$ e $k < 0$.

Nel caso di curvatura spaziale positiva ($k > 0$), usando la soluzione $\rho_m(t) = \rho_0 a^{-3}$, sostituendo nell'Eq. (3.12), e separando le variabili si ottiene il seguente integrale (di tipo ellittico):

$$\int dt = \int da \left( \frac{8\pi G \rho_0}{3a} - k \right)^{-1/2}. \tag{3.38}$$

La soluzione è una cicloide, che si può esprimere in forma parametrica come

$$a(\psi) = c_1 (1 - \cos \psi), \qquad t(\psi) = c_2 (\psi - \sin \psi), \tag{3.39}$$

dove $c_1$ e $c_2$ sono opportune costanti di integrazione. Sviluppando in serie per piccoli valori del parametro $\psi$ si ottiene $a \sim \psi^2$, $t \sim \psi^3$, e si ritrova quindi l'andamento $a \sim t^{2/3}$ tipico della fase materiale nel caso di curvatura spaziale trascurabile (si veda l'Eq. (3.29)).

Tale andamento, però, è valido solo inizialmente, per tempi sufficientemente piccoli rispetto alla scala di Hubble considerata, $t \ll (G\rho_0)^{-1/2}$. Per scale di tempi più lunghe entra in gioco la curvatura spaziale, che frena l'espansione del fattore di scala fino a fermarla del tutto all'epoca $t_M$ determinata dalla condizione $H(t_M) = 0$. La massima espansione raggiunta a quell'epoca è data da $a_M \equiv a(t_M) = 8\pi G \rho_0 / (3k)$. Per $t > t_M$ il fattore di scala entra poi in una fase di contrazione che porta la geometria ad un collasso totale, raggiunto in un tempo finito.

Più precisamente, la soluzione (3.39) descrive un'evoluzione di tipo "ciclico", che inizia e termina con una singolarità spazio-temporale localizzata in corrispondenza di $a = 0$, ovvero di $\psi = 2n\pi$, dove $n$ è un intero positivo. Un semplice calcolo fornisce infatti

$$H = \frac{\dot{a}}{a} = \frac{\dot{\psi}}{a} \frac{da}{d\psi} = \frac{\sin \psi}{c_2 (1 - \cos \psi)^2} \underset{\psi \to 2n\pi}{\longrightarrow} \infty, \tag{3.40}$$

e mostra che la curvatura – così come la densità d'energia – diverge nei punti in cui il fattore di scala si annulla. La soluzione è dunque valida per valori di $t$ definiti su di un segmento dell'asse reale compreso tra $\psi = 2n\pi$ e $\psi = 2(n+1)\pi$. Diversi domini temporali corrispondono a diversi rami della soluzione, fisicamente disgiunti dalle singolarità presenti.

Nel caso in cui la curvatura spaziale sia invece negativa ($k < 0$), l'Eq. (3.38) viene sostituita da un integrale di tipo iperbolico,

$$\int dt = \int da \left( \frac{8\pi G \rho_0}{3a} + |k| \right)^{-1/2}, \tag{3.41}$$

la cui soluzione si può rappresentare in forma parametrica come segue:

$$a(\psi) = c_1 (\cosh \psi - 1), \qquad t(\psi) = c_2 (\sinh \psi - \psi) \qquad (3.42)$$

($c_1$ e $c_2$ sono opportune costanti di integrazione, diverse dalle precedenti). Nel regime iniziale ($\psi \to 0$) si ritrova ancora l'andamento $a \sim t^{2/3}$, come ci aspettiamo per una fase dominata dalla materia con curvatura spaziale trascurabile. Nel limite opposto ($\psi \to \infty$) si ottiene invece $a \sim \exp(\psi) \sim t$, e l'evoluzione si stabilizza asintoticamente in una fase di espansione lineare. In questo caso non è presente alcuna singolarità finale, e la soluzione è valida per tutti i valori di $t$ appartenenti alla semiretta reale positiva.

È opportuno sottolineare a questo punto che le predizioni del modello standard per l'evoluzione cosmologica futura, in funzione dei possibili valori di $k$, sono valide per una fase dominata da sorgenti materiali a pressione nulla. Le osservazioni più recenti sembrano però indicare che il nostro Universo sta attraversando una fase dinamica che *non è* dominata dalla materia.

Anticipando alcuni argomenti che verranno meglio discussi in seguito, possiamo brevemente illustrare questo punto introducendo il cosiddetto "parametro di decelerazione",

$$q = -\frac{\ddot{a}}{aH^2}, \qquad (3.43)$$

che ci permette di riscrivere le equazioni (3.9), (3.13) nella forma seguente:

$$qH^2 = \frac{4}{3}\pi G(\rho + 3p), \qquad (3.44)$$

$$(2q - 1)H^2 = \frac{k}{a^2} + 8\pi Gp. \qquad (3.45)$$

Il diagramma luminosità-redshift relativo ai dati delle Supernovae (si veda la Sez. 3.4) risulta ben compatibile con le predizioni teoriche solo per modelli cosmologici caratterizzati da valori attuali di $q$ tali che $q_0 \equiv q(t_0) < 0$ e $|q_0| \sim 1$ (ossia per modelli che descrivono attualmente una fase di *espansione accelerata*, $\ddot{a}/a > 0$).

Ma se poniamo $\rho = \rho_m$ e $p = 0$ nelle equazioni precedenti, un valore negativo di $q$ non si accorda nè con l'Eq. (3.44) (perché richiederebbe $\rho_m < 0$) nè con l'Eq. (3.45) (perché richiederebbe una curvatura spaziale negativa con $|k|/(a^2H^2) \gtrsim 1$, in contrasto con il risultato sperimentale (3.37)). Questo suggerisce che la fase di materia prevista dal modello standard non si estenda fino all'epoca attuale, e che recentemente l'Universo sia entrato in una nuova fase dominata da una diversa componente del fluido cosmologico (si veda in particolare la Sez. 4.1.2).

La fase di materia non può essere arbitrariamente estesa neanche verso il passato perché, per $t < t_{eq}$, è la radiazione che diventa dominante. Nella fase di radiazione il contributo dinamico della curvatura spaziale è sicuramente trascurabile (come già sottolineato), e l'evoluzione cosmologica è correttamente rappresentata dagli andamenti temporali dell'Eq. (3.28).

Secondo il modello standard, la fase di espansione dominata dalla radiazione si estende senza modifiche all'indietro nel tempo, verso stati di curvatura e densità sempre più elevati, fino ad uno stato singolare iniziale – il cosiddetto *big bang* – localizzato a $t = 0$. Per $t \to 0$, infatti, non solo $\rho$ ma anche gli invarianti di curvatura divergono, come mostra il calcolo esplicito dell'espressione (3.31) nella fase di radiazione:

$$R_\mu{}^\nu R_\nu{}^\mu = 12\dot{H}^2 + 36(H^2\dot{H} + H^4) = \frac{15}{2t^4} \underset{t \to 0}{\longrightarrow} \infty. \tag{3.46}$$

La descrizione fisica del nostro Universo – per il modello cosmologico standard – termina quindi bruscamente e inevitabilmente durante la fase di radiazione all'istante della singolarità iniziale, istante situato a distanza temporale finita dall'epoca attuale. Tale distanza temporale, anche detta "età dell'Universo", verrà definita con precisione nella Sez. 3.4. Le proprietà termodinamiche del fluido di radiazione cosmica verranno invece brevemente illustrate nella sezione seguente.

## 3.3 Proprietà termodinamiche del fluido di radiazione

La radiazione che secondo il modello standard domina l'Universo primordiale, e che sopravvive tutt'ora come un fondo cosmico di particelle relativistiche, possiede componenti bosoniche e fermioniche che si trovano in uno stato di equilibrio termico, a temperatura propria $T$. La densità d'energia di queste componenti (che supponiamo per semplicità a massa nulla, o con massa $m \ll T$) ha una distribuzione spettrale $\rho(\omega)$ che si può scrivere (per intervallo logaritmico di frequenza) come segue:

$$\frac{d\rho(\omega)}{d\log\omega} \equiv \omega\frac{d\rho}{d\omega} = \frac{N}{2\pi^2}\frac{\omega^4}{e^{\omega/T} \pm 1} \tag{3.47}$$

(stiamo usando unità in cui la costante di Boltzmann $k_B$ è pari a uno, e abbiamo trascurato per semplicità un eventuale potenziale chimico). Il segno "più" al denominatore corrisponde alla distribuzione di Fermi-Dirac (per le componenti fermioniche della radiazione), il segno "meno" alla distribuzione di Planck (per le componenti bosoniche). Infine, $N$ è il numero totale di gradi di libertà, ovvero di stati di polarizzazione indipendenti (ad esempio, $N = 2$ per fotoni, o per elettroni e positroni ultra-relativistici; $N = 1$ per ogni specie di neutrini e antineutrini ultra-relativistici; e così via).

Integrando su tutte le frequenze la distribuzione (3.47) otteniamo la densità d'energia della radiazione in funzione della temperatura (la cosiddetta "legge di Stefan"). Per una sola specie bosonica, con $N_b$ gradi di libertà in equilibrio a temperatura $T_b$, abbiamo

$$\rho_b = \frac{\pi^2}{30}N_b T_b^4. \tag{3.48}$$

Per una sola specie fermionica, invece, la distribuzione di Fermi-Dirac fornisce

$$\rho_f = \frac{7}{8} \frac{\pi^2}{30} N_f T_f^4. \tag{3.49}$$

Poiché la radiazione cosmica, in generale, è una miscela termica contenente varie specie bosoniche e fermioniche, con $\sum_b N_b$ stati bosonici e $\sum_f N_f$ stati fermionici indipendenti, la sua densità d'energia, in generale, si può esprimere come

$$\rho_r(T) = \sum_b \rho_b + \sum_f \rho_f = \frac{\pi^2}{30} N_* T^4, \tag{3.50}$$

dove $N_*$ è il numero effettivo totale di gradi di libertà in equilibrio termico alla temperatura $T$:

$$N_* = \sum_b N_b \left(\frac{T_b}{T}\right)^4 + \frac{7}{8} \sum_f N_f \left(\frac{T_f}{T}\right)^4. \tag{3.51}$$

Questo numero effettivo dipende ovviamente dalla temperatura considerata, perché a temperatura sufficientemente elevata ci sono nuove specie di particelle che vengono prodotte e termalizzate, mentre a temperature più basse alcune specie tendono a scomparire dalla miscela termica.

È importante sottolineare che le variazioni del numero di gradi di libertà $N_*$ avvengono in modo *adiabatico*, ossia senza modificare l'entropia totale del fluido di radiazione che deve rimanere costante in una geometria FLRW (così come l'entropia di qualunque altro fluido, si veda l'Eq. (3.19)).

Per calcolare l'entropia della radiazione termica possiamo considerare un elemento di fluido con volume proprio $V$, pressione $p$, densità d'energia $\rho$, in equilibrio alla temperatura $T$: la sua entropia infinitesima $dS$, in accordo alle leggi della termodinamica, è data da

$$dS = \frac{1}{T} \left[ d(\rho V) + p dV \right]. \tag{3.52}$$

Usando $T$ e $V$ come variabili indipendenti, derivando due volte questa equazione, e imponendo la condizione di integrabilità

$$\frac{\partial^2 S}{\partial T \partial V} = \frac{\partial^2 S}{\partial V \partial T}, \tag{3.53}$$

si ottiene:

$$\frac{dp}{\rho + p} = \frac{dT}{T}, \tag{3.54}$$

che ci permette di riscrivere l'Eq. (3.52) come segue:

$$dS = \frac{1}{T} \left[ d(\rho V) + d(pV) - V dp \right] = d \left[ \frac{V}{T} (\rho + p) \right]. \tag{3.55}$$

Per ciascun grado di libertà (fermionico o bosonico) presente nella radiazione termica, con densità d'energia $\rho$ e pressione $\rho/3$, abbiamo dunque una densità d'entropia $\sigma = S/V = (4/3)(\rho/T)$. Per una generica miscela contenente $\sum_b N_b$ stati bosonici e $\sum_f N_f$ stati fermionici indipendenti, in particolare, possiamo usare le equazioni (3.48), (3.49) per $\rho_b$ e $\rho_f$. La densità di entropia totale si può allora scrivere come

$$\sigma_r(T) = \sum_b \sigma_b + \sum_f \sigma_f = \frac{2\pi^2}{45} g_* T^3, \qquad (3.56)$$

dove

$$g_* = \sum_b N_b \left(\frac{T_b}{T}\right)^3 + \frac{7}{8} \sum_f N_f \left(\frac{T_f}{T}\right)^3 \qquad (3.57)$$

è il numero totale effettivo di gradi di libertà che contribuiscono a $\sigma$ alla temperatura $T$ data.

Usando una generica equazione di stato, $p_n = \gamma_n \rho_n$, e combinando l'Eq. (3.54) (valida per un fluido in equilibrio termico) con l'Eq. (3.22) (valida per un fluido immerso nella geometria FLRW), otteniamo inoltre la relazione

$$\frac{dT}{T} = -3\gamma_n \frac{da}{a}, \qquad (3.58)$$

che integrata fornisce la temperatura della miscela termica in funzione del fattore di scala, $T \sim a^{-3\gamma_n}$, per una generica equazione di stato. Per un fluido di radiazione, in particolare, abbiamo la relazione $T \sim a^{-1}$, e quindi:

$$\frac{T}{T_0} = \frac{a_0}{a} = 1 + z \qquad (3.59)$$

(si veda la definizione (2.42) del parametro di redshift $z$). Possiamo immediatamente verificare che la densità di entropia (3.56) va come $\sigma \sim T^3 \sim a^{-3}$, e quindi che l'entropia totale, $S = \sigma V$, è costante (dato che $V \sim a^3$).

Il risultato (3.59) è importante, perché stabilisce che la temperatura propria della radiazione in equilibrio termico varia nel tempo esattamente come la frequenza propria $\omega$,

$$T_r \sim a^{-1} \sim \omega \qquad (3.60)$$

(si veda l'Eq. (2.39)). Perciò, nonostante la miscela termica diventi sempre più fredda man mano che l'Universo si espande, il rapporto $T/\omega$ resta costante, e quindi *la forma* della distribuzione (3.47) (di Planck o di Fermi-Dirac) non cambia nel tempo. Questo significa che l'equilibrio termico si mantiene nel corso dell'evoluzione cosmologica, e che la temperatura della radiazione (o di una sua componente, ad esempio i fotoni) può essere usata come conveniente parametro cosmologico evolutivo al posto della coordinata temporale stessa.

Prendendo come valore di riferimento l'attuale temperatura della radiazione elettromagnetica di fondo[5],

$$T_0 \equiv T_\gamma(t_0) \simeq 2.725 \pm 0.001 \, \text{K}, \tag{3.61}$$

possiamo facilmente calcolare, ad esempio, la temperatura di tale radiazione all'e-poca d'equilibrio:

$$\frac{\rho_m(t_0)/\rho_r(t_0)}{r_m(t_{\text{eq}})/\rho_r(t_{\text{eq}})} = \frac{a_0}{a_{\text{eq}}} = (1 + z_{\text{eq}}) = \frac{T_{\text{eq}}}{T_0}. \tag{3.62}$$

Sfruttando i risultati osservativi (3.32), (3.33) abbiamo allora:

$$T_{\text{eq}} \equiv T_\gamma(t_{\text{eq}}) = T_0 \frac{\rho_m(t_0)}{\rho_r(t_0)} \simeq 0.54 \times 10^4 T_0$$
$$\simeq 1.47 \times 10^4 \, \text{K} \simeq 1.3 \, \text{eV} \tag{3.63}$$

(abbiamo usato la relazione tra eV e gradi Kelvin riportata nella sezione iniziale sulle unità di misura).

Possiamo inoltre esprimere in funzione della temperatura un altro utile parametro evolutivo, il parametro di Hubble $H(t)$ (o il suo inverso, detto "raggio di Hubble"), che nella fase di radiazione varia nel tempo in modo monotono, e che controlla la scala di curvatura dello spazio-tempo (si veda l'Eq. (3.46)). Sostituendo la densità d'energia (3.50) nell'equazione di Friedmann per la fase di radiazione, e prendendo la radice quadrata, abbiamo:

$$H(T) = \left( \frac{4}{45} \pi^3 G N_* \right)^{1/2} T^2, \tag{3.64}$$

oppure, in unità di masse di Planck (si veda l'Eq. (1.74)):

$$H(T) = \left( \frac{\pi^2 N_*}{90} \right)^{1/2} \frac{T^2}{M_{\text{P}}}. \tag{3.65}$$

Come semplice applicazione di questa relazione possiamo calcolare, ad esempio, la scala di curvatura $H$ all'epoca di equilibrio $T = T_{\text{eq}}$ (un risultato che ci sarà utile per lo studio delle perturbazioni cosmologiche nei Cap. 7 e 8).

Per determinare il valore di $N_*$ all'epoca di equilibrio dobbiamo innanzitutto ricordare che, secondo il modello standard, a una temperatura $T_{\text{eq}} \sim$ eV la radiazione cosmica contiene 8 gradi di libertà in equilibrio termico: 2 bosonici, associati ai due stati di polarizzazione del fotone, a una temperatura $T_\gamma$, e 6 fermionici, associati agli stati di polarizzazione dei tre "sapori" del neutrino e antineutrino, a una temperatura $T_\nu$. Stiamo assumendo che a questa scala di energia tutti e tre i tipi di neutrino si comportino come particelle ultra-relativistiche (cosa che sembra compatibile con

---

[5] Si veda la Nota n. 3.

gli attuali dati sulle differenze di massa neutriniche ottenibili dagli esperimenti di oscillazione[6]).

Le due temperature $T_\gamma$ e $T_\nu$ sono però differenti tra loro all'epoca di equilibrio, perché la componente fotonica della miscela termica si è precedentemente "scaldata" rispetto a quella neutrinica in seguito all'annichilazione delle coppie $(e^+, e^-)$, avvenuta ad una scala di temperatura molto più elevata, $T \sim m_e \sim 0.5$ MeV. A quell'epoca, per assicurare la conservazione dell'entropia totale $S$, la temperatura dei fotoni è passata infatti da un valore iniziale identico a quella dei neutrini, $T = T_\nu$, ad un nuovo valore $T = T_\gamma$ tale che $S(\gamma) = S(\gamma, e^+, e^-)$. La transizione è avvenuta in modo pressoché istantaneo, ossia a volume proprio costante, e quindi si è conservata anche la densità di entropia (3.56), imponendo così la condizione

$$g_*(\gamma)T_\gamma^3 = g_*(\gamma, e^+, e^-)T_\nu^3. \tag{3.66}$$

Tenendo conto che elettroni e positroni relativistici contribuiscono entrambi con 2 gradi di libertà fermionici alla miscela termica, la condizione precedente si può scrivere esplicitamente come

$$2T_\gamma^3 = \left(2 + \frac{7}{8} \times 4\right)T_\nu^3. \tag{3.67}$$

Il "salto" della temperatura fotonica, dovuto all'annichilazione delle coppie $(e^+, e^-)$, è quindi il seguente:

$$T_\gamma = \left(\frac{11}{4}\right)^{1/3}T_\nu. \tag{3.68}$$

Questa differenza di temperatura si è conservata nel tempo fino all'epoca attuale, e dunque era presente anche all'epoca d'equilibrio che stiamo considerando.

All'epoca d'equilibrio la temperatura dei fotoni ha il valore $T_\gamma = T_{eq}$ dato dall'Eq. (3.63). Il numero di gradi di libertà effettivi, a quell'epoca, è quindi (dall'Eq. (3.51)):

$$\begin{aligned} N_*(T_{eq}) &= \sum_\gamma N_\gamma + \frac{7}{8}\sum_\nu N_\nu \left(\frac{T_\nu}{T_\gamma}\right)^4 \\ &= 2 + \frac{21}{4}\left(\frac{4}{11}\right)^{4/3} \simeq 3.36. \end{aligned} \tag{3.69}$$

Sostituendo nell'Eq. (3.65) troviamo infine il valore di $H$ all'epoca d'equilibrio:

$$H_{eq} \simeq H(T_{eq}) \simeq \left(\frac{3.36\pi^2}{90}\right)^{1/2}\frac{T_{eq}^2}{M_P} \simeq 1.8 \times 10^{-55}M_P \tag{3.70}$$

(abbiamo usato l'Eq. (3.63) per $T_{eq}$, e per $M_P$ il valore fornito nella sezione iniziale sulle unità di misura). Tale valore è molto piccolo in unità di Planck, ma risulta circa un milione di volte più grande del valore $H_0$ associato all'attuale scala di curvatura

---

[6] Si veda ad esempio G. Fogli et al., *Phys. Rev.* **D78**, 033010 (2008).

cosmologica. Dall'Eq. (3.35) abbiamo infatti:

$$H_0 \simeq 8.7 \times 10^{-61} \, h M_{\mathrm{P}} \simeq 4.8 \times 10^{-6} \, h H_{\mathrm{eq}}. \tag{3.71}$$

Le stime numeriche (3.70), (3.71) (e le corrispondenti temperature (3.63), (3.61)) verranno frequentemente usate nei capitoli successivi come convenienti scale di riferimento.

## 3.4 La relazione luminosità-redshift

Le sorgenti astronomiche – stelle, galassie, supernovae, etc. – emettono radiazione elettromagnetica (visibile, infrarossa e ultravioletta) la cui frequenza ci arriva spostata rispetto a quella emessa, a causa degli effetti cinematici prodotti dalla geometria FLRW (si veda la Sez. 2.3.1). Il confronto tra lo spostamento verso il rosso osservato, e lo spostamento previsto nell'ambito di metriche diverse – ossia di diverse soluzioni cosmologiche delle equazioni di Einstein – costituisce in valido test sperimentale per i possibili modelli cosmologici. L'andamento del redshift in funzione della distanza, in particolare, ha permesso di scoprire quasi un secolo fa l'espansione dell'Universo, e ha inoltre rivelato (alla fine del secolo scorso) che tale espansione è attualmente di tipo accelerato.

Per esprimere il redshift in funzione della distanza (o meglio, della luminosità apparente) delle sorgenti, ed effettuare un preciso confronto tra le predizioni teoriche e i dati sperimentali, è utile innanzitutto riscrivere l'equazione di Friedmann in unità critiche, e usare direttamente il redshift come parametro differenziale al posto della coordinata temporale.

### 3.4.0.1 Parametro di Hubble in funzione di $z$

Consideriamo l'equazione di Friedmann (3.12) per una miscela di fluidi barotropici, con parametro di stato $\gamma_n$ e densità d'energia $\rho_n$:

$$H^2 + \frac{k}{a^2} = \frac{8}{3} \pi G \sum_n \rho_n. \tag{3.72}$$

Dividendo per $H^2$, e utilizzando la definizione di densità critica $\rho_c$,

$$\rho_c = \frac{3H^2}{8\pi G}, \tag{3.73}$$

l'equazione precedente si può riscrivere in forma adimensionale come

$$1 = \sum_n \Omega_n + \Omega_k, \tag{3.74}$$

dove

$$\Omega_n = \frac{\rho_n}{\rho_c}, \qquad \Omega_k = -\frac{k}{a^2 H^2}. \qquad (3.75)$$

L'Eq. (3.74) fornisce una relazione tra i vari contributi alla densità d'energia totale (in frazioni di densità critica), incluso l'eventuale contributo della curvatura spaziale alla dinamica gravitazionale.

Per le applicazioni fenomenologiche è conveniente riferire le densità d'energia ai loro valori attuali $\rho_{0n} \equiv \rho_n(t_0)$, utilizzando la soluzione (3.23):

$$\rho_n(t) = \rho_{0n} \left( \frac{a}{a_0} \right)^{-3(1+\gamma_n)} \qquad (3.76)$$

(normalizzata in modo tale che $\rho_n = \rho_{0n}$ per $a = a_0$). Sostituendo nell'Eq. (3.72), e moltiplicando e dividendo per $H_0^2$, possiamo allora esprimere il parametro di Hubble nella forma seguente:

$$
\begin{aligned}
H^2(z) &= H_0^2 \left[ \sum_n \frac{8\pi G}{3H_0^2} \rho_{0n} \left( \frac{a}{a_0} \right)^{-3(1+\gamma_n)} - \frac{k}{a_0^2 H_0^2} \left( \frac{a}{a_0} \right)^{-2} \right] \\
&= H_0^2 \left[ \sum_n \Omega_{n0}(1+z)^{3(1+\gamma_n)} + \Omega_{k0}(1+z)^2 \right].
\end{aligned} \qquad (3.77)
$$

Abbiamo usato la definizione di redshift (2.42), e abbiamo posto

$$\Omega_{n0} = \Omega_n(t_0) = \frac{8\pi G}{3H_0^2} \rho_{0n} \equiv \frac{\rho_{0n}}{\rho_c(t_0)}, \qquad \Omega_{k0} = -\frac{k}{a_0^2 H_0^2}. \qquad (3.78)$$

L'Eq. (3.77) fornisce il valore di $H$ in una generica epoca caratterizzata dal redshift $z(t)$, in funzione dei parametri $\{H_0, \Omega_{n0}, \Omega_{k0}\}$ che caratterizzano il nostro attuale stato cosmologico, e che sono direttamente accessibili alle osservazioni.

È utile infine esprimere il parametro di Hubble in forma differenziale rispetto alla variabile $z$ (anziché a $t$). Derivando l'Eq. (2.42) abbiamo

$$\frac{dz}{dt} = -\frac{a_0}{a} H = -(1+z)H(z), \qquad (3.79)$$

dove, dall'Eq. (3.77),

$$H(z) = H_0 \left[ \sum_n \Omega_{n0}(1+z)^{3(1+\gamma_n)} + \Omega_{k0}(1+z)^2 \right]^{1/2}. \qquad (3.80)$$

### 3.4.1 Età dell'Universo

Un'immediata applicazione dell'Eq. (3.79) si può ottenere assumendo che la validità di tale equazione possa essere estrapolata dall'epoca attuale ($t = t_0$, $a = a_0$, $z = 0$)

all'epoca della singolarità iniziale ($t = 0$, $a = 0$, $z = \infty$). Integrando da $t = 0$ a $t = t_0$ si ottiene allora

$$t_0 = \int_0^{t_0} dt = \int_0^{\infty} \frac{dz}{(1+z)H(z)}, \tag{3.81}$$

e si può esprimere $t_0$ in funzione dei parametri che caratterizzano il presente stato cosmologico.

Il parametro $t_0$ – che viene spesso enfaticamente (ma impropriamente) chiamato "età dell'Universo" – esprime l'intervallo di tempo cosmico che separa l'epoca attuale dall'epoca della singolarità prevista dal modello standard. Non possiamo osservare o misurare $t_0$ direttamente, però possiamo imporre dei limiti inferiori su $t_0$ utilizzando l'età (nota o stimata) di alcune componenti del nostro Universo, come stelle, galassie, etc. Recenti stime basate sull'età delle stelle più vecchie presenti negli ammassi globulari suggeriscono, ad esempio,

$$t_0 \gtrsim 12\,\text{Gyr}. \tag{3.82}$$

Questi limiti inferiori forniscono utili vincoli sperimentali sui valori di $\Omega_{n0}$ e $\Omega_{k0}$. Viceversa, le attuali stime teoriche ottenute estrapolando l'Eq. (3.81) a partire dai valori osservati di $\Omega_{n0}$ e $\Omega_{k0}$ portano al risultato[7]

$$t_0 = 13.69 \pm 0.13\,\text{Gyr}, \tag{3.83}$$

consistente col vincolo sperimentale (3.82).

### 3.4.1.1 Distanza propria in funzione di $z$ lungo una geodetica nulla

La relazione (3.79) permette anche di esprimere la distanza di una sorgente astronomica in funzione del redshift $z$ che caratterizza la sua radiazione, all'istante in cui essa viene ricevuta.

Consideriamo infatti la geodetica nulla definita dalla condizione differenziale (2.43), per un segnale fisico che si propaga in direzione radiale verso l'origine. Eliminiamo $k$ in funzione di $\Omega_{k0}$ (mediante l'Eq. (3.78)), e $dt$ in funzione di $dz$ (mediante l'Eq. (3.79)). La condizione differenziale che caratterizza la traiettoria della radiazione si può allora esprimere come

$$\frac{dr}{\left[1 + a_0^2 H_0^2 \Omega_{k0} r^2\right]^{1/2}} = \frac{dz}{a_0 H(z)}. \tag{3.84}$$

Supponiamo che la radiazione sia emessa da un generico punto con coordinata radiale $r$, e ricevuta nell'origine al tempo $t = t_0$. Integriamo allora l'equazione precedente

---

[7] Si veda la Nota n. 3.

tra $0$ e $r$, tenendo presente il risultato analitico

$$\int \frac{dx}{\sqrt{1+\alpha x^2}} = \begin{cases} x, & \alpha = 0, \\ \frac{1}{\sqrt{\alpha}} \sinh^{-1}\left(\sqrt{\alpha}x\right), & \alpha > 0, \\ \frac{1}{\sqrt{|\alpha|}} \sin^{-1}\left(\sqrt{|\alpha|}x\right), & \alpha < 0 \end{cases} \qquad (3.85)$$

(nel nostro caso, $\alpha = a_0^2 H_0^2 \Omega_{k0}$).

Siamo interessati, in particolare, alla distanza propria del punto di emissione del segnale, valutata la tempo $t_0$ (si veda l'Eq. (2.45)):

$$d_0 \equiv d(t_0) = a_0 \int_0^r \frac{dr'}{\left[1 + a_0^2 H_0^2 \Omega_{k0} \, r'^2\right]^{1/2}}. \qquad (3.86)$$

Integrando l'Eq. (3.84), e considerando separatamente i casi di curvatura positiva, negativa e nulla, otteniamo i seguenti risultati.

- Curvatura spaziale nulla, $k = 0$, $\Omega_{k0} = 0$. In questo caso l'integrazione è banale, e l'Eq. (3.84) fornisce

$$d_0(z) = a_0 r(z) = \int_0^z \frac{dz'}{H(z')}, \qquad (3.87)$$

dove $H(z')$ è dato dall'Eq. (3.80).

- Curvatura spaziale negativa, $k < 0$, $\Omega_{k0} > 0$. In questo caso l'integrale dell'Eq. (3.84) fornisce

$$\frac{\sinh^{-1}\left[a_0 H_0 \sqrt{\Omega_{k0}} \, r\right]}{a_0 H_0 \sqrt{\Omega_{k0}}} = \frac{1}{a_0} \int_0^z \frac{dz'}{H(z')}, \qquad (3.88)$$

e quindi, invertendo per ottenere $r(z)$, si ha:

$$d_0(z) = a_0 r(z) = \frac{1}{H_0 \sqrt{\Omega_{k0}}} \sinh\left[H_0 \sqrt{\Omega_{k0}} \int_0^z \frac{dz'}{H(z')}\right]. \qquad (3.89)$$

- Curvatura spaziale positiva, $k > 0$, $\Omega_{k0} < 0$. In questo caso l'integrale dell'Eq. (3.84) fornisce

$$\frac{\sin^{-1}\left[a_0 H_0 \sqrt{|\Omega_{k0}|} \, r\right]}{a_0 H_0 \sqrt{|\Omega_{k0}|}} = \frac{1}{a_0} \int_0^z \frac{dz'}{H(z')}, \qquad (3.90)$$

e quindi:

$$d_0(z) = a_0 r(z) = \frac{1}{H_0 \sqrt{|\Omega_{k0}|}} \sin\left[H_0 \sqrt{|\Omega_{k0}|} \int_0^z \frac{dz'}{H(z')}\right]. \qquad (3.91)$$

I risultati per la distanza propria ottenuti nei tre casi si possono sintetizzare come segue,

$$d_0(z) = a_0 r(z) = \frac{1}{H_0 \sqrt{|\Omega_{k0}|}} \, \mathscr{F}\left[ H_0 \sqrt{|\Omega_{k0}|} \int_0^z \frac{dz'}{H(z')} \right], \qquad (3.92)$$

dove la funzione $\mathscr{F}[x]$ è definita da:

$$\mathscr{F}[x] = \begin{cases} x, & \Omega_{k0} = 0, \\ \sinh x, & \Omega_{k0} > 0, \\ \sin x, & \Omega_{k0} < 0. \end{cases} \qquad (3.93)$$

L'integrale su $z$ va effettuato usando per $H(z)$ l'Eq. (3.80), che dipende esplicitamente dal modello cosmologico considerato.

Nell'approssimazione in cui trascuriamo la curvatura spaziale, e in cui consideriamo il limite $z \to 0$ (ossia consideriamo distanze sufficientemente piccole su scala cosmologica), il parametro di Hubble può essere approssimato dal suo valore attuale $H_0$, e l'Eq. (3.87) fornisce la ben nota "legge di Hubble"[8],

$$d_0(z) \simeq \frac{1}{H_0} \int_0^z dz' = \frac{z}{H_0}, \qquad (3.94)$$

che esprime una diretta proporzionalità tra redshift e distanza della sorgente.

Se usiamo l'espressione esatta per $H(z)$, però, si ottengono in generale delle correzioni non-lineari alla funzione $d_0(z)$, che crescono al crescere di $z$, e che rendono tale funzione sempre più sensibile ai dettagli del modello considerato. Per un'analisi sufficientemente accurata dei dati sperimentali su grandi scale di distanza (ossia per grandi $z$) diventa allora necessario sostituire la variabile $d_0(z)$ (che non è direttamente misurabile) con un'altra variabile, più facilmente esprimibile in termini di grandezze osservate: la distanza di luminosità $d_L(z)$.

### 3.4.2 Distanza di luminosità

Consideriamo una sorgente, localizzata a una distanza radiale $r_e$, che emette radiazione con una potenza (o luminosità)

$$L_e = \left( \frac{d\mathscr{E}}{dt} \right)_e. \qquad (3.95)$$

Il flusso d'energia ricevuto nell'origine al tempo $t_0$ (ossia la potenza ricevuta $L_0 = (d\mathscr{E}/dt)_0$, a distanza propria $d_0 = a_0 r(z_e)$, per unità di superficie) è dato da:

$$F_0 = \frac{L_0}{4\pi d_0^2} = \frac{1}{4\pi a_0^2 r_e^2} \left( \frac{d\mathscr{E}}{dt} \right)_0. \qquad (3.96)$$

---

[8] E. Hubble, M.L. Humason, *Astrophys. J.* **74**, 43 (1931).

Per effetto della geometria FLRW, d'altra parte, l'energia ricevuta è diminuita rispetto a quella emessa di un fattore

$$\frac{d\mathscr{E}_0}{d\mathscr{E}_e} = \frac{1}{1+z_e} \tag{3.97}$$

(si veda l'Eq. (2.39) e l'Eq. (2.42)). Gli intervalli temporali, per le stesse ragioni, sono dilatati di una quantità opposta:

$$\frac{dt_0}{dt_e} = \frac{d\mathscr{E}_e}{d\mathscr{E}_0} = 1+z_e. \tag{3.98}$$

Il flusso ricevuto $F_0$ è dunque collegato alla luminosità assoluta della sorgente, $L_e$, dalla relazione

$$F_0 = \frac{L_e}{4\pi a_0^2 r_e^2 (1+z_e)^2}. \tag{3.99}$$

Possiamo introdurre ora un parametro con dimensioni di lunghezza, detto "distanza di luminosità" $d_L$, che controlla direttamente il rapporto tra potenza emessa e flusso ricevuto, e che è definito da

$$F_0 = \frac{L_e}{4\pi d_L^2}. \tag{3.100}$$

Il confronto con l'equazione precedente fornisce immediatamente

$$d_L(z) = (1+z)a_0 r(z) = (1+z)d_0(z), \tag{3.101}$$

e la combinazione con l'Eq. (3.92) per la distanza propria ci porta infine al risultato:

$$d_L(z) = \frac{1+z}{H_0 \sqrt{|\Omega_{k0}|}}\, \mathscr{F}\left[H_0 \sqrt{|\Omega_{k0}|} \int_0^z \frac{dz'}{H(z')}\right]. \tag{3.102}$$

### 3.4.3 Magnitudine apparente e modulo di distanza

La distanza di luminosità $d_L$ è un parametro conveniente per le applicazioni fenomenologiche perché è direttamente collegato a una variabile sperimentale largamente usata nelle osservazioni astronomiche: la *magnitudine apparente m* delle sorgenti, definita a partire dal flusso di radiazione ricevuta, $F_0$, in accordo alla relazione[9]

$$m = -2.5 \log_{10} F_0 + \text{cost.} \tag{3.103}$$

Utilizzando per $F_0$ l'Eq. (3.100) abbiamo infatti

$$m(z) = 5 \log_{10} d_L(z) + c_M, \tag{3.104}$$

---

[9] La costante può essere convenzionalmente fissata richiedendo che la magnitudine apparente della stella polare risulti $m = 2.15$ (in media, poiché l'intensità luminosa della stella polare è variabile).

dove $c_M$ è una quantità indipendente da $z$, determinata dalle proprietà specifiche della classe di sorgenti considerata (in particolare, dalla "magnitudine assoluta" $M$, o luminosità assoluta $L_e$).

Sostituendo per $d_L$ l'espressione (3.102), l'Eq. (3.104) fornisce una relazione generale (ma dipendente dal modello cosmologico considerato) tra due quantità direttamente misurabili: la magnitudine apparente di una sorgente, e il redshift della radiazione da essa ricevuta. Assumendo di avere sorgenti identiche (caratterizzate cioè dalla stessa luminosità assoluta $L_e$) poste a distanze diverse, e confrontando le curve teoriche $m(z)$ con i corrispondenti dati sperimentali, è dunque possibile ottenere informazioni altamente vincolanti sui parametri $\{H_0, \Omega_{n0}, \gamma_n, \Omega_{k0}\}$ tipici di un dato modello. È in questo modo che il diagramma luminosità-redshift costruito con i dati delle Supernovae di tipo Ia ha evidenziato la necessità di una sorgente gravitazionale dominante con pressione negativa, diversa dalla materia non-relativistica, e capace di sostenere attualmente un'espansione *accelerata* della geometria cosmica[10] (si veda in particolare la Sez. 4.1.2).

È opportuno infine osservare che il confronto tra teoria e osservazioni viene effettuato, in pratica, utilizzando al posto della magnitudine apparente il cosiddetto "modulo di distanza", ossia la differenza tra magnitudine apparente e assoluta, $m - M$. Inoltre, per evidenziare le differenze tra i vari modelli, si considera la differenza $\Delta(m - M)$ tra il modulo di distanza del modello considerato, e quello di un modello "vuoto" con curvatura spaziale negativa, ossia di un modello che ha $\Omega_n = 0 \; \forall n$ e $\Omega_k = 1$.

Tale modello descrive una varietà piatta, corrispondente alla porzione dello spazio-tempo di Minkowski compresa all'interno del cono-luce futuro, detta "spazio di Milne" (si veda l'Esercizio 2.1). Per tale modello l'Eq. (3.80) fornisce $H(z) = H_0(1 + z)$, e la corrispondente distanza di luminosità (3.102) è data da

$$d_L^{(0)}(z) = \frac{1+z}{H_0} \sinh\left[\int_0^z \frac{dz'}{1+z'}\right] = \frac{1+z}{H_0} \sinh\left[\ln(1+z)\right] = \frac{z(2+z)}{2H_0}. \qquad (3.105)$$

La differenza tra il modulo di distanza di un modello generico e quello di Milne definisce quindi l'utile variabile fenomenologica

$$\Delta(m - M) = 5\log_{10} d_L(z) - 5\log_{10} d_L^{(0)}(z)$$

$$= 5\log_{10}\left\{\frac{2(1+z)}{z(2+z)\sqrt{|\Omega_{k0}|}} \, \mathscr{F}\left[H_0\sqrt{|\Omega_{k0}|} \int_0^z \frac{dz'}{H(z')}\right]\right\}, \qquad (3.106)$$

frequentemente usata nelle analisi sperimentali.

L'andamento di $\Delta(m - M)$ in funzione di $z$ è mostrato in Fig. 3.2 prendendo come esempio un modello cosmologico caratterizzato da $\Omega_k = 0$ e da due componenti del fluido cosmico: $\Omega_m$ con $\gamma_m = 0$ (materia non-relativistica) e $\Omega_\Lambda$ con $\gamma_\Lambda = -1$

---

[10] A.G. Riess et al., *Astron. J.* **116**, 1009 (1998); S. Perlmutter et al., *Astrophys. J* **517**, 565 (1999). Il lavoro di questi gruppi è stato recentemente premiato con il Nobel per la fisica assegnato nel 2011.

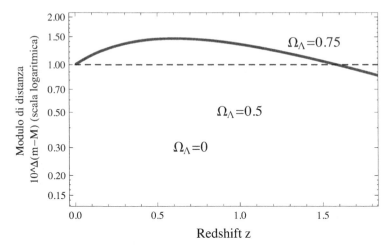

**Fig. 3.2** Andamento del modulo di distanza in funzione di $z$ per un modello con $\Omega_k = 0$ e $\Omega_m + \Omega_\Lambda = 1$. Il grafico mostra la variabile $\Delta(m - M)$ dell'Eq. (3.106), esponenziata in base 10 e riportata in scala logaritmica. Delle tre curve mostrate in figura quella che si accorda meglio con gli attuali dati sperimentali è la curva con $\Omega_\Lambda = 0.75$

(costante cosmologica). Vengono illustrati, in particolare, tre casi: $(a)$ $\Omega_{m0} = 1$ e $\Omega_\Lambda = 0$; $(b)$ $\Omega_{m0} = 0.5$ e $\Omega_\Lambda = 0.5$; $(c)$ $\Omega_{m0} = 0.25$ e $\Omega_\Lambda = 0.75$. I dati sperimentali attualmente disponibili per le Supernovae Ia si accordano meglio con la curva teorica corrispondente al caso $(c)$.

## 3.5 L'effetto di "redshit drift"

L'osservazione del redshift in funzione della distanza permette di ottenere importanti informazioni sulla dinamica cosmologica, ma – come sottolineato nella sezione precedente – ci si deve basare sull'ipotesi che tutte le sorgenti della classe considerata abbiano esattamente la stessa luminosità assoluta (ovvero, come si dice comunemente, sull'ipotesi che esse rappresentino "candele standard" rispetto alle quali calibrare il flusso di radiazione ricevuta). La relazione luminosità-redshift, però, non è l'unica possibile fonte di informazione diretta sulla dinamica cosmica.

Una possibilità alternativa (e complementare) di ottenere informazioni dinamiche è quella di focalizzare le osservazioni su di una singola sorgente, caratterizzata da un dato redshift $z_s$, e misurare la variazione $\Delta z_s$ di tale redshift nell'arco di un intervallo di tempo $\Delta t_0$ sufficientemente breve da essere accessibile all'osservazione diretta.

La tecnologia degli attuali spettroscopi (che forniscono la misura di $z$), combinata con la futura sensibilità dei telescopi ottici di prossima generazione, ci permetterà infatti di osservare variazioni $\Delta z_s$ corrispondenti a variazioni di velocità effettive $\Delta v = c\Delta z_s$ inferiori al cm/s in un intervallo $\Delta t_0$ di circa trent'anni. Tale sensibilità dovrebbe essere sufficiente a discriminare tra le predizioni di diversi modelli cosmo-logici, distinguendo, nel caso dell'accelerazione cosmica, un reale effetto dinamico da un effetto apparente dovuto alle disomogeneità locali[11].

La variazione del redshift, detta anche "deriva" del redshift (o *redshift drift*), va calcolata partendo dall'espressione esplicita per il redshift fornita dal particolare modello cosmologico che vogliamo confrontare con le osservazioni. Nel nostro caso ci limiteremo a una geometria omogenea e isotropa di tipo FLRW, nella quale la luce emessa da una sorgente al tempo $t_s$ e ricevuta al tempo $t_0$ è caratterizzata da un redshift $z_s$ tale che

$$1 + z_s = \frac{a_0}{a_s}, \tag{3.107}$$

dove $a_0 = a(t_0)$, e $a_s = a(t_s)$ (si veda la Sez. 2.3.1).

In questo caso $z_s$ dipende da due parametri, $t_0$ e $t_s$, e la sua variazione, in generale, è data da

$$\Delta z_s = \frac{\partial z_s}{\partial t_0} \Delta t_0 + \frac{\partial z_s}{\partial t_s} \Delta t_s. \tag{3.108}$$

Perciò

$$\Delta z_s = \frac{\dot{a}_0}{a_s} \Delta t_0 - \frac{a_0 \dot{a}_s}{a_s^2} \Delta t_s, \tag{3.109}$$

dove il punto indica la derivata del fattore di scala rispetto al corrispondente pa-rametro temporale. Gli intervalli temporali, d'altra parte, sono collegati tra loro dall'inverso della relazione che collega le frequenze, ossia

$$\frac{\Delta t_s}{\Delta t_0} = \frac{a_s}{a_0} = \frac{1}{1 + z_s}. \tag{3.110}$$

Arriviamo quindi al risultato

$$\Delta z_s = \Delta t_0 \left( \frac{\dot{a}_0 - \dot{a}_s}{a_s} \right), \tag{3.111}$$

che mostra chiaramente come la deriva del redshift $\Delta z_s$ sia direttamente collegata alla variazione della velocità di espansione, dall'epoca di emissione $t_s$ all'epoca attuale $t_0$. In particolare, si ottiene $\Delta z_s = 0$ solo nel caso in cui $\dot{a} =$ costante, ossia nel caso in cui l'Universo non sia nè accelerato nè decelerato.

L'Eq. (3.111) si può anche riscrivere nella forma

$$\frac{\Delta z_s}{\Delta t_0} = (1 + z_s) H_0 - H_s, \tag{3.112}$$

dove $H_0 = \dot{a}_0/a_0$ e $H_s = \dot{a}_s/a_s$. È evidente, da questa espressione, che una misu-ra della deriva $\Delta z_s$ fornisce un confronto diretto tra il parametro di Hubble attuale e quello corrispondente all'epoca di emissione, e quindi mette esplicitamente alla prova qualunque modello dinamico di espansione cosmica. Anche da questa espres-

---

[11] Si veda ad esempio C. Quercellin, L. Amendola, A. Balbi, P. Cabella, M. Quartin, *Real-time Cosmology*, arXiv:1011.2646 (Novembre 2010).

sione si può facilmente verificare che la deriva è nulla per un'espansione lineare $a \sim t$ (in tal caso, infatti, $1 + z_s = t_0/t_s = H_s/H_0$, che implica $\Delta z_s \equiv 0$ per qualunque $\Delta t_0$).

Osserviamo infine che l'effetto di deriva (3.112) può essere applicato a qualunque sorgente, indipendentemente dal fatto che la sua luminosità assoluta sia nota o meno. Questo ci consente, in particolare, di utilizzare il redshift dei *quasars*[12] anziché delle Supernovae, e di estendere l'indagine sulla dinamica cosmica fino a valori di $z$ che vanno da 2 a 5, coprendo così una scala di tempo e di distanze impossibile da raggiungere con lo studio di sorgenti più deboli come le Supernovae.

## Esercizi

### 3.1. Equazioni di Einstein in tempo conforme
Riscrivere le equazioni di Einstein (3.12), (3.13) usando come variabile differenziale il tempo conforme.

### 3.2. Soluzioni per fluidi perfetti in tempo conforme
Esprimere la soluzione (3.26) in tempo conforme, e verificare che soddisfa le equazioni di Einstein (in tempo conforme) per $k = 0$.

### 3.3. Equazione di conservazione in tempo conforme
Derivare l'equazione di evoluzione temporale per la densità d'energia di un fluido perfetto usando il tempo conforme.

### 3.4. Orizzonti per soluzioni con curvatura spaziale positiva
Discutere l'esistenza dell'orizzonte di particella e dell'orizzonte degli eventi nello spazio-tempo descritto dalla metrica (3.39).

### 3.5. Orizzonti per soluzioni con curvatura spaziale negativa
Discutere l'esistenza dell'orizzonte di particella e dell'orizzonte degli eventi nello spazio-tempo descritto dalla metrica (3.42).

## *Soluzioni*

### 3.1. Soluzione
Utilizzando la relazione (2.25) tra tempo cosmico $t$ e tempo conforme $\eta$,

$$dt = a d\eta, \qquad (3.113)$$

---

[12] Sorgenti di radiazione estremamente concentrate ma caratterizzate da una potenza di emissione elevatissima, confrontabile con quella di un'intera galassia, e quindi visibili anche a redshifts molto più elevati di quelli delle Supernovae.

abbiamo

$$H = \frac{\dot{a}}{a} = \frac{a'}{a}\frac{d\eta}{dt} = \frac{a'}{a^2}, \qquad (3.114)$$

dove il primo indica la derivata rispetto a $\eta$. Inoltre:

$$\dot{H} = \frac{d\eta}{dt}\left(\frac{a''}{a^2} - 2\frac{a'^2}{a^3}\right) = \frac{1}{a^2}\left(\frac{a''}{a} - 2\frac{a'^2}{a^2}\right). \qquad (3.115)$$

È conveniente anche introdurre la variabile $\mathcal{H}$, strettamente collegata al parametro di Hubble, tale che:

$$\mathcal{H} = \frac{a'}{a}, \qquad \mathcal{H}' = \frac{a''}{a} - \mathcal{H}^2. \qquad (3.116)$$

Usando questa variabile abbiamo

$$H^2 = \frac{\mathcal{H}^2}{a^2}, \qquad \dot{H} = \frac{1}{a^2}\left(\mathcal{H}' - \mathcal{H}^2\right), \qquad (3.117)$$

e le equazioni (3.12), (3.13) si possono riscrivere, rispettivamente, nella forma seguente:

$$\mathcal{H}^2 + k = \frac{8}{3}\pi G \rho a^2, \qquad (3.118)$$

$$2\mathcal{H}' + \mathcal{H}^2 + k = -8\pi G p a^2. \qquad (3.119)$$

### 3.2. Soluzione

Integrando la relazione (3.113) con il fattore di scala (3.26), e ponendo $\gamma_n = \gamma$, per semplicità, otteniamo (modulo costanti di integrazione)

$$\pm\eta \sim \int (\pm t)^{-\frac{2}{3(1+\gamma)}} dt \sim (\pm t)^{\frac{1+3\gamma}{3(1+\gamma)}}, \qquad (3.120)$$

e quindi

$$(\pm t) \sim (\pm\eta)^{\frac{3(1+\gamma)}{1+3\gamma}}, \qquad (3.121)$$

da cui

$$a(\eta) = \left(\frac{\pm\eta}{\eta_0}\right)^{\frac{2}{1+3\gamma}}, \qquad (3.122)$$

dove $\eta_0$ è un'opportuna costante di integrazione.

Per verificare che questo fattore di scala soddisfa le equazioni di Einstein in tempo conforme deriviamo rispetto a $\eta$ due volte, e calcoliamo

$$\mathcal{H} = \frac{a'}{a} = \frac{2}{(1+3\gamma)\eta}, \qquad \mathcal{H}' = -\frac{2}{(1+3\gamma)\eta^2}. \qquad (3.123)$$

Ricordiamo inoltre che la densità d'energia $\rho$, per la soluzione (3.26), varia col fattore di scala in accordo all'Eq. (3.23). Utilizzando l'espressione esplicita (3.122) abbiamo dunque

$$\rho a^2 = \rho_0 a^{2-3(1+\gamma)} = \rho_0 a^{(1+3\gamma)} = \rho_0 \frac{\eta_0^2}{\eta^2}. \tag{3.124}$$

Sostituendo questi risultati nell'equazione di Einstein (3.118) (per $k = 0$) otteniamo la condizione

$$\frac{4}{(1+3\gamma)^2} = \frac{8}{3}\pi G\rho_0\eta_0^2, \tag{3.125}$$

che fissa $\eta_0$ in funzione di $\rho_0$. Sostituendo infine nella seconda equazione di Einstein (3.119), ed usando $p = \gamma\rho$, otteniamo la condizione

$$-\frac{4}{(1+3\gamma)} + \frac{4}{(1+3\gamma)^2} = -8\pi G\gamma\rho_0\eta_0^2, \tag{3.126}$$

che è identicamente soddisfatta per $\eta_0$ fissato dall'Eq. (3.125).

### 3.3. Soluzione
Deriviamo l'Eq. (3.118) rispetto a $\eta$,

$$\frac{8}{3}\pi G(\rho' a^2 + 2aa'\rho) = 2\mathscr{H}\mathscr{H}', \tag{3.127}$$

e usiamo per $\mathscr{H}'$ l'Eq. (3.119):

$$\begin{aligned}
\frac{8}{3}\pi Ga^2\left(\rho' + 2\mathscr{H}\rho\right) &= \mathscr{H}\left(-\mathscr{H}^2 - k - 8\pi Gpa^2\right) \\
&= -\mathscr{H}\frac{8}{3}\pi Ga^2\left(\rho + 3p\right).
\end{aligned} \tag{3.128}$$

Perciò:

$$\rho' + 3\mathscr{H}(\rho + p) = 0 \tag{3.129}$$

è l'equazione cercata.

### 3.4. Soluzione
Ricordiamo innanzitutto che la soluzione (3.39) è valida per valori della coordinata temporale definiti su di un segmento dell'asse reale di estensione finita. Possiamo prendere, in particolare, il ramo della soluzione con $0 \le \psi \le 2\pi$, che corrisponde agli estremi temporali

$$t_{\min} = t(\psi)\big|_{\psi=0} = 0, \qquad t_{\max} = t(\psi)\big|_{\psi=2\pi} = 2\pi c_2. \tag{3.130}$$

Notiamo anche che, per la soluzione (3.39),

$$\frac{dt}{a(t)} = \frac{d\psi}{a}\frac{dt}{d\psi} = \frac{c_2}{c_1}d\psi. \qquad (3.131)$$

A un generico istante $t$ l'orizzonte di particella (2.46) è quindi situato a una distanza propria

$$d_p(t) = a(t)\int_{t_{min}}^{t}\frac{dt'}{a(t')} = c_2(1 - \cos\psi)\int_0^{\psi} d\psi = c_2\psi(1 - \cos\psi) < \infty. \quad (3.132)$$

L'integrale è convergente, e l'orizzonte di particella esiste. Allo stesso istante la distanza dell'orizzonte degli eventi, secondo la definizione (2.48), è data da

$$d_e(t) = a(t)\int_{t}^{t_{max}}\frac{dt'}{a(t')} = c_2(1 - \cos\psi)\int_{\psi}^{2\pi} d\psi = c_2(2\pi - \psi)(1 - \cos\psi) < \infty. \quad (3.133)$$

Anche questa distanza è finita, e dunque per la metrica (3.39) esiste anche l'orizzonte degli eventi.

### 3.5. Soluzione

La soluzione (3.42) è valida per $0 \le \psi \le \infty$, ossia per $0 \le t \le \infty$. Anche per questa soluzione vale la relazione

$$\frac{dt}{a(t)} = \frac{d\psi}{a}\frac{dt}{d\psi} = \frac{c_2}{c_1}d\psi, \qquad (3.134)$$

e l'orizzonte di particella, a un tempo finito $t(\psi)$, si trova a una distanza finita:

$$d_p(t) = a(t)\int_{t_{min}}^{t}\frac{dt'}{a(t')} = c_2(\cosh\psi - 1)\int_0^{\psi} d\psi = c_2\psi(\cosh\psi - 1) < \infty. \quad (3.135)$$

La distanza dell'orizzonte degli eventi, invece, diverge a qualunque valore finito di $t$ considerato:

$$d_e(t) = a(t)\int_{t}^{t_{max}}\frac{dt'}{a(t')} = c_2(\cosh\psi - 1)\int_{\psi}^{\infty} d\psi = \infty. \qquad (3.136)$$

Perciò nella metrica (3.42) esiste l'orizzonte di particella ma non esiste l'orizzonte degli eventi.

# 4

# Il modello inflazionario

In questo capitolo accenneremo ai principali problemi del modello cosmologico standard, e mostreremo che alcuni di essi possono essere risolti modificando la dinamica in modo da introdurre una fase di evoluzione accelerata, detta fase "inflazionaria". Tra i vari possibili tipi di evoluzione inflazionaria ci concentreremo, in particolare, su quello descritto dal modello di de Sitter, che corrisponde a un'interessante soluzione esatta delle equazioni di Einstein. Modelli inflazionari più realistici saranno discussi nel capitolo seguente.

## 4.1 Problemi del modello standard e possibili soluzioni

Nonostante i suoi numerosi successi, il modello cosmologico standard presenta – come tutti i modelli fisici – vari aspetti problematici. Alcuni di essi riguardano l'epoca attuale, altri riguardano invece le epoche più remote dell'Universo primordiale. Cominciamo con due problemi relativi allo stato presente dell'evoluzione cosmica.

### 4.1.1 Massa mancante e materia oscura

Secondo il modello standard, la sorgente gravitazionale dominante nella fase cosmologica attuale dovrebbe essere la materia non-relativistica (con densità d'energia $\rho_m$ e pressione nulla), e la dinamica cosmica dovrebbe essere regolata da un'equazione di Friedmann che si scrive, in forma adimensionale,

$$\Omega_m + \Omega_k = 1 \qquad (4.1)$$

(abbiamo usato le definizioni (3.75) per le frazioni di densità critica).

Il contributo attuale della curvatura spaziale, d'altra parte, deve essere molto piccolo – in particolare, $\Omega_k$ non deve essere superiore a qualche percento – per accordarsi con il vincolo sperimentale (3.37). Ne consegue che la densità d'energia

Gasperini M.: Lezioni di Cosmologia Teorica.
DOI 10.1007/978-88-470-2484-7_4, © Springer-Verlag Italia 2012

della materia dovrebbe coincidere con la densità critica ($\Omega_m \simeq 1$, $\rho_m \simeq \rho_c$), entro un margine d'errore dell'ordine dell'uno per cento.

L'attuale densità d'energia della materia che risulta visibile nelle varie bande della radiazione elettromagnetica (in pratica, la materia barionica non-relativistica) presenta invece una densità $\rho_b$ lontana da quella critica. Utilizzando per $h$ il valore (3.36) le osservazioni più recenti forniscono infatti[1]

$$\Omega_b(t_0) \simeq 0.044 \pm 0.004. \tag{4.2}$$

Se vogliamo che $\Omega_m \simeq 1$ dobbiamo allora postulare l'esistenza di una larga quantità di materia non-relativistica che risulta invisibile perché non emette radiazione elettromagnetica (e quindi si comporta come un fluido "freddo" dal punto di vista termodinamico), con una densità d'energia $\rho_{cdm}$ tale che, attualmente,

$$\Omega_{cdm} + \Omega_b \equiv \Omega_m \simeq 1. \tag{4.3}$$

L'esistenza di tale componente del fluido cosmico, chiamata *cold dark matter* (ovvero materia oscura fredda, o, più semplicemente, materia oscura), è stata postulata fin dagli anni '70 per risolvere il cosiddetto problema della "massa mancante", determinato dalla contraddizione tra il risultato sperimentale (4.2) e la predizione (4.1) del modello standard.

La materia oscura, oltre a risolvere questa contraddizione su scala cosmologica, risolve anche il problema delle curve di rotazione galattiche, problema che si manifesta in quasi tutte le galassie osservate, e che consiste nel fatto che la velocità di rotazione delle stelle attorno al centro galattico non varia con la distanza come previsto dalla dinamica gravitazionale standard (Newtoniana o Einsteiniana). La velocità delle stelle, anziché decrescere con la distanza dal centro, tende infatti a stabilizzarsi a un valore costante.

La presenza di materia oscura può spiegare questo comportamento[2] perché, se la massa totale che genera il campo gravitazionale galattico non è concentrata nelle singole stelle, ma è diffusa con continuità in un "alone" di materia di densità opportuna, allora anche la dinamica gravitazionale standard prevede per le velocità stellari le legge di distribuzione osservata, senza bisogno di invocare modifiche "esotiche" delle leggi gravitazionali.

Nonostante questi successi e questi problemi risolti va detto, però, che l'ipotesi della materia oscura manca tutt'ora di una verifica sperimentale diretta: tale materia, infatti, non è mai stata direttamente rivelata in laboratorio, nonostante le lunghe ed accurate ricerche effettuate da numerose collaborazioni internazionali. Non è neanche certo, finora, quali siano i componenti fondamentali della materia oscura tra i molti possibili candidai teorici: assioni, dilatoni, neutrini sterili pesanti, par-

---

[1] Una versione annualmente aggiornata dei principali risultati osservativi è disponibile sul sito del *Particle Data Group* all'indirizzo http://pdg.lbl.gov/

[2] Per un'ampia rassegna di questa e altre proprietà della materia oscura si veda ad esempio G. Bertone, D. Hooper, J. Silk, *Phys. Rep.* **405**, 279 (2005).

ticelle supersimmetriche (come gravitini, fotini, etc.), e persino piccoli buchi neri primordiali (si vedano ad esempio i testi [11, 12] della bibliografia finale).

Inoltre, anche se esiste, la materia oscura potrebbe non essere la componente dominante dell'attuale fase cosmologica, come vedremo nella sezione seguente.

### 4.1.2 Accelerazione ed energia oscura

L'accelerazione (o decelerazione) che caratterizza l'evoluzione temporale del fattore di scala, per una geometria di tipo FLRW, è determinata dalle sorgenti gravitazionali secondo l'equazione di Einstein (3.9):

$$\frac{\ddot{a}}{a} = -\frac{4}{3}\pi G (\rho + 3p).$$ (4.4)

Come già sottolineato nel capitolo precedente, i recenti studi della relazione luminosità-redshift per le Supernovae di tipo Ia, estesi fino al regime $z \sim 1$, hanno portato alla conclusione – valida con un livello di confidenza non inferiore al 99% – che l'attuale valore del parametro di decelerazione è negativo, $q_0 = -(\ddot{a}/aH^2)_0 < 0$. Ne consegue che l'espansione attuale è di tipo accelerato, $\ddot{a}/a > 0$, e che le sorgenti attuali – se vogliamo credere alla validità dell'equazione di Einstein (4.4) – devono soddisfare la condizione

$$\rho + 3p < 0.$$ (4.5)

Questa condizione è chiaramente inconsistente con l'ipotesi che l'Universo sia dominato da materia non-relativistica (oscura o barionica) con $\rho_m > 0$ e $p = 0$.

La contraddizione si può risolvere supponendo che il fluido cosmico contenga, oltre alla materia e alla radiazione, un ulteriore componente con pressione sufficientemente negativa, $p < -\rho/3$, e richiedendo che tale componente – detta "energia oscura" – sia attualmente dominante.

Se chiamiamo $\rho_\Lambda$ la densità dell'energia oscura, l'equazione di Friedmann per la fase attuale (trascurando la radiazione) si scrive allora

$$H^2 + \frac{k}{a^2} = \frac{8}{3}\pi G (\rho_m + \rho_\Lambda),$$ (4.6)

ovvero, in unità critiche (dividendo per $H^2$):

$$1 = \Omega_m + \Omega_\Lambda + \Omega_k.$$ (4.7)

In questo caso, assumendo trascurabile l'attuale contributo di $\Omega_k$ (in accordo all'Eq. (3.37)), le attuali osservazioni forniscono il risultato[3]:

$$\Omega_m(t_0) \simeq 0.26 \pm 0.02,$$ (4.8)

$$\Omega_\Lambda(t_0) \simeq 0.74 \pm 0.03.$$ (4.9)

---

[3] Si veda la Nota n. 1.

Inoltre, nell'ipotesi che l'energia oscura si possa trattare come un fluido barotropico con $p_\Lambda/\rho_\Lambda = w = $ cost, si ottiene anche

$$-1.074 \lesssim w \lesssim -0.939. \tag{4.10}$$

I valori di $w$ attualmente permessi non cambiano molto anche se si assume che $w$ vari nel tempo.

È immediato verificare che per i valori sperimentali (4.8)–(4.10) il parametro di decelerazione risulta negativo. Dall'Eq. (3.44) abbiamo infatti

$$q = \frac{1}{2}\left(\frac{8\pi G}{3H^2}\right)(\rho_m + \rho_\Lambda + 3w\rho_\Lambda) = \frac{1}{2}\Omega_m + \frac{1}{2}(1+3w)\Omega_\Lambda, \tag{4.11}$$

e quindi $q_0 \equiv q(t_0) \simeq -0.6$.

La presenza nel fluido cosmico di una componente dominante con le proprietà dell'energia oscura si accorda dunque perfettamente con le osservazioni attuali. Rimane aperto però un problema: cos'è l'energia oscura? quale sorgente fisica rappresenta?

### 4.1.3 Costante cosmologica e quintessenza

La risposta più semplice alla domanda precedente si ottiene assumendo che l'energia oscura rappresenti il contributo gravitazionale di una costante cosmologica $\Lambda$.

Infatti, come già sottolineato nella Sez. 1.3.1, il contributo della costante cosmologica alle equazioni di Einstein è identico a quello di un fluido perfetto barotropico con densità d'energia costante, $\rho = \Lambda$, e pressione $p = -\Lambda = -\rho$, ossia con equazione di stato $w = p/\rho = -1$, che risulta in perfetto accordo con il risultato sperimentale (4.10). Inoltre, come notato nella Sez. 1.2, la costante $\Lambda$ rappresenta anche il contributo gravitazionale dell'energia del vuoto, che è comunque da includere nel contesto di un modello cosmologico relativistico completo e consistente.

Se questo è il caso, ossia se $\rho_\Lambda$ è da identificare con $\Lambda$, allora al modello standard andrebbe aggiunta una terza fase, successiva a quella della radiazione e della materia. Questa terza fase, accelerata e dominata da $\Lambda$, inizia solo recentemente su scala cosmica (si veda l'Esercizio 4.1). Una volta instaurata, però, continua per sempre, in quanto $\rho_m$ e $\rho_r$ decrescono nel tempo e diventano sempre più trascurabili rispetto a $\rho_\Lambda$ che è costante. Andando indietro nel tempo, invece, è $\rho_\Lambda = \Lambda$ che diventa rapidamente trascurabile rispetto alle altre forme d'energia. Si presentano allora due ben noti problemi.

Il primo è il cosiddetto problema della costante cosmologica: perché la densità d'energia $\rho_\Lambda = \Lambda$ ha un valore così piccolo? Una semplice stima dimensionale del contributo gravitazionale delle fluttuazioni quantistiche del vuoto, per i modi di Fourier di un generico campo con massa $m \ll M_P$,

$$\rho_V \sim \int_0^{M_P} d^3 k\, E(k) = 2\pi \int_0^{M_P} k^2 dk \sqrt{k^2 + m^2} \sim M_P^4, \qquad (4.12)$$

ci porta infatti al valore naturale $\Lambda \sim M_P^4$. Invece, il risultato sperimentale (4.9) richiede $\rho_\Lambda \sim \rho_c(t_0)$, ossia richiede che

$$\Lambda \sim H_0^2 M_P^2 \sim 10^{-122} M_P^4 \qquad (4.13)$$

(si veda il valore sperimentale (3.71) di $H_0$). Se c'è un principio di simmetria (o di supersimmetria ) che impone $\Lambda = 0$, allora tale simmetria deve essere rotta perché $\Lambda \neq 0$. Ma la scala di rottura, secondo tutti i meccanismi standard, sembra fornire un valore di $\Lambda$ molto maggiore di quello osservato. Nel caso della supersimmetria, ad esempio, si ottiene il valore $\Lambda \sim M_{SUSY}^4 \gtrsim (1\,\mathrm{TeV})^4 \sim 10^{-60} M_P^4$.

Il secondo problema è il cosiddetto problema della "coincidenza cosmica": perché nell'epoca attuale le densità d'energia $\rho_m$ e $\rho_\Lambda$ sono dello stesso ordine di grandezza? (si vedano le equazioni (4.8), (4.9)). Poiché $\rho_\Lambda$ è costante, mentre $\rho_m \sim a^{-3}$, in una qualunque altra epoca diversa dalla presente le due densità d'energia sono largamente diverse tra loro. Perché dunque $\rho_m \sim \rho_\Lambda$ proprio nella nostra epoca? Questo problema potrebbe essere risolto, o alleviato, se la densità della materia e dell'energia oscura fossero dello stesso ordine di grandezza per periodi molto più estesi della storia cosmica.

Nonostante i numerosi (e interessanti) tentativi di soluzione dei problemi collegati all'identificazione dell'energia oscura con una costante cosmologica, sembra lecito dire che tali problemi sono attualmente aperti, in attesa di conferme sperimentali e ulteriori progressi teorici. Una discussione – anche breve – di tali possibili soluzioni ci porterebbe troppo oltre gli obiettivi che ci proponiamo di raggiungere con questo testo. Osserviamo solo, in questo contesto, che i problemi collegati a una costante cosmologica possono essere evasi se la densità d'energia oscura $\rho_\Lambda$ è prodotta da un opportuno campo scalare – chiamato anche "quintessenza" – le cui proprietà altamente non convenzionali fanno variare nel tempo sia la densità d'energia, sia l'equazione di stato effettiva, sia l'accoppiamento effettivo agli altri campi materiali (si vedano ad esempio i testi [10, 11] della bibliografia finale).

Esaminiamo ora altri problemi del modello standard che si riferiscono alle epoche più remote dell'Universo primordiale.

### 4.1.4 Problema della piattezza

C'è un problema, forse più sottile dei precedenti, che viene chiamato "problema della piattezza" perché riguarda la scala di curvatura spaziale e il suo andamento temporale nell'ambito del modello standard.

Introduciamo una lunghezza propria $L_k$, che controlla il raggio di curvatura (ossia l'inverso della curvatura) dello spazio tridimensionale nella geometria FLRW,

$$L_k(t) = \left( \frac{|k|}{a^2} \right)^{-1/2}, \tag{4.14}$$

e confrontiamola con la lunghezza propria $L_H$ associata al cosiddetto raggio di Hubble,

$$L_H(t) = |H|^{-1}, \tag{4.15}$$

che controlla il raggio di curvatura dello spazio-tempo (abbiamo preso il modulo perché, in generale, $\ddot{a}$ potrebbe essere negativo). Consideriamo in particolare il rapporto

$$r(t) = \frac{L_H}{L_k} \sim \frac{\text{curvatura spazio}}{\text{curvatura spazio} - \text{tempo}}, \tag{4.16}$$

e notiamo che il suo quadrato $r^2$ coincide esattamente con il modulo di $\Omega_k(t)$ (si veda la definizione (3.75)). Il risultato sperimentale (3.37)) ci dice allora che la curvatura dello spazio è attualmente inferiore a quella totale dello spazio-tempo: $r_0 \equiv r(t_0) \lesssim 0.1$. Ma quanto valeva questo rapporto in passato?

È facile verificare che nel modello standard tale rapporto diventa sempre più piccolo man mano che si va indietro nel tempo. Infatti, se prendiamo un fattore di scala con andamento a potenza, $a \sim t^\alpha$, $t > 0$, il modello standard fornisce $\alpha = 2/3$ per la fase di materia e $\alpha = 1/2$ per la fase di radiazione. In ogni caso $0 < \alpha < 1$, e quindi:

$$r(t) \sim \frac{1}{aH} \sim \frac{1}{\dot{a}} \sim t^{1-\alpha} \xrightarrow[t \to 0]{} 0. \tag{4.17}$$

Questo ci porta a uno stato iniziale dell'Universo altamente asimmetrico. Consideriamo ad esempio l'epoca di Planck, corrispondente al parametro di Hubble $H_P = M_P$. La cinematica del modello standard fornisce $a \sim t^{2/3} \sim H^{-2/3}$ nella fase della materia, e $a \sim t^{1/2} \sim H^{-1/2}$ nella fase della radiazione. Perciò

$$\frac{r_p}{r_0} = \frac{a_0 H_0}{a_p H_P} = \frac{(aH)_0}{(aH)_{\text{eq}}} \frac{(aH)_{\text{eq}}}{(aH)_P} = \left( \frac{H_0}{H_{\text{eq}}} \right)^{1/3} \left( \frac{H_{\text{eq}}}{M_P} \right)^{1/2}, \tag{4.18}$$

da cui, usando le equazioni (3.70), (3.71),

$$r_p \equiv r(t_p) \sim 10^{-30} r_0 \lesssim 10^{-31}. \tag{4.19}$$

Le soluzioni del modello standard richiedono dunque, per essere realistiche, condizioni iniziali molto speciali (e poco naturali), con una curvatura spaziale che deve essere enormemente soppressa rispetta alla curvatura dello spazio-tempo (problema di *fine-tuning* dello stato iniziale).

Tale problema può essere risolto se si modifica il modello standard introducendo una fase iniziale in cui $r(t)$ decresce (anziché crescere) col passare del tempo. In questo caso si può partire da condizioni iniziali "naturali" caratterizzate da $r \sim 1$, e sopprimere $r$ fino ai valori adatti alle condizioni iniziali richieste dalla successiva evoluzione standard.

Come semplice esempio di tale fase possiamo prendere un fattore di scala a potenza, $a \sim t^\beta$, $t > 0$, con una potenza sufficientemente elevata $\beta > 1$, tale che

$$r(t) \sim \frac{1}{aH} \sim \frac{1}{\dot a} \sim t^{1-\beta} \underset{t \to \infty}{\longrightarrow} 0. \qquad (4.20)$$

Una fase di questo tipo è detta "inflazionaria", perché corrisponde a un fattore di scala che si espande in maniera accelerata. Infatti, per $\beta > 1$,

$$H = \frac{\dot a}{a} = \frac{\beta}{t} > 0, \qquad \frac{\ddot a}{a} = \frac{\beta(\beta - 1)}{t^2} > 0. \qquad (4.21)$$

### 4.1.5 Problema degli orizzonti

La presenza di una fase inflazionaria che precede l'evoluzione standard risolve non solo il problema della piattezza ma anche un altro problema, detto "problema degli orizzonti".

Consideriamo infatti la regione di spazio attualmente compresa entro il nostro orizzonte di particella. Per il modello standard ($a \sim t^\alpha$, $t > 0$, $0 < \alpha < 1$) tale orizzonte esiste, ed è situato a una distanza propria $d_p(t)$ che è dell'ordine del raggio di Hubble:

$$d_p(t) = a(t) \int_0^t \frac{dt'}{a(t')} = \frac{t}{1 - \alpha} = \frac{\alpha}{1 - \alpha} H^{-1}(t) \qquad (4.22)$$

(si veda l'Esercizio 2.5). La porzione di spazio tridimensionale attualmente racchiusa all'interno di questo raggio ha un volume proprio proporzionale a $a^3$. Se andiamo indietro nel tempo il raggio di questa porzione di spazio decresce dunque come $a \sim t^\alpha$, con $\alpha < 1$. Anche il raggio dell'orizzonte di Hubble decresce, andando verso il passato, ma in modo lineare, $H^{-1} \sim t$, e quindi più velocemente di $a$. Il rapporto tra questi due raggi diventa dunque in passato sempre più piccolo,

$$\frac{\text{raggio orizzonte}}{\text{raggio porzione di spazio}} \sim \frac{H^{-1}}{a} \sim r(t) \sim \frac{1}{\dot a} \sim t^{1-\alpha} \underset{t \to 0}{\longrightarrow} 0, \qquad (4.23)$$

esattamente come il rapporto tra curvatura spaziale e curvatura spazio-temporale (si vedano le equazioni (4.16), (4.17)).

Ne consegue allora che la porzione di spazio attualmente accessibile alla nostra osservazione aveva dimensioni molto più estese, in passato, di quelle dell'orizzonte $d_p$ – e quindi conteneva regioni di spazio separate da distanze $d > d_p$, ovvero regioni di spazio che non erano in connessione causale. Si può calcolare, ad esempio, che all'epoca di Planck, quando il raggio dell'orizzonte era pari a $H^{-1}(t_p) = M_{\mathrm{P}}^{-1}$, la porzione di spazio compresa entro l'attuale orizzonte aveva un'estensione pari a circa $10^{30} M_{\mathrm{P}}^{-1}$ (si veda l'Esercizio 4.2). Se queste sono le condizioni iniziali del modello standard possiamo allora chiederci: perché la porzione di Universo che oggi osserviamo ci appare così omogenea e isotropa? o anche, perché la temperatura della radiazione è la stessa (in media) dappertutto? Secondo il modello standard le varie regioni di spazio che oggi osserviamo non avrebbero potuto interagire causalmente tra loro, e dunque non avrebbero potuto omogeneizzarsi e termalizzarsi in modo così uniforme.

Il problema si risolve se nelle remote epoche primordiali il rapporto (4.23) inverte il suo andamento temporale, ossia se la fase di evoluzione standard è preceduta da una fase di tipo inflazionario, che soddisfa le proprietà (4.20), (4.21). Infatti, se $r(t)$ decresce nel tempo durante l'inflazione, la porzione di spazio inizialmente compresa all'interno dell'orizzonte (al tempo $t_i$) si espande più velocemente dell'orizzonte stesso, e alla fine dell'inflazione (al tempo $t_f$) si ottiene una regione spaziale causalmente connessa che è molto più estesa del raggio dell'orizzonte relativo a quell'epoca (si veda la Fig. 4.1). Ovvero, si ottiene al tempo $t_f$ una configurazione che riproduce esattamente le condizioni iniziali "non naturali" richieste dalla successiva evoluzione standard.

#### 4.1.5.1 La condizione di sufficiente inflazione

Quanto deve durare la fase inflazionaria per risolvere i problemi del modello standard? La risposta dipende dall'efficienza di tale fase, ossia dai parametri che caratterizzano la velocità di espansione e l'accelerazione. In generale, però, possiamo dire che durante l'inflazione il valore del rapporto $r$ deve subire una diminuzione – dal valore iniziale $r_i$ a un valore finale $r_f < r_i$ – abbastanza grande da compensare il successivo aumento, da $r_f$ a $r_0$, dovuto alla fase standard. Deve quindi essere soddisfatta la condizione

$$\frac{r_f}{r_i} \lesssim \frac{r_f}{r_0}, \tag{4.24}$$

che possiamo chiamare "condizione di sufficiente inflazione".

Consideriamo, come semplice esempio, una fase di inflazione a potenza, $a \sim t^\beta$, $\beta < 1$, seguita dalla fase di radiazione, $a \sim t^{1/2}$, e dalla fase di materia, $a \sim t^{2/3}$. Poiché $r \sim (aH)^{-1} \sim \dot{a}^{-1}$, la condizione (4.24) si scrive, in questo caso,

$$\left(\frac{t_f}{t_i}\right)^{1-\beta} \lesssim \frac{r_f}{r_{\mathrm{eq}}} \frac{r_{\mathrm{eq}}}{r_0} = \left(\frac{t_f}{t_{\mathrm{eq}}}\right)^{1/2} \left(\frac{t_{\mathrm{eq}}}{t_0}\right)^{1/3} = \left(\frac{H_{\mathrm{eq}}}{H_f}\right)^{1/2} \left(\frac{H_0}{H_{\mathrm{eq}}}\right)^{1/3} \tag{4.25}$$

(nell'ultimo passaggio abbiamo usato la relazione $H \sim t^{-1}$, valida per un fattore di scala a potenza). Poiché $H_0$ $H_{\mathrm{eq}}$ sono noti, vediamo dunque che la durata della fase inflazionaria, $t_f/t_i$, dipende da due parametri: la potenza cinematica $\beta$ e la scala di curvatura $H_f$ dell'epoca di fine inflazione.

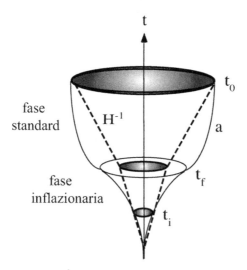

**Fig. 4.1** Diagramma spazio-temporale che mostra l'evoluzione qualitativa dell'orizzonte di Hubble $H^{-1}$ (linee tratteggiate) e del fattore di scala $a$ (curve continue). L'asse verticale individua la direzione temporale, i due assi orizzontali rappresentano le coordinate di una sezione bidimensionale delle ipersuperfici spaziali $t =$ costante. La fase inflazionaria si estende da $t_i$ a $t_f$, quella standard da $t_f$ a $t_0$, e le varie aree ombreggiate rappresentano regioni causalmente connesse a epoche diverse. Al tempo attuale $t_0$ la porzione di Universo che possiamo osservare è tutta compresa all'interno del raggio di Hubble $H_0^{-1}$. All'inizio della fase standard ($t = t_f$) tale regione era molto più estesa dell'orizzonte $H_f^{-1}$, ma era comunque emersa da una porzione di spazio iniziale completamente racchiusa all'interno dell'orizzonte di Hubble $H_i^{-1}$ al tempo $t_i$, e quindi causalmente connessa all'inizio dell'inflazione

Notiamo infine che, per fattori di scala che si possono esprimere come potenze del tempo conforme ($a \sim \eta^{\alpha}$, $a'/a = \alpha/\eta$), il rapporto $r$ evolve sempre linearmente in tempo conforme:

$$r(\eta) \sim \frac{1}{aH} \sim \frac{1}{\dot{a}} \sim \frac{a}{a'} \sim \eta. \tag{4.26}$$

La condizione di sufficiente inflazione (4.24) si può allora esprimere in funzione del tempo conforme come segue:

$$\left| \frac{\eta_f}{\eta_i} \right| \lesssim \left| \frac{\eta_f}{\eta_0} \right| \tag{4.27}$$

(abbiamo usato il modulo perché, come vedremo nella Sez. 4.3, i fattori di scala inflazionari vanno parametrizzati come potenze del tempo conforme su di un intervallo di valori negativi, $-\infty < \eta_i < \eta_f < 0$).

### 4.1.6 Singolarità iniziale e inflazione

Il problema forse fondamentale del modello cosmologico standard è la presenza della singolarità iniziale (il cosiddetto *big bang*): come già sottolineato nel capitolo precedente, densità d'energia, curvatura, temperatura divergono per $t \to 0$, e lo spazio-tempo termina bruscamente in un'epoca localizzata a distanza temporale finita dall'era presente.

È giusto ricordare che, prima di arrivare al limite di curvatura infinita, la curvatura raggiunge necessariamente la scala di Planck $H \sim M_P$ che segna l'ingresso nel regime di gravità quantistica, dove una teoria classica come la relatività generale potrebbe non essere valida. Ed è possibile che in quel regime le correzioni quantistiche alle equazioni gravitazionali inducano forze effettive di tipo repulsivo, in grado di prevenire il collasso ed evitare la singolarità iniziale (così come, ad esempio, la meccanica quantistica non-relativistica evita il collasso dell'elettrone sul nucleo e rende l'atomo stabile). Ma se prendiamo sul serio l'estrapolazione delle equazioni classiche del modello standard fino a scale di curvatura arbitrariamente elevate, allora ci sono teoremi di geometria differenziale che ci dicono quali condizioni devono essere soddisfatte per evitare una singolarità nel contesto della geometria Riemanniana.

C'è una condizione, in particolare, che risulta *necessaria* (ma non sufficiente) affinché la varietà spazio-temporale sia "geodeticamente completa" (e quindi non singolare). Questa condizione richiede che per ogni geodetica di tipo tempo o luce venga violata la cosiddetta "proprietà di convergenza geodetica", ossia richiede che sia soddisfatto il vincolo

$$R_{\mu\nu} u^\mu u^\nu < 0, \qquad u^\mu u_\mu \geq 0, \tag{4.28}$$

dove $u^\mu$ è il vettore tangente al campo geodetico considerato (si veda ad esempio il testo [4] della bibliografia finale). Usando le equazioni di Einstein (3.1), l'equazione precedente si può anche riscrivere come

$$T_{\mu\nu} u^\mu u^\nu - \frac{T}{2} u_\mu u^\mu < 0, \tag{4.29}$$

e in questa forma esprime una violazione della cosiddetta condizione "forte" sull'energia (che richiede appunto che $T_{\mu\nu}$ soddisfi la disuguaglianza precedente cambiata di segno).

Nel caso del modello standard la sorgente gravitazionale è un fluido perfetto rappresentato dal tensore energia-impulso (1.119). Se prendiamo per $u^\mu$ il campo di velocità del fluido stesso, $u^\mu u_\mu = 1$, l'Eq. (4.29) fornisce la condizione

$$\frac{1}{2} (\rho + 3p) < 0, \tag{4.30}$$

e ci dice che, per $\rho > 0$, la singolarità può essere evitata solo in presenza di pressioni sufficientemente negative, $p < -\rho/3$.

D'altra parte, se ricordiamo l'equazione di Einstein (4.4), possiamo osservare che la (4.30) è la stessa condizione che assicura un'accelerazione positiva per il fattore di scala! Una fase primordiale inflazionaria, con $\ddot{a}/a > 0$, deve corrispondere a sorgenti che soddisfano l'Eq. (4.30), e dunque, oltre a poter risolvere i problemi cinematici del modello standard (piattezza, orizzonti, . . . ), è anche compatibile con un'eventuale soluzione del problema della singolarità.

Nella sezione seguente presenteremo infatti un semplice esempio di geometria inflazionaria, la soluzione di de Sitter, che descrive uno spazio tempo a curvatura costante, geodeticamente completo e regolare. Nel caso di de Sitter, però, la fase inflazionaria dura per sempre, perché la soluzione non include la transizione alla fase decelerata di tipo standard (non risolve, cioè, il cosiddetto "problema dell'uscita" dalla fase inflazionaria). Modelli di inflazione più realistici saranno illustrati nel Cap. 5.

## 4.2 La soluzione inflazionaria di de Sitter

Il più semplice esempio di fase inflazionaria si ottiene prendendo come sorgente un fluido perfetto con equazione di stato $p = -\rho$. Dall'equazione del moto (3.15) si ottiene allora $\dot{\rho} = 0$, ossia

$$\rho = \Lambda = \text{cost}, \qquad p = -\rho = -\Lambda, \qquad (4.31)$$

e il tensore energia-impulso del fluido, Eq. (1.119), si riduce a

$$T_\mu{}^\nu = -p\delta_\mu^\nu = \Lambda\delta_\mu^\nu, \qquad (4.32)$$

assumendo una forma identica a quella che rappresenta il contributo gravitazionale della costante cosmologica o dell'energia del vuoto (si veda la Sez. 1.3.1).

Come possibile esempio di sistema fisico descritto da un tensore energia-impulso di questo tipo possiamo prendere un campo scalare $\phi$ auto-interagente, che si trova in una configurazione $\phi = \phi_0$ corrispondente a un estremo del suo potenziale:

$$\left(\frac{\partial V}{\partial \phi}\right)_{\phi=\phi_0} = 0. \qquad (4.33)$$

Ponendo $\phi = \phi_0 = $ costante, infatti, l'Eq. (1.115) per il moto del campo scalare risulta identicamente soddisfatta, e il tensore energia-impulso (1.112) si riduce a

$$T_\mu{}^\nu = \delta_\mu^\nu V(\phi_0), \qquad (4.34)$$

che coincide con l'Eq. (4.32) per $\Lambda = V(\phi_0)$.

Per questo tipo di sorgente l'equazione di Friedmann (3.12) si riduce a

$$\dot{a}^2 = \frac{8}{3}\pi G\Lambda a^2 - k, \qquad (4.35)$$

e se consideriamo il caso $k = 0$ possiamo integrarla immediatamente ottenendo la soluzione esatta di de Sitter in forma esponenziale,

$$a(t) = e^{H_\Lambda t}, \qquad H_\Lambda = \left(\frac{8}{3}\pi G\Lambda\right)^{1/2} \equiv \left(\frac{\Lambda}{3M_P^2}\right)^{1/2}, \qquad (4.36)$$

valida per tutti i valori reali del tempo cosmico, $-\infty \leq t \leq \infty$. Questa soluzione descrive una geometria di tipo FLRW, spazialmente piatta, che si espande con accelerazione costante,

$$H = \frac{\dot{a}}{a} = H_\Lambda, \qquad \dot{H} = 0, \qquad \frac{\ddot{a}}{a} = H_\Lambda^2, \qquad (4.37)$$

che non ha orizzonti di particella (come è facile verificare applicando la definizione (2.46)), ma che ha un orizzonte degli eventi di raggio costante, pari al raggio di Hubble $H^{-1}$. Dall'Eq. (2.48) abbiamo infatti:

$$d_e(t) = e^{H_\Lambda t} \int_t^\infty e^{-H_\Lambda t'} dt' = \frac{1}{H_\Lambda}. \qquad (4.38)$$

La soluzione trovata possiede dunque tutti i requisiti necessari per descrivere una fase di tipo inflazionario[4], in grado di risolvere i problemi cinematici del modello standard purché sufficientemente estesa nel tempo.

Per applicare la condizione di sufficiente inflazione, e determinare la necessaria durata di una fase inflazionaria di de Sitter, è conveniente esprimere il fattore di scala (4.36) in tempo conforme. Dalla definizione (2.25) abbiamo

$$\eta = \int^\eta d\eta' = \int^t \frac{dt'}{a(t')} = -\frac{e^{-H_\Lambda t}}{H_\Lambda}, \qquad (4.39)$$

e quindi

$$a = e^{H_\Lambda t} = \frac{1}{(-H_\Lambda \eta)}, \qquad (4.40)$$

con $\eta$ che varia sulla semiretta reale negativa, $-\infty \leq \eta \leq 0$. L'elemento di linea per la soluzione (4.36) si può allora scrivere in forma conformemente piatta come segue:

$$ds^2 = \frac{1}{H_\Lambda^2 \eta^2}\left(d\eta^2 - |d\boldsymbol{x}|^2\right). \qquad (4.41)$$

Poiché $a \sim (-\eta)^{-1}$, la condizione (4.27) assume la forma

$$\frac{a_f}{a_i} \gtrsim \left|\frac{\eta_0}{\eta_f}\right| = \left|\frac{\eta_0}{\eta_{eq}}\right|\left|\frac{\eta_{eq}}{\eta_f}\right|, \qquad (4.42)$$

e fornisce un vincolo sulla necessaria amplificazione del fattore di scala $a_f/a_i$ durante la fase inflazionaria.

---

[4] La prima proposta di modello inflazionario (A. Guth, *Phys. Rev.* **D23**, 347 (1981)), è basata appunto sulla soluzione di de Sitter (4.36).

### 4.2.0.1 Parametro di "e-folding"

Per cinematiche inflazionarie di tipo esponenziale, o quasi-esponenziale, l'uso corrente è quello di misurare la durata dell'inflazione riferendosi al cosiddetto parametro di *e-folding* $N$, definito da

$$N = \ln\left(\frac{a_f}{a_i}\right). \tag{4.43}$$

Per calcolarlo dall'Eq. (4.42), in un semplice modello cosmologico in cui l'inflazione di de Sitter è seguita dalle fasi standard di radiazione e di materia, ricordiamo l'andamento in tempo conforme del fattore di scala per un generico fluido barotropico, fornito dalla soluzione (3.122). Abbiamo allora $a \sim \eta$ nella fase di radiazione, e $a \sim \eta^2$ nella fase di materia. Ricordiamo inoltre che la temperatura della radiazione cosmica evolve nel tempo come l'inverso del fattore di scala (si veda l'Eq. (3.59)). La condizione (4.42) sulla durata dell'inflazione si può quindi esprimere come segue:

$$N = \ln\left(\frac{a_f}{a_i}\right) \gtrsim \ln\left[\frac{a_{\text{eq}}}{a_f}\left(\frac{a_0}{a_{\text{eq}}}\right)^{1/2}\right] = \ln\left(\frac{T_f}{T_{\text{eq}}}\right) + \frac{1}{2}\ln\left(\frac{T_{\text{eq}}}{T_0}\right). \tag{4.44}$$

Il rapporto $T_{\text{eq}}/T_0$ è noto, ed è dato dall'Eq. (3.63). Il vincolo su $N$ dipende dunque solo dall'epoca $t_f$ alla quale avviene la transizione tra fase inflazionaria e fase standard.

Possiamo prendere come esempio per $T_f$ una temperatura tipica della scala GUT di grande unificazione – che sembra essere la scala inflazionaria più elevata permessa dai vincoli sperimentali, si veda il Cap. 8 – e poniamo $T_f \sim 10^{16}$ GeV. Dall'Eq. (4.44) abbiamo allora il vincolo

$$N \gtrsim \ln 10^{27} \simeq 62, \tag{4.45}$$

che stabilisce il minimo valore che il parametro di *e-folding* deve assumere affinché la fase inflazionaria risolva con successo i problemi del modello standard.

Nel caso di de Sitter, usando la definizione (4.43), tale condizione si può anche esprimere come segue:

$$N = \ln e^{H_\Lambda(t_f - t_i)} = H_\Lambda \Delta t \gtrsim 62. \tag{4.46}$$

L'aumento esponenziale del fattore di scala è enorme[5], ma l'effetto si produce in un intervallo temporale $\Delta t = t_f - t_i$ relativamente breve rispetto alla scala di evoluzione $H_\Lambda^{-1}$ tipica di quell'epoca.

---

[5] È appunto questa proprietà che ha suggerito il nome "inflazione".

### 4.2.1 Curvatura costante e completezza geodetica

La soluzione di de Sitter, oltre a fornire un valido esempio di modello inflazionario, evita completamente il problema della singolarità iniziale in quanto descrive la
geometria di uno spazio-tempo massimamente simmetrico, ovvero di una varietà a
curvatura costante (positiva), e quindi regolare.

Un primo indizio che questa proprietà è soddisfatta lo possiamo ottenere calcolando alcuni invarianti di curvatura per una soluzione generata dal tensore energia-
impulso (4.32). Usando le equazioni di Einstein (3.1) troviamo infatti che la curvatura scalare è costante,

$$R = -8\pi GT = -32\pi G\Lambda = -4\frac{\Lambda}{M_{\mathrm{P}}^2}, \tag{4.47}$$

che il tensore di Ricci al quadrato è costante,

$$R_{\mu\nu}R^{\mu\nu} = (8\pi G)^2\Lambda^2 g_{\mu\nu}g^{\mu\nu} = 4\frac{\Lambda^2}{M_{\mathrm{P}}^4}, \tag{4.48}$$

e così via.

Per avere la conferma di questi indizi possiamo considerare una pseudo-ipersfera
(ovvero un iperboloide) a 4 dimensioni, di raggio $\alpha$ costante, immerso in uno spazio di Minkowski a 5 dimensioni con coordinate $z^A = (z^0, z^i, z^5)$, $i = 1, 2, 3$, e con
elemento di linea

$$ds^2 = \eta_{AB}dz^A dz^B = (dz^0)^2 - \sum_i (dz^i)^2 - (dz^5)^2. \tag{4.49}$$

In questo spazio l'iperboloide è rappresentato dall'equazione:

$$-(z^0)^2 + \sum_i (z^i)^2 + (z^5)^2 = \alpha^2. \tag{4.50}$$

L'equazione descrive una varietà quadri-dimensionale massimamente simmetrica,
invariante per un gruppo di isometrie a 10 parametri che si riduce al gruppo di
Poincarè nel limite $\alpha \to \infty$, e che viene detto "gruppo di de Sitter.

Introducendo sull'iperboloide le coordinate cartesiane intrinseche $x^\mu = (t, x^i)$, è
facile verificare che la sua immersione nello spazio di Minkowski 5-dimensionale
si può descrivere con le seguenti equazioni parametriche,

$$z^0 = \alpha \sinh\left(\frac{t}{\alpha}\right) + \frac{1}{2\alpha}e^{t/\alpha}\sum_i (x^i)^2, \qquad z^i = e^{t/\alpha}x^i,$$

$$z^5 = \alpha \cosh\left(\frac{t}{\alpha}\right) - \frac{1}{2\alpha}e^{t/\alpha}\sum_i (x^i)^2, \tag{4.51}$$

che soddisfano identicamente il vincolo (4.50) (si veda ad esempio l'Esercizio 2.2
sul testo [7] della bibliografia finale). Differenziando tali equazioni, e sostituendo

nell'elemento di linea (4.49), si ottiene la metrica intrinseca sull'iperboloide,

$$ds^2 = dt^2 - e^{2t/\alpha} |d\boldsymbol{x}|^2 , \tag{4.52}$$

e si trova che tale metrica coincide esattamente con la metrica di de Sitter espressa dall'Eq. (4.36), purché si ponga $\alpha = H_\Lambda^{-1}$. La soluzione (4.36) descrive quindi la geometria intrinseca di un iperboloide (o pseudo-ipersfera) a 4 dimensioni di raggio $H_\Lambda^{-1}$ e curvatura costante e positiva.

Una varietà spazio-temporale di questo tipo è ovviamente non-singolare, ma le coordinate intrinseche che la parametrizzano nella forma (4.36) – in tempo cosmico, con fattore di scala esponenziale e sezioni spaziali piatte – non la ricoprono completamente. Infatti, al variare di $t$ e $x^i$ tra $-\infty$ e $+\infty$, le coordinate $z^A$ definite dall'Eq. (4.51) ricoprono solo una "metà" dell'iperboloide (4.50), in quanto la condizione $z^0 \geq -z^5$ risulta sempre soddisfatta, per qualunque valore di $t$ e $x^i$. Il bordo di questa regione, vale a dire la traiettoria nulla $z^0 = -z^5$, viene raggiunta solo nel limite $t \to -\infty$, e quindi non può essere mai oltrepassato con queste coordinate. Inoltre, se se consideriamo le sezioni $x^i = 0$ dell'iperboloide (4.50), troviamo che le coordinate (4.51) parametrizzano solo il ramo $z^5 > 0$ dell'iperbole $(z^5)^2 - (z^0)^2 = \alpha^2$, ma non l'altro ramo.

Per avere un ricoprimento geodeticamente completo di tutto l'iperboloide di de Sitter possiamo invece prendere le coordinate intrinseche $x^\mu = (t, \chi, \theta, \phi)$, dove

$$-\infty \leq t \leq \infty, \qquad 0 \leq \chi \leq \pi, \qquad 0 \leq \theta \leq \pi, \qquad 0 \leq \phi \leq 2\pi, \tag{4.53}$$

dove $\theta$ e $\phi$ sono le ordinarie coordinate angolari sulla superficie sferica. Le equazioni parametriche $z^A = z^A(x^\mu)$ che descrivono l'iperboloide, in questa carta, sono date da:

$$
\begin{aligned}
z^0 &= \alpha \sinh\left(\frac{t}{\alpha}\right), &\qquad z^5 &= \alpha \cosh\left(\frac{t}{\alpha}\right) \cos\chi, \\
z^1 &= \alpha \cosh\left(\frac{t}{\alpha}\right) \sin\chi \sin\theta \cos\phi, \\
z^2 &= \alpha \cosh\left(\frac{t}{\alpha}\right) \sin\chi \sin\theta \sin\phi, \\
z^3 &= \alpha \cosh\left(\frac{t}{\alpha}\right) \sin\chi \cos\theta.
\end{aligned}
\tag{4.54}
$$

Con queste equazioni parametriche l'Eq. (4.50) è ancora identicamente soddisfatta, ma questa volta, al variare delle coordinate intrinseche sui domini definiti dall'Eq. (4.53), vengono riprodotti tutti i punti dell'iperboloide.

Per ottenere la metrica intrinseca in queste coordinate differenziamo le equazioni (4.54) e sostituiamo nell'elemento di linea (4.49). Arriviamo così al risultato

$$ds^2 = dt^2 - \alpha^2 \cosh^2\left(\frac{t}{\alpha}\right) \left[ d\chi^2 + \sin^2\chi \left( d\theta^2 + \sin^2\theta d\phi^2 \right) \right]. \tag{4.55}$$

Ricordando l'espressione (2.14) per l'elemento di linea di uno spazio tridimensionale a curvatura costante positiva, e introducendo la coordinata radiale

$$r = \alpha \sin \chi,$$    (4.56)

possiamo infine riscrivere l'equazione precedente come segue:

$$ds^2 = dt^2 - \cosh^2 \left(\frac{t}{\alpha}\right) \left[\frac{dr^2}{1 - \frac{r^2}{\alpha^2}} + r^2 \left(d\theta^2 + \sin^2 \theta d\phi^2\right)\right].$$    (4.57)

La parametrizzazione intrinseca completa della varietà di de Sitter corrisponde dunque a una metrica di tipo FLRW con curvatura spaziale positiva determinata dal raggio dell'iperboloide, $k = 1/\alpha^2$, e con un fattore di scala di tipo iperbolico in tempo cosmico, $a(t) = \cosh(t/\alpha)$.

È immediato verificare che questa metrica soddisfa l'equazione di Friedman (4.35) con $k = 1/\alpha^2$, purché si ponga

$$\frac{1}{\alpha^2} = \frac{8}{3}\pi G\Lambda \equiv H_\Lambda^2,$$    (4.58)

in accordo alla precedente soluzione (4.36). Le due soluzioni coincidono nei limiti $t \to +\infty$ e $r \to 0$. La soluzione di de Sitter completa include anche, per $t \to -\infty$, una fase iniziale di contrazione esponenziale, che però non sembra poter essere realizzata, in pratica, dagli attuali modelli realistici di evoluzione cosmologica primordiale (si veda ad esempio il testo [10] della bibliografia finale).

## 4.3 Cinematica inflazionaria

La soluzione di de Sitter illustrata nella sezione precedente descrive una fase inflazionaria a curvatura costante, ma non rappresenta l'unico possibile esempio di inflazione. La risoluzione dei problemi del modello standard richiede infatti una fase che faccia decrescere nel tempo il parametro $r = \dot{a}^{-1} = (aH)^{-1}$ (si vedano le sezioni 4.1.4, 4.15), e questo può avvenire anche nel corso di un'evoluzione inflazionaria a curvatura crescente o decrescente.

Consideriamo ad esempio un fattore di scala a potenza. Abbiamo già visto che $r$ decresce per potenze sufficientemente elevate, e in particolare per

$$a \sim t^\beta, \qquad \beta > 1, \qquad 0 \le t \le \infty.$$    (4.59)

Questo tipo di inflazione è detto "inflazione a potenza" (*power-law inflation*), e descrive una fase di *espansione accelerata* e *curvatura decrescente*:

$$H = \frac{\dot{a}}{a} = \frac{\beta}{t} > 0, \qquad \frac{\ddot{a}}{a} = \frac{\beta(\beta-1)}{t^2} > 0, \qquad \dot{H} = -\frac{\beta}{t^2} < 0, \qquad \le t \le \infty.$$    (4.60)

La curvatura decresce perché sia $H$ che $\dot{H}$ decrescono in modulo per $t \to \infty$, a partire da una singolarità iniziale eventualmente presente nel limite $t \to 0$.

Il parametro $r$ può diminuire anche per andamenti a potenza definiti su intervalli di valori negativi del tempo cosmico, in particolare per

$$a \sim (-t)^\beta, \qquad \beta < 0, \qquad -\infty \leq t \leq 0. \qquad (4.61)$$

Questo tipo di inflazione è chiamato "superinflazione", e descrive una fase di *espansione accelerata* e *curvatura crescente*:

$$H = \frac{\dot{a}}{a} = -\frac{\beta}{(-t)} > 0, \quad \frac{\ddot{a}}{a} = \frac{\beta(\beta-1)}{t^2} > 0, \quad \dot{H} = -\frac{\beta}{t^2} > 0, \quad -\infty \leq t \leq 0. \ (4.62)$$

In questo caso sia $H$ che $\dot{H}$ crescono in modulo per $t$ che va a zero da valori negativi, evolvendo verso una singolarità finale eventualmente presente nel limite $t \to 0_-$.

Infine, il parametro $r$ può decrescere anche durante una fase di contrazione, in particolare per

$$a \sim (-t)^\beta, \qquad 0 < \beta < 1, \qquad -\infty \leq t \leq 0. \qquad (4.63)$$

Questo tipo di inflazione descrive *contrazione accelerata* e *curvatura crescente*:

$$H = \frac{\dot{a}}{a} = -\frac{\beta}{(-t)} < 0, \quad \frac{\ddot{a}}{a} = \frac{\beta(\beta-1)}{t^2} < 0, \quad \dot{H} = -\frac{\beta}{t^2} < 0, \quad -\infty \leq t \leq 0. \ (4.64)$$

Anche in questo caso la curvatura cresce durante la fase inflazionaria, evolvendo verso una singolarità finale eventualmente presente nel limite $t \to 0_-$. Le fasi di superinflazione e contrazione accelerata sono fisicamente equivalenti, in quanto corrispondono a due diverse rappresentazioni cinematiche della stessa dinamica inflazionaria, espressa in due metriche non diffeomorfe ma collegate tra loro da una trasformazione conforme (si veda ad esempio il testo [10] della bibliografia finale).

È spesso conveniente, nelle applicazioni fenomenologiche, parametrizzare il fattore di scala inflazionario mediante un'opportuna potenza del tempo conforme $\eta$, definito sulla semiretta reale negativa:

$$\alpha \sim (-\eta)^\alpha, \qquad -\infty \leq \alpha \leq \infty, \qquad -\infty \leq \eta \leq 0. \qquad (4.65)$$

Al variare della potenza $\alpha$ si possono riprodurre infatti tutti i tipi di inflazione definiti in precedenza. Abbiamo già visto, in particolare, che per $\alpha = -1$ si ritrova la soluzione di de Sitter in tempo conforme (si veda l'Eq. (4.40)). Per $\alpha \neq -1$, integrando la relazione $dt = a d\eta$ con il fattore di scala (4.65), abbiamo

$$-(1+\alpha)t \sim (-\eta)^{1+\alpha}, \qquad (4.66)$$

e quindi:

$$a \sim (-\eta)^\alpha \sim [-(1+\alpha)t]^\beta, \qquad \beta = \frac{\alpha}{1+\alpha}. \qquad (4.67)$$

**Tabella 4.1** I quattro possibili tipi di cinematica inflazionaria

| tempo | cosmico $a = \lvert t \rvert^\beta$ | conforme $a = \lvert \eta \rvert^\alpha$ |
|---|---|---|
| inflazione a potenza | $\beta > 1, \ t > 0$ | $\alpha < -1, \ \eta < 0$ |
| de Sitter | $\beta = \infty, \ -\infty < t < \infty$ | $\alpha = -1, \ \eta < 0$ |
| superinflazione | $\beta < 0, \ t < 0$ | $-1 < \alpha < 0, \ \eta < 0$ |
| contrazione accelerata | $0 < \beta < 1, \ t < 0$ | $\alpha > 0, \ \eta < 0$ |

A seconda del valore di $\alpha$ possiamo dunque considerare tre casi, che vengono separatamente analizzati qui di seguito (tutti i possibili andamenti del fattore di scala inflazionario, in tempo cosmico e in tempo conforme, sono riassunti nella Tabella 4.1).

- Se $\alpha < -1$ allora $1 + \alpha < 0$, il tempo cosmico varia su valori positivi, e $\beta$ risulta sempre maggiore di uno:

$$a \sim t^\beta, \qquad t > 0, \qquad \beta = \frac{\alpha}{1+\alpha} > 1. \qquad (4.68)$$

Ritroviamo così l'inflazione a potenza (4.59).

- Se $-1 < \alpha < 0$ allora $1 + \alpha > 0$, il tempo cosmico deve variare su intervalli negativi, e anche $\beta$ risulta sempre negativo:

$$a \sim (-t)^\beta, \qquad t < 0, \qquad \beta = \frac{\alpha}{1+\alpha} < 0. \qquad (4.69)$$

In questo caso si ritrova la superinflazione (4.61).

- Se $\alpha > 0$ allora $1 + \alpha > 0$, il tempo cosmico è ancora negativo, e $\beta$ risulta compreso tra 0 e 1:

$$a \sim (-t)^\beta, \qquad t < 0, \qquad 0 < \beta = \frac{\alpha}{1+\alpha} < 1. \qquad (4.70)$$

Questo caso corrisponde dunque alla contrazione accelerata (4.63).

Notiamo infine che l'andamento della curvatura nei vari tipi di inflazione è strettamente connesso all'andamento dell'orizzonte degli eventi, il cui raggio proprio risulta direttamente proporzionale al raggio di Hubble $H^{-1}$.

Per la fase di de Sitter, a curvatura costante, abbiamo già visto infatti che esiste un orizzonte degli eventi di raggio costante, pari a $H_\Lambda^{-1}$ (si veda l'Eq. (4.38)). Per qualunque altra fase inflazionaria, parametrizzata in potenze del tempo conforme come nell'Eq. (4.65), l'orizzonte degli eventi esiste, e il suo raggio proprio è dato da:

$$d_e = a \int_t^{t_{\max}} \frac{dt'}{a(t')} = a \int_\eta^0 d\eta' = -\eta a = \frac{\beta}{\beta - 1} H^{-1} \qquad (4.71)$$

(si veda l'Esercizio 4.4). Si noti che per $\beta \to \infty$ si ritrova il risultato (4.38) di de Sitter. Si noti anche che $d_e$ risulta sempre positivo (anche nel caso di contrazione accelerata, in cui $H^{-1} < 0$ ma $\beta > 0$ e $\beta - 1 < 0$).

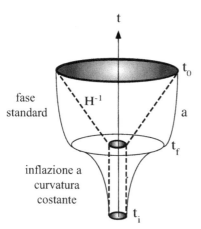

**Fig. 4.2** Evoluzione qualitativa dell'orizzonte $H^{-1}$ (linee tratteggiate) e del fattore di scala $a$ (curve continue), per una fase standard (da $t_f$ a $t_0$) preceduta da una fase inflazionaria (da $t_i$ a $t_f$). A differenza della Fig. 4.1, che considera un esempio di inflazione a curvatura decrescente, in questa figura si illustra il caso di de Sitter, caratterizzato da curvatura costante e orizzonte costante

L'orizzonte degli eventi cresce dunque nel tempo nel caso di inflazione a potenza, come illustrato dalle linee tratteggiate della Fig. 4.1 per la fase che va da $t_i$ a $t_f$. L'orizzonte degli eventi è invece costante per de Sitter (si veda la Fig. 4.2), mentre decresce nel caso di superinflazione e contrazione accelerata, come illustrato per entrambi i casi nella Fig. 4.3. In tutti i tipi di inflazione i problemi ci-

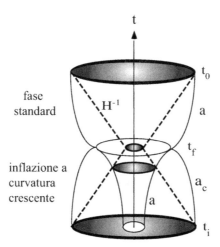

**Fig. 4.3** Evoluzione qualitativa dell'orizzonte $H^{-1}$ (linee tratteggiate) e del fattore di scala $a$ (curve continue), per una fase standard (da $t_f$ a $t_0$) preceduta da una fase inflazionaria (da $t_i$ a $t_f$). A differenza delle Figg. 4.1 e 4.2 in questa figura si illustrano i due possibili casi di inflazione a curvatura crescente: superinflazione (fattore di scala $a$, che si espande), e contrazione accelerata (fattore di scala $a_c$, che si contrae). In entrambi i casi l'orizzonte decresce linearmente in tempo cosmico da $t_i$ a $t_f$, e in entrambi i casi la porzione di spazio che attualmente osserviamo era compresa all'interno dell'orizzonte all'epoca $t_i$ di inizio inflazione

nematici del modello standard possono essere comunque risolti, purché – come mostrato dalle figure – la porzione di spazio compresa entro l'attuale orizzonte di Hubble sia stata causalmente connessa anche in passato (in particolare, sia stata completamente contenuta all'interno dell'orizzonte in qualche epoca inflazionaria iniziale).

## Esercizi

### 4.1. Epoca di inizio dell'accelerazione cosmica

Supponendo che l'energia oscura sia generata da una costante cosmologica, $\rho_\Lambda = \Lambda = $ cost, e usando i risultati sperimentali (4.8), (4.9) per i parametri $\Omega_m$, $\Omega_\Lambda$, determinare il redshift $z_{acc}$ corrispondente all'epoca di inizio dell'attuale fase accelerata. Stimare inoltre la temperatura della radiazione a quell'epoca.

### 4.2. Raggio proprio dell'attuale Universo all'epoca di Planck

Utilizzando il modello standard, calcolare all'epoca di Planck $t_p$ – definita dalla condizione $H(t_P) = M_P$ – l'estensione propria posseduta dalla porzione di spazio che oggi è racchiusa entro l'attuale raggio di Hubble $H_0^{-1}$.

### 4.3. Singolarità e fattore di scala nullo

Si faccia un esempio di metrica FLRW in cui il limite $a \to 0$ *non* è associato a una singolarità di curvatura, e un esempio di metrica FLRW in cui la singolarità di curvatura è associata al limite $a \to \infty$.

### 4.4. Orizzonte degli eventi per metriche inflazionarie

Ricavare il risultato (4.71) per il raggio proprio dell'orizzonte degli eventi in una geometria inflazionaria rappresentata dal fattore di scala (4.67).

### 4.5. Soluzioni inflazionarie nel vuoto

Si consideri una varietà spazio-temporale anisotropa con $d \geq 3$ dimensioni spaziali, descritta nel gauge sincrono dalla metrica seguente:

$$ds^2 = dt^2 - \sum_i a_i^2(t)dx_i^2, \qquad i = 1, 2, \ldots, d. \qquad (4.72)$$

Si cerchino soluzioni delle equazioni di Einstein nel vuoto corrispondenti a questa metrica con fattori di scala a potenza,

$$a_i \sim (\pm t)^{\beta_i}, \qquad (4.73)$$

e si mostri, con un esempio esplicito, che le soluzioni permesse possono descrivere fasi inflazionarie a curvatura crescente.

## Soluzioni

### 4.1. Soluzione
Per il modello considerato abbiamo:

$$\rho + 3p = \rho_m + \rho_\Lambda - 3\rho_\Lambda = \rho_m - 2\Lambda. \tag{4.74}$$

Attualmente, secondo i valori sperimentali (4.8) (4.9),

$$\rho_m(t_0) \simeq \frac{26}{74}\Lambda \simeq 0.35\Lambda \ . \tag{4.75}$$

Poiché $\rho_m(t_0) - 2\Lambda < 0$, l'Eq. (4.4) implica che attualmente l'Universo si espande con accelerazione positiva.

L'epoca di inizio dell'accelerazione, $t_{acc}$, è caratterizzata dalla condizione $\ddot{a}/a = 0$ e quindi, utilizzando le equazioni (4.4), (4.74), è caratterizzata da

$$\rho_m(t_{acc}) = 2\Lambda. \tag{4.76}$$

Poiché $\rho_m(t) \sim a^{-3}$, possiamo allora scrivere la condizione

$$\left(\frac{a_0}{a_{acc}}\right)^3 = \frac{\rho_m(t_{acc})}{\rho_m(t_0)} \simeq \frac{2}{26/74} \simeq 5.7, \tag{4.77}$$

e quindi, dall'Eq. (2.42), troviamo che il redshift dell'epoca di inizio è dato da:

$$z_{acc} = \frac{a_0}{a_{acc}} - 1 = \left[\frac{\rho_m(t_{acc})}{\rho_m(t_0)}\right]^{1/3} - 1 \simeq 0.8. \tag{4.78}$$

La temperatura della radiazione a quell'epoca, $T_{acc}$, è collegata all'attuale temperatura $T_0$ dalla relazione (3.59). Perciò:

$$T_{acc} = (1 + z_{acc})T_0 \simeq 1.8\,T_0 \simeq 4.9\ \text{K}. \tag{4.79}$$

### 4.2. Soluzione
Se chiamiamo $L(t)$ l'estensione propria di questa regione a una generica epoca $t$, abbiamo $L(t) \sim a(t)$. Partendo dal valore attuale $L_0 = H_0^{-1}$, e riscalandolo all'epoca di Planck, abbiamo quindi:

$$L_P \equiv L(t_P) = \frac{a_P}{a_0}H_0^{-1}. \tag{4.80}$$

Usiamo infine le equazioni (4.18), (4.19) per esprimere il rapporto dei fattori di scala in funzione del parametro $r(t)$, in accordo alle predizioni del modello standard. Arriviamo così al risultato

$$L_P = \frac{r_0}{r_P}H_P^{-1} \sim 10^{30}M_P^{-1}, \tag{4.81}$$

che prevede, per l'estensione dell'attuale Universo all'epoca di Planck, un'estensione $10^{30}$ volte maggiore dell'orizzonte di quell'epoca $H_P^{-1} = M_P^{-1}$.

### 4.3. Soluzione

Per il primo esempio è sufficiente considerare una metrica spazialmente piatta con un fattore di scala che descrive una fase di superinflazione, parametrizzata come nell'Eq. (4.61). Infatti, per $t \to -\infty$ si ha $a \to 0$, ma non c'è singolarità perché tendono a zero anche tutti gli invarianti di curvatura, in accordo all'andamento di $H^2$ e $\dot{H}$ (si veda l'Eq. (4.62)). Un'altro esempio è fornito dalla soluzione di de Sitter (4.36): nel limite $t \to -\infty$ il fattore di scala tende a zero, ma la curvatura rimane costante (e finita).

Il secondo esempio è fornito ancora dal fattore di scala superinflazionario dell'Eq. (4.61). Per $t \to 0_-$ il fattore di scala diverge, ma divergono anche gli invarianti di curvatura, e lo spazio-tempo presenta una singolarità associata a un fattore di scala infinito (anche detta[6] singolarità di tipo *big rip*).

### 4.4. Soluzione

Applicando la definizione (2.48) di orizzonte degli eventi, usando la relazione $dt = ad\eta$, e ricordando che il fattore di scala inflazionario è definito per $\eta < \eta_{\text{max}} = 0$, abbiamo:

$$d_e = a \int_t^{t_{\text{max}}} \frac{dt'}{a(t')} = a \int_\eta^0 d\eta' = -\eta a. \tag{4.82}$$

Dall'Eq. (4.67) si ottiene inoltre $a'/a = \alpha/\eta$, e quindi:

$$d_e = -\eta a = -\alpha \frac{a^2}{a'} = -\alpha \frac{a}{\dot{a}} = -\frac{\alpha}{H}. \tag{4.83}$$

D'altra parte, dalla definizione (4.67) di $\beta$,

$$\alpha = \frac{\beta}{1-\beta}. \tag{4.84}$$

Perciò

$$d_e = \frac{\beta}{\beta - 1} H^{-1}, \tag{4.85}$$

in accordo al risultato (4.71).

### 4.5. Soluzione

Nella soluzione di questo esercizio adotteremo la seguente convenzione: niente somma sugli indici latini ripetuti, a meno che non sia esplicitamente indicato col simbolo di sommatoria. In quel caso la somma va effettuata da 1 a $d$.

Per la metrica (4.72) abbiamo allora

$$g_{00} = 1 = g^{00}, \qquad g_{ij} = -a_i^2 \delta_{ij}, \qquad g^{ij} = -\frac{\delta_{ij}}{a_i^2}, \tag{4.86}$$

---

[6] R.R. Caldwell, M. Kamionkowski, N.N. Weinberg, *Phys. Rev. Lett.* **91**, 071301 (2003).

e il calcolo della connessione fornisce le seguenti componenti non nulle:

$$\Gamma_{0i}{}^{j} = \frac{\dot{a}_i}{a_i}\delta_i^j \equiv H_i\delta_i^j, \qquad \Gamma_{ij}{}^{0} = a_i\dot{a}_i\delta_{ij}. \tag{4.87}$$

Con questa connessione il tensore di Ricci risulta diagonale, con componenti:

$$R_0{}^{0} = -\sum_i \frac{\ddot{a}_i}{a_i} = -\sum_i \left(\dot{H}_i + H_i^2\right),$$
$$R_i{}^{j} = -\delta_i^j \left(\dot{H}_i + H_i\sum_k H_k\right), \tag{4.88}$$

e le equazioni di Einstein nel vuoto forniscono le condizioni $R_0{}^{0} = 0$, $R_i{}^{j} = 0$.

Per i fattori di scala (4.73) si ha

$$H_i = \frac{\dot{a}_i}{a_i} = \frac{\beta_i}{t}, \qquad \dot{H}_i = -\frac{\beta_i}{t^2}, \tag{4.89}$$

e sostituendo nelle equazioni di Einstein si trova che la dipendenza temporale è automaticamente soddisfatta purché siano soddisfatte due condizioni algebriche sui coefficienti $\beta_i$. In particolare, l'equazione per $R_0{}^{0}$ fornisce la condizione

$$\sum_i \beta_i = \sum_i \beta_i^2, \tag{4.90}$$

e l'equazione per $R_i{}^{j}$, sommata su tutti gli elementi diagonali, fornisce la condizione

$$\sum_i \beta_i = \left(\sum_i \beta_i\right)^2. \tag{4.91}$$

Escludiamo la possibile soluzione triviale $\sum_i \beta_i = 0 = \sum_i \beta_i^2$, che implicherebbe $\beta_i = 0$, $a_i = \text{cost}$, per tutti i fattori di scala, e che descriverebbe lo spazio-tempo di Minkowski. Dividendo l'Eq. (4.91) per $\sum_i \beta_i$ e combinandola con la (4.90) arriviamo allora alla condizione

$$\sum_i \beta_i = 1 = \sum_i \beta_i^2, \tag{4.92}$$

che caratterizza la cosiddetta soluzione di Kasner delle equazioni di Einstein nel vuoto, per una geometria anisotropa (ma omogenea) e spazialmente piatta. Per ulteriori proprietà di questa soluzione si vedano ad esempio i testi [7, 13] della bibliografia finale.

Per essere soddisfatta, la condizione (4.92) richiede che i valori dei coefficienti $\beta_i$ siano non tutti uguali, e non tutti dello stesso segno. Per ottenere un esempio esplicito possiamo assumere, ad esempio, che ci siano $n$ valori uguali tra loro, $\beta_i = \beta$ per $i = 1, \ldots, n$, e $m = d - n$ valori di segno opposto, $\beta_i = -\beta$ per $i = n+1, \ldots, d$. Le condizioni (4.92) forniscono allora il sistema di equazioni

$$(n-m)\beta = 1, \qquad (n+m)\beta^2 = 1, \tag{4.93}$$

da cui

$$\beta = \frac{1}{n-m},\qquad (4.94)$$

mentre una delle due incognite tra $n$ e $m$ può essere determinata dalla condizione

$$n+m = (n-m)^2.\qquad (4.95)$$

Supponiamo, ad esempio, che $n = 3$. Risolvendo per $m$ troviamo che una metrica di questo tipo è permessa solo in due casi: $m = 1$ oppure $m = 6$.

Nel primo caso $\beta = 1/2$, e quindi abbiamo uno spazio-tempo a 5 dimensioni con

$$a_i \sim (\pm t)^{1/2}, \quad i = 1,2,3, \qquad a_4 \sim (\pm t)^{-1/2}.\qquad (4.96)$$

Il ramo della soluzione definito per $t < 0$ descrive dunque una geometria in cui 3 dimensioni si contraggono in maniera accelerata, mentre la restante dimensione spaziale si espande in maniera superinflazionaria (si vedano le equazioni (4.61), (4.63)). In entrambi i casi la metrica descrive una fase inflazionaria a curvatura crescente. Se prendiamo invece il ramo $t > 0$, sia l'espansione che la contrazione risultano decelerate.

Il secondo caso $m = 6$ fornisce $\beta = -1/3$, e quindi:

$$a_i \sim (\pm t)^{-1/3}, \quad i = 1,2,3, \qquad a_j \sim (\pm t)^{1/3}, \quad j = 4,\dots,9.\qquad (4.97)$$

L'evoluzione è simile a quella del caso precedente, con la differenza che il ramo $t < 0$ descrive ora espansione superinflazionaria per 3 dimensioni spaziali e contrazione accelerata per le altre 6.

È interessante notare che quest'ultima soluzione richiede esattamente 9 dimensioni spaziali – ossia, lo stesso numero di dimensioni spaziali richiesto dai modelli di superstringa per la loro consistenza formale (si vedano ad esempio i testi [8–10] della bibliografia finale).

Inoltre, la fase descritta dal ramo $t < 0$ di questa soluzione fornisce un efficace esempio del cosiddetto meccanismo di "riduzione dimensionale dinamica". Infatti, la contrazione accelerata delle 6 dimensioni – unitamente all'espansione delle altre 3 – fa evolvere la geometria in modo naturale verso uno stato finale con tre dimensioni spaziali estese che si espandono su scale sempre più grandi, e con le altre sei dimensioni "extra" confinate su piccole scale di distanze. Questa è esattamente la configurazione richiesta dai modelli che cercano di realizzare in modo "realistico" una descrizione geometrica e unificata di tutte le interazioni fondamentali (come i modelli di superstringa).

# 5

# Inflazione "slow-roll"

La metrica di de Sitter introdotta nel capitolo precedente fornisce un semplice ed efficiente esempio di inflazione, ma non rappresenta l'unico possibile modello di evoluzione inflazionaria. Inoltre, per essere fenomenologicamente accettabile, l'inflazione deve a un certo punto aver termine, e quindi un modello realistico deve includere una transizione alla fase cosmologica standard. Nella soluzione esatta di de Sitter, invece, l'inflazione è eterna, e i diversi tentativi di farla evolvere verso la fase standard – ad esempio con meccanismi di *tunnelling* macroscopico da uno stato metastabile ad uno stato stabile di energia più bassa – non hanno avuto successo.

Riscuotono invece molto più successo, da un punto di vista fenomenologico, i modelli inflazionari in cui l'espansione non è esponenziale ma quasi esponenziale, la curvatura non è costante ma decrescente, e il campo scalare che fa da sorgente alla metrica, anziché essere imprigionato in un minimo del potenziale, rotola molto lentamente lungo un tratto di potenziale in leggera pendenza. Questi modelli descrivono una fase inflazionaria detta appunto "inflazione di *slow-roll*" (ovvero, di lento rotolamento), e il campo scalare che li caratterizza viene chiamato "inflatone". L'evoluzione del campo inflatonico è in grado di sostenere un periodo di espansione accelerata, e allo stesso tempo di condurre lentamente il sistema cosmologico verso l'inizio della fase standard, risolvendo così il problema dell'uscita dall'inflazione.

In questo capitolo illustreremo i principali aspetti di questo possibile scenario inflazionario, ne discuteremo i vincoli, e presenteremo alcuni esempi espliciti di come tale scenario possa essere realizzato con potenziali scalari di tipo esponenziale oppure a potenza. Lo spettro delle perturbazioni scalari prodotte in questo contesto sarà discusso nel Cap. 6. Ulteriori dettagli sui modelli inflazionari di *slow-roll* possono essere trovati nei testi [14, 15] della bibliografia finale.

Gasperini M.: Lezioni di Cosmologia Teorica.
DOI 10.1007/978-88-470-2484-7_5, © Springer-Verlag Italia 2012

## 5.1 Dinamica del campo scalare inflatonico

Consideriamo un campo scalare $\phi$, con densità d'energia potenziale $V(\phi)$ e accoppiamento minimo alla geometria descritto dall'azione seguente:

$$S = -\frac{1}{2\lambda_P^2} \int d^4x \sqrt{-g}\, R + \int d^4x \sqrt{-g} \left[ \frac{1}{2} g^{\mu\nu} \partial_\mu \phi \partial_\nu \phi - V(\phi) \right]. \qquad (5.1)$$

Abbiamo usato, per comodità, la definizione di lunghezza di Planck,

$$\lambda_P^2 = 8\pi G = \frac{1}{M_P^2}. \qquad (5.2)$$

La variazione dell'azione rispetto alla metrica fornisce le equazioni di campo

$$G_{\mu\nu} = \lambda_P^2 T_{\mu\nu} \equiv \lambda_P^2 \left[ \partial_\mu \phi \partial_\nu \phi - \frac{1}{2} g_{\mu\nu} (\partial \phi)^2 + g_{\mu\nu} V \right], \qquad (5.3)$$

dove $G_{\mu\nu}$ è il tensore di Einstein (si veda la Sez. 1.2), e il membro destro rappresenta il tensore energia-impulso del campo scalare (si veda la Sez. 1.3.1). La variazione rispetto a $\phi$ fornisce invece le equazioni del moto del campo scalare (Sez. 1.3.1),

$$\nabla_\mu \nabla^\mu \phi + V_\phi = 0, \qquad (5.4)$$

dove abbiamo definito $V_\phi = \partial V/\partial \phi$, introducendo una notazione che verrà usata in tutto questo capitolo (e anche in seguito, nel contesto dei modelli inflazionari basati su di un campo scalare).

Cerchiamo soluzioni che descrivano una geometria di tipo FLRW, spazialmente piatta, e lavoriamo nel gauge sincrono, ponendo

$$ds^2 = dt^2 - a^2(t)|d\boldsymbol{x}|^2. \qquad (5.5)$$

In questo contesto dobbiamo assumere che anche l'inflatone $\phi$ è omogeneo, $\phi = \phi(t)$, per cui le componenti del suo tensore energia-impulso assumono la forma

$$T_0{}^0 = \frac{1}{2}\dot{\phi}^2 + V, \qquad T_i{}^j = -\delta_i^j \left( \frac{1}{2}\dot{\phi}^2 - V \right). \qquad (5.6)$$

Il confronto con l'Eq. (3.3) ci mostra allora che il campo scalare si comporta come un fluido perfetto comovente con la geometria, con densità d'energia e pressione date rispettivamente da

$$\rho(t) = \frac{1}{2}\dot{\phi}^2 + V, \qquad p(t) = \frac{1}{2}\dot{\phi}^2 - V. \qquad (5.7)$$

Per un campo costante, $\dot{\phi} = 0$, si ottiene in particolare $p = -\rho = -V =$ cost, e si ritrova l'equazione di stato di de Sitter.

Possiamo ora scrivere esplicitamente le equazioni di Einstein per una fase cosmologica dominata da questo campo scalare. L'equazione di Friedmann (3.12) (con $k = 0$) diventa

$$3H^2 = \lambda_P^2 \rho \equiv \lambda_P^2 \left( \frac{\dot\phi^2}{2} + V \right). \tag{5.8}$$

L'Eq. (3.13) per la parte spaziale del tensore di Einstein, combinata con la precedente equazione di Friedmann, si riduce semplicemente a

$$2\dot H = -\lambda_P^2(\rho + p) \equiv -\lambda_P^2 \dot\phi^2. \tag{5.9}$$

A queste due equazioni gravitazionali va aggiunta l'equazione scalare (5.4), che possiamo scrivere nella forma

$$g^{\mu\nu}\nabla_\mu\partial_\nu\phi = g^{\mu\nu}\left(\partial_\mu\partial_\nu - \Gamma_{\mu\nu}{}^\alpha\partial_\alpha\right)\phi = -V_\phi. \tag{5.10}$$

Per la metrica (5.5) si ha

$$\Gamma_{ij}{}^0 = \delta_{ij}a\dot a, \tag{5.11}$$

e quindi l'equazione per l'inflatone diventa

$$\ddot\phi + 3H\dot\phi + V_\phi = 0. \tag{5.12}$$

Si noti che questa equazione non è indipendente dalle due precedenti equazioni di Einstein, purché $\dot\phi \neq 0$. Derivando l'Eq. (5.8) e combinandola con la (5.9) abbiamo infatti

$$\lambda_P^2\dot\phi\left(\ddot\phi + V_\phi\right) = 6HH\dot H = \lambda_P^2\dot\phi\left(-3H\dot\phi\right), \tag{5.13}$$

che si riduce all'Eq. (5.12) dividendo per $\lambda_P^2\dot\phi$. Se $\dot\phi = 0$ l'Eq. (5.12) va invece imposta come addizionale vincolo dinamico.

## 5.2 Condizioni di "slow-roll" e soluzioni inflazionarie

È facile verificare, in questo contesto, che un'evoluzione sufficientemente lenta del campo scalare e della geometria sono associati a una fase cosmologica di tipo inflazionario.

Supponiamo infatti che la variazione del parametro di Hubble sia abbastanza piccola e costante, ed introduciamo un parametro di *slow-roll* $\varepsilon$ tale che

$$\varepsilon = -\frac{\dot H}{H^2} \ll 1, \qquad \dot\varepsilon \simeq 0. \tag{5.14}$$

Dalla definizione di $\varepsilon$ abbiamo la relazione differenziale $\varepsilon dt = -dH/H^2$, che integrata fornisce $\varepsilon t \simeq H^{-1} = a/\dot a$, da cui, integrando una seconda volta,

$$a(t) \sim t^{1/\varepsilon}. \tag{5.15}$$

Poiché $1/\varepsilon \ll 1$ questo fattore di scala descrive una fase di inflazione a potenza (si veda la Sez. 4.3). Se lo esprimiamo in tempo conforme, utilizzando la trasformazione (4.67), abbiamo

$$a(\eta) \sim (-\eta)^{(\varepsilon-1)^{-1}} \sim (-\eta)^{-1-\varepsilon}. \qquad (5.16)$$

Per $\varepsilon \to 0$ ritroviamo la soluzione di de Sitter (si veda l'Eq. (4.40)), che rappresenta quindi il caso limite dello scenario inflazionario che stiamo considerando.

Per caratterizzare meglio la fase di *slow-roll* dobbiamo imporre dei vincoli consistenti non solo sulla geometria ma anche sul campo scalare inflatonico che fa da sorgente. Un'evoluzione sufficientemente lenta, in particolare, richiede che siano soddisfatte le seguenti condizioni,

$$|\dot{H}| \ll H^2, \qquad |\ddot{\phi}| \ll |H\dot{\phi}|, \qquad \dot{\phi}^2 \ll |V|, \qquad (5.17)$$

che vincolano le derivate della metrica e di $\phi$ rispetto ai valori di riferimento $H$ e $V$.

Se tali condizioni sono soddisfatte possiamo prendere come equazioni indipendenti la (5.8) e la (5.12), e approssimarle come segue:

$$3H^2 = \lambda_{\rm P}^2 V, \qquad (5.18)$$

$$3H\dot{\phi} = -V_\phi. \qquad (5.19)$$

In questa approssimazione possiamo inoltre collegare direttamente il parametro $\varepsilon$ alla pendenza del potenziale. Infatti, derivando l'Eq. (5.18) rispetto a $\phi$, e dividendo per $3H^2$, abbiamo

$$\frac{H_\phi}{H} = \frac{1}{2}\frac{V_\phi}{V}, \qquad (5.20)$$

per cui, usando la definizione di $\varepsilon$,

$$\varepsilon = -\frac{\dot{H}}{H^2} = -\frac{H_\phi}{H}\frac{\dot{\phi}}{H} = -\frac{1}{2}\frac{V_\phi}{V}\frac{\dot{\phi}}{H}. \qquad (5.21)$$

D'altra parte, dividendo per $3H^2$ l'Eq. (5.19),

$$\frac{\dot{\phi}}{H} = -\frac{1}{\lambda_{\rm P}^2}\frac{V_\phi}{V}, \qquad (5.22)$$

da cui

$$\varepsilon = \frac{1}{2\lambda_{\rm P}^2}\left(\frac{V_\phi}{V}\right)^2. \qquad (5.23)$$

La condizione di *slow-roll* (5.14) ci dice quindi che la variazione logaritmica del potenziale deve essere molto piccola su scale di distanza dell'ordine della lunghezza di Planck.

Può essere utile, in pratica, introdurre anche un altro parametro di *slow-roll* che controlla la derivata seconda del potenziale,

$$\eta = \frac{1}{\lambda_P^2} \left( \frac{V_{\phi\phi}}{V} \right) \tag{5.24}$$

(da non confondersi con il simbolo $\eta$ che indica il tempo conforme). Le condizioni $|\eta| \ll 1$ e $\varepsilon \ll 1$ garantiscono che l'accelerazione dell'inflatone, $\ddot{\phi}$, sia piccola rispetto al "termine di attrito" $H\dot{\phi}$ dovuto all'interazione gravitazionale (si veda l'Esercizio 5.1). Tali condizioni, come vedremo in seguito, assicurano non solo la presenza di una fase inflazionaria, ma anche una sufficiente durata di tale fase.

Osserviamo infine che le equazioni per $a$ e per $\phi$ possono essere facilmente risolte nell'approssimazione di *slow-roll*, purché sia dato un opportuno potenziale $V(\phi)$ che soddisfa le condizioni richieste.

Dalla definizione di $H$ abbiamo infatti $da/a = Hdt$, e quindi

$$\ln \left( \frac{a}{a_i} \right) = \int_{t_i}^{t} H dt, \tag{5.25}$$

da cui, usando l'equazione approssimata (5.22):

$$\begin{aligned} a(t) &= a_i \exp \left\{ \int_{t_i}^{t} H dt \right\} = a_i \exp \left\{ \int_{\phi_i}^{\phi} \frac{H}{\dot{\phi}} d\phi \right\} \\ &= a_i \exp \left\{ -\lambda_P^2 \int_{\phi_i}^{\phi} \frac{V}{V_\phi} d\phi \right\}. \end{aligned} \tag{5.26}$$

Dato $V(\phi)$ la metrica risulta dunque in principio determinata – nell'approssimazione di *slow-roll* – da questa equazione, mentre l'andamento dell'inflatone si ottiene integrando l'Eq. (5.19) per $\dot{\phi}$.

## 5.2.1 Potenziale quadratico e inflazione caotica

Un semplice modello inflazionario di *slow-roll* si ottiene prendendo per $V(\phi)$ un generico andamento a potenza, $V \sim \phi^n$, $n > 0$, che fornisce:

$$\frac{V_\phi}{V} = \frac{n}{\phi}, \qquad \frac{V_{\phi\phi}}{V} = \frac{n(n-1)}{\phi^2}. \tag{5.27}$$

Questo potenziale è sufficientemente "piatto", ossia le condizioni $\varepsilon \ll 1$, $\eta \ll 1$ sono soddisfatte, purché

$$\lambda_P^2 \phi^2 \gg 1, \tag{5.28}$$

in accordo alle equazioni (5.23), (5.24). Per $n = 2$, in particolare, si ha un modello quadratico (originariamente proposto come esempio tipico[1] di *slow-roll*), che viene

---

[1] A.D. Linde, *Phys. Lett.* **B129**, 177 (1983).

anche chiamato modello di inflazione "caotica", facendo riferimento a uno stato cosmologico primordiale in cui i valori iniziali $\phi_{in}$ sono distribuiti in modo casuale nelle diverse regioni di spazio. Solo nelle regioni in cui $\phi_{in}$ è sufficientemente grande – ossia, in cui $\phi_{in} \gg M_P$ – l'Eq. (5.28) è soddisfatta, e la fase inflazionaria di *slow-roll* può avere luogo.

Il successo di questa classe di modelli è dovuto sostanzialmente e a due motivi. Il primo motivo riguarda la durata della fase inflazionaria, misurata dal parametro di *e-folding* (4.43). Applicando la soluzione approssimata (5.26) al potenziale $V \sim \phi^n$ si ottiene:

$$N = \ln\left(\frac{a_f}{a_i}\right) = \lambda_P^2 \int_{\phi_f}^{\phi_i} \frac{V}{V_\phi} d\phi = \frac{\lambda_P^2}{n} \int_{\phi_f}^{\phi_i} \phi \, d\phi$$
$$= \frac{1}{2n}\left(\frac{\phi_i^2}{M_P^2} - \frac{\phi_f^2}{M_P^2}\right). \tag{5.29}$$

La condizione $\phi_i^2 \gg M_P^2$, che assicura la piattezza del potenziale, e che è necessaria per l'avvio della fase inflazionaria, garantisce dunque automaticamente che sia soddisfatta anche la condizione di sufficiente inflazione $N \gg 1$ (tanto meglio quanto più $n$ è piccolo).

Il secondo motivo si riferisce al fatto che i parametri di *slow-roll* $\varepsilon$, $\eta$ non sono costanti, ma aumentano lentamente nel tempo durante l'inflazione, $\varepsilon \sim \eta \sim \phi^{-2}$, man mano che $\phi$ decresce avvicinandosi al minimo del potenziale. Vicino al minimo la velocità di rotolamento aumenta, le condizioni richieste non sono più soddisfatte, e la fase inflazionaria ha termine. Quindi questi modelli risolvono automaticamente il cosiddetto "problema dell'uscita". Inoltre, quando il termine di massa effettivo $V_{\phi\phi}$ diventa confrontabile con $H^2$, le soluzioni per $\phi$ diventano rapidamente oscillanti, e ci si può aspettare che l'inflatone decada producendo particelle relativistiche e radiazione, che diventeranno dominanti nella successiva fase di evoluzione standard.

### 5.2.2 Soluzioni esatte: il potenziale esponenziale

Un modello di *slow-roll* che risolve esattamente le equazioni cosmologiche si può ottenere considerando un potenziale esponenziale del tipo

$$V(\phi) = V_0 e^{-\lambda_P \phi / k}, \tag{5.30}$$

dove $V_0$ e $k$ sono parametri costanti positivi. Si noti che $k$ è adimensionale, perché le dimensioni dell'inflatone sono $[\phi] = M = L^{-1}$ (in unità $\hbar = c = 1$).

Le equazioni (5.8), (5.9) possono essere risolte esattamente ponendo

$$a = \left(\frac{t}{t_0}\right)^\beta, \qquad \lambda_P \phi = \ln\left(\frac{t}{t_0}\right)^{2k}. \tag{5.31}$$

In questo caso si ha infatti

$$H = \frac{\beta}{t}, \qquad \dot{H} = -\frac{\beta}{t^2}, \qquad \lambda_P \dot{\phi} = \frac{2k}{t}, \qquad (5.32)$$

e l'Eq. (5.9) fornisce immediatamente

$$\beta = 2k^2. \qquad (5.33)$$

Sostituendo nell'Eq. (5.8) si ottiene infine

$$12k^4 = 2k^2 + \lambda_P^2 t_0^2 V_0, \qquad (5.34)$$

da cui

$$\frac{1}{t_0} = \lambda_P \sqrt{\frac{V_0}{2k^2(6k^2 - 1)}}. \qquad (5.35)$$

Il parametro di *slow-roll*, in questo caso, fornisce la condizione

$$\varepsilon = -\frac{\dot{H}}{H^2} = \frac{1}{\beta} = \frac{1}{2k^2} \ll 1, \qquad (5.36)$$

che assicura alla soluzione (5.31) una cinematica di tipo inflazionaria, e che approssima l'andamento della soluzione di de Sitter nel limite $k \to \infty$.

## Esercizi

### 5.1. Relazione tra i parametri di slow-roll
Dimostrare che nell'approssimazione di *slow-roll* vale la seguente relazione:

$$-\frac{\ddot{\phi}}{H\dot{\phi}} = \eta - \varepsilon. \qquad (5.37)$$

### 5.2. Fattore di scala per inflazione caotica
Calcolare l'andamento in tempo cosmico del fattore di scala per una fase di inflazione *slow-roll* generata dal potenziale quadratico

$$V = \frac{1}{2} m^2 \phi^2. \qquad (5.38)$$

Verificare che inizialmente tale andamento riproduce esattamente quello previsto dalla soluzione inflazionaria di de Sitter.

### 5.3. Inflazione slow-roll e tempo conforme
Si consideri la variabile

$$z = a \frac{\dot{\phi}}{H} \qquad (5.39)$$

durante una fase di inflazione *slow-roll*, si calcoli la derivata seconda $z''$ rispetto al tempo conforme, e si esprima $z''/z$ in funzione del tempo conforme, al primo ordine nei parametri di *slow-roll* $\varepsilon$ e $\eta$. Si assumano valide le approssimazioni $\varepsilon \ll 1$, $|\eta| \ll 1$, $\dot{\varepsilon} = 0$, $\dot{\eta} = 0$. Il campo $z''/z$ gioca un ruolo fondamentale nell'amplificazione inflazionaria delle perturbazioni scalari, come vedremo nei capitoli successivi.

## *Soluzioni*

### 5.1. Soluzione

Osserviamo innanzitutto che

$$-\frac{\ddot{\phi}}{H\dot{\phi}} = -\frac{d \ln \dot{\phi}}{dt}\frac{dt}{d \ln a} = -\frac{d \ln \dot{\phi}}{d \ln a} = -\frac{a}{\dot{\phi}}\frac{d\dot{\phi}}{da} = -\frac{a}{\dot{\phi}}\frac{\dot{\phi}_\phi}{a_\phi} \qquad (5.40)$$

(ricordiamo che l'indice $\phi$ indica la derivata parziale rispetto a $\phi$). Inoltre, nell'ipotesi $\dot{\phi} \neq 0$, l'Eq. (5.9) fornisce

$$2H_\phi = -\lambda_{\rm P}^2 \dot{\phi}, \qquad (5.41)$$

da cui

$$\dot{\phi}_\phi = -\frac{2}{\lambda_{\rm P}^2}H_{\phi\phi}. \qquad (5.42)$$

Sostituendo nell'Eq. (5.40), e osservando che $a_\phi \dot{\phi}/a = H$, possiamo riscrivere il parametro di *slow-roll* (5.37) come segue:

$$-\frac{\ddot{\phi}}{H\dot{\phi}} = \frac{2}{\lambda_{\rm P}^2}\frac{H_{\phi\phi}}{H}. \qquad (5.43)$$

Ricordiamo ora l'Eq. (5.20). Derivando tale equazione rispetto a $\phi$ otteniamo

$$\frac{H_{\phi\phi}}{H} - \frac{H_\phi^2}{H^2} = \frac{V_{\phi\phi}}{2V} - \frac{V_\phi^2}{2V^2}, \qquad (5.44)$$

da cui

$$\frac{H_{\phi\phi}}{H} = \frac{V_{\phi\phi}}{2V} - \frac{V_\phi^2}{4V^2}, \qquad (5.45)$$

e quindi

$$\frac{2}{\lambda_{\rm P}^2}\frac{H_{\phi\phi}}{H} = \frac{1}{\lambda_{\rm P}^2}\frac{V_{\phi\phi}}{V} - \frac{1}{2\lambda_{\rm P}^2}\frac{V_\phi^2}{V^2} = \eta - \varepsilon. \qquad (5.46)$$

Sostituendo nell'Eq. (5.43) otteniamo infine la relazione (5.37) cercata.

## 5.2. Soluzione

Usando il potenziale (5.38), l'Eq. (5.26) fornisce il fattore di scala

$$a(t) = a_i \exp \left\{ \frac{\lambda_P^2}{4} \left[ \phi_i^2 - \phi^2(t) \right] \right\}. \tag{5.47}$$

Perciò, derivando rispetto al tempo cosmico,

$$H = \frac{\dot{a}}{a} = -\frac{\lambda_P^2}{2} \phi \dot{\phi}. \tag{5.48}$$

Inserendo questo valore di $H$ nell'Eq. (5.19) troviamo

$$-\frac{3}{2} \lambda_P^2 \dot{\phi}^2 = -m^2, \tag{5.49}$$

e quindi, integrando a partire dal valore iniziale $\phi(t_i) = \phi_i$,

$$\phi(t) = \phi_i - \sqrt{\frac{2}{3}} \frac{m}{\lambda_P} (t - t_i). \tag{5.50}$$

Il segno meno è dovuto al fatto che l'inflatone rotola verso il minimo del potenziale localizzato a $\phi = 0$, evolvendo verso valori di $\phi$ sempre più piccoli, tali che $\phi(t) < \phi_i$ per qualunque $t > t_i$.

Sostituiamo infine questo risultato nel fattore di scala (5.47):

$$a(t) = a_i \exp \left\{ \frac{m \lambda_P}{2} (t - t_i) \left[ \sqrt{\frac{2}{3}} \phi_i - \frac{m}{3 \lambda_P} (t - t_i) \right] \right\}. \tag{5.51}$$

Per $t \to t_i$, e in particolare per intervalli di tempo $\Delta t = t - t_i$ tali che

$$m \Delta t \ll \sqrt{6} \phi_i \lambda_P, \tag{5.52}$$

ritroviamo dunque l'andamento esponenziale della soluzione di de Sitter:

$$a = a_i e^{H_\Lambda (t - t_i)}, \tag{5.53}$$

con

$$H_\Lambda = m \lambda_P \frac{\phi_i}{\sqrt{6}}. \tag{5.54}$$

## 5.3. Soluzione

Derivando l'Eq. (5.39) rispetto al tempo conforme abbiamo:

$$z' = a\dot{z}, \qquad z'' = a(a\ddot{z} + \dot{a}\dot{z}), \qquad \frac{z''}{z} = \frac{H}{\dot{\phi}} (a\ddot{z} + \dot{a}\dot{z}). \tag{5.55}$$

Usando le relazioni (5.14) e (5.37) abbiamo anche:

$$\dot{z} = \frac{a\dot{\phi}}{H} + \frac{a\ddot{\phi}}{H} - a\dot{\phi}\frac{\dot{H}}{H^2} = a\dot{\phi}(1 + 2\varepsilon - \eta). \qquad (5.56)$$

Derivando una seconda volta, e usando la costanza dei parametri di *slow-roll*,

$$\begin{aligned}
\ddot{z} &= (\dot{a}\dot{\phi} + a\ddot{\phi})(1 + 2\varepsilon - \eta) \\
&= \dot{a}\dot{\phi}(1 + \varepsilon - \eta)(1 + 2\varepsilon - \eta) \simeq \dot{a}\dot{\phi}(1 + 3\varepsilon - 2\eta).
\end{aligned} \qquad (5.57)$$

Sostituendo nell'Eq. (5.55) otteniamo:

$$\frac{z''}{z} = \dot{a}^2(1 + 3\varepsilon - 2\eta + 1 + 2\varepsilon - \eta) = a^2 H^2(2 + 5\varepsilon - 3\eta). \qquad (5.58)$$

Ricordiamo infine che il fattore di scala dell'inflazione *slow-roll* si può esprimere in tempo conforme come nell'Eq. (5.16). Quindi

$$aH = \frac{a'}{a} = -\frac{1 + \varepsilon}{\eta}, \qquad (5.59)$$

da cui

$$\frac{z''}{z} = \frac{1}{\eta^2}(1 + 2\varepsilon)(2 + 5\varepsilon - 3\eta) \simeq \frac{1}{\eta^2}(2 + 9\varepsilon - 3\eta) \qquad (5.60)$$

(si faccia attenzione attenzione a non confondere il parametro di *slow-roll* $\eta$ al numeratore con il tempo conforme $\eta$ al denominatore). Questo risultato verrà usato per il calcolo dello spettro delle perturbazioni scalari nel Cap. 7.

# 6

# Teoria delle perturbazioni cosmologiche

Una fase cosmologica di tipo inflazionario, che precede la successiva evoluzione descritta dal modello standard, permette non solo di risolvere i problemi cinematici discussi nel Cap. 4, ma permette anche di spiegare le piccole anisotropie presenti nel fondo di radiazione cosmica, $\Delta T/T \sim 10^{-5}$, e di predirne la distribuzione spettrale, $\Delta T(\omega)/T$, in ottimo accordo con le osservazioni.

Nel contesto della geometria omogenea e isotropa del modello standard, infatti, non c'è nessun posto per la presenza di fluttuazioni termiche (piccole, ma macroscopiche) della radiazione cosmica. A maggior ragione, non c'è posto per le grosse fluttuazioni di densità della materia cosmica, che si sono condensate e gravitazionalmente accresciute, e che sono all'origine delle strutture galattiche e intergalattiche che oggi osserviamo. L'origine e la crescita di queste fluttuazioni richiede qualche meccanismo che va ricercato al di fuori del modello standard.

I modelli inflazionari forniscono una risposta anche a questo problema: le fluttuazioni di densità e di energia attualmente esistenti su scala cosmica sono dovute alle fluttuazioni quantistiche della materia e della geometria, amplificate durante la fase inflazionaria, e successivamente cresciute fino a raggiungere il livello macroscopico. Le fluttuazioni quantistiche sono infatti sempre – e inevitabilmente – presenti anche per distribuzioni classiche omogenee e isotrope, e l'evoluzione accelerata della geometria è in grado di amplificarle in modo efficiente, come vedremo in questo e nel successivo capitolo.

Per una completa ed adeguata illustrazione del meccanismo di amplificazione è necessario far riferimento alla teoria delle perturbazioni cosmologiche, che verrà brevemente introdotta in questo capitolo. Per motivi di semplicità ed efficacia didattica qui ci concentreremo sulle perturbazioni di tipo scalare (sia per la metrica che per le sorgenti). Il caso delle perturbazioni tensoriali (e lo studio di un possibile fondo cosmico di onde gravitazionali fossili) verrà affrontato nel Cap. 8. Ulteriori dettagli sulla teoria delle perturbazioni cosmologiche possono essere trovati nei testi [11, 16, 17] della bibliografia finale.

Gasperini M.: Lezioni di Cosmologia Teorica.
DOI 10.1007/978-88-470-2484-7_6, © Springer-Verlag Italia 2012

## 6.1 Equazioni non perturbate in tempo conforme

Consideriamo un generico modello gravitazionale contenente come sorgenti un campo scalare e un fluido perfetto (con tensore energia-impulso $T_{\mu\nu}$), minimamente accoppiati alla geometria come previsto dalle equazioni di Einstein:

$$G_\mu{}^\nu = \lambda_P^2 \left[ T_\mu{}^\nu + \partial_\mu\phi\,\partial^\nu\phi - \frac{1}{2}\delta_\mu^\nu(\partial\phi)^2 + \delta_\mu^\nu V(\phi) \right]. \tag{6.1}$$

Il campo scalare gioca il ruolo dell'inflatone, e il fluido rappresenta le sorgenti dominanti della successiva fase standard. L'inflatone soddisfa l'equazione del moto

$$\nabla_\mu\nabla^\mu\phi + \frac{\partial V}{\partial\phi} = 0, \tag{6.2}$$

e l'evoluzione temporale del fluido è governata dall'equazione di conservazione

$$\nabla_\nu T_\mu{}^\nu = 0, \tag{6.3}$$

che segue dall'identità di Bianchi contratta e dall'equazione del moto (6.2).

Consideriamo una geometria non perturbata omogenea e isotropa, spazialmente piatta, e usiamo per convenienza futura il *gauge* conforme. Supponiamo inoltre che il fluido sia comovente con la geometria data (si veda la Sez. 3.1). Abbiamo allora

$$ds^2 = a^2(\eta)\left(d\eta^2 - |d\boldsymbol{x}|^2\right), \qquad \phi = \phi(\eta),$$
$$T_0{}^0 = \rho(\eta), \qquad\qquad T_i{}^j = -p(\eta)\delta_i{}^j. \tag{6.4}$$

Le equazioni di Einstein non perturbate sono date dalle equazioni (3.12), (3.13), dove pressione e densità d'energia si ottengono sommando il contributo del fluido ai contributi scalari (5.7). Per scriverle in tempo conforme ricordiamo che

$$\dot\phi = \frac{\phi'}{a}, \qquad\qquad \ddot\phi = \frac{1}{a^2}\left(\phi'' - \mathcal{H}\phi'\right),$$
$$H = \frac{\dot a}{a} = \frac{a'}{a^2} \equiv \frac{\mathcal{H}}{a}, \qquad \dot H = \frac{1}{a^2}\left(\mathcal{H}' - \mathcal{H}^2\right), \tag{6.5}$$

dove $\mathcal{H} = a'/a$. Sostituendo nelle equazioni (3.12), (3.13) (con $k=0$), otteniamo allora

$$3\mathcal{H}^2 = \lambda_P^2\left(\rho a^2 + \frac{\phi'^2}{2} + Va^2\right), \tag{6.6}$$

$$2\mathcal{H}' + \mathcal{H}^2 = -\lambda_P^2\left(pa^2 + \frac{\phi'^2}{2} - Va^2\right) \tag{6.7}$$

(si veda anche l'Esercizio 3.1). L'Eq. (6.2) per il campo scalare assume la forma

$$\phi'' + 2\mathscr{H}\phi' + \frac{\partial V}{\partial \phi}a^2 = 0. \tag{6.8}$$

Derivando l'Eq. (6.6) rispetto a $\eta$, eliminando $\mathscr{H}'$ mediante l'Eq. (6.7), $\phi''$ e $\partial V/\partial \phi$ mediante l'Eq. (6.8), otteniamo poi l'equazione di conservazione

$$\rho' + 3\mathscr{H}(\rho + p) = 0, \tag{6.9}$$

che esprime l'Eq. (6.3) in tempo conforme (si veda anche l'Esercizio 3.3). Sottraendo l'Eq. (6.6) dall'Eq. (6.7) otteniamo infine la relazione

$$2(\mathscr{H}' - \mathscr{H}^2) + \lambda_P^2\left[\phi'^2 + a^2(\rho + p)\right] = 0, \tag{6.10}$$

che risulterà utile per semplificare le equazioni perturbate nelle sezioni seguenti.

## 6.2 Perturbazioni lineari della metrica e delle sorgenti

Aggiungiamo ora una piccola perturbazione alla configurazione geometrica descritta in precedenza, e consideriamo la metrica perturbata

$$g_{\mu\nu}(\eta) + \delta g_{\mu\nu}(\eta, \boldsymbol{x}), \tag{6.11}$$

dove $g_{\mu\nu}$ è la metrica omogenea e isotropa dell'Eq. (6.4), mentre $\delta g_{\mu\nu}$ rappresenta le fluttuazioni (classiche o quantistiche) che introducono possibili disomogeneità e anisotropie nella geometria di partenza. Assumeremo che tali fluttuazioni siano sufficientemente piccole da essere trattate perturbativamente, e ne determineremo la dinamica lavorando nell'approssimazione lineare, trascurando cioè tutti i possibili termini di ordine $(\delta g)^2$ e superiore.

In assenza di vincoli dovuti a speciali richieste di simmetria le fluttuazioni $\delta g_{\mu\nu}$ contengono in generale 10 componenti indipendenti, che possono essere classificate rispetto alle rappresentazioni irriducibili di un opportuno gruppo di isometrie della metrica imperturbata. È conveniente usare, a questo scopo, il gruppo $SO(3)$ delle rotazioni spaziali sulle ipersuperfici a tempo costante.

La componente $\delta g_{00}$ contiene allora un grado di libertà, $\varphi$, che si trasforma come uno scalare rispetto a questo gruppo. Le componenti $\delta g_{i0}$ contengono 3 gradi di libertà, che si possono scomporre irriducibilmente rispetto a $SO(3)$ in due gradi di libertà vettoriali rappresentabili da un vettore $V_i$ a divergenza nulla, e un grado di libertà scalare, $B$, rappresentabile dal termine $\partial_i B$. Infine, le componenti $\delta g_{ij}$ contengono 6 gradi di libertà, che si possono scomporre irriducibilmente in due gradi di libertà puramente scalari, $\psi$, $E$, rappresentabili dai termini $\psi\delta_{ij}$ e $\partial_i\partial_j E$; due gradi di libertà puramente vettoriali rappresentabili dal termine $\partial_{(i}F_{j)}$, dove $F_i$ è un vettore a divergenza nulla; e due gradi di libertà puramente tensoriali, rappresentabili da un tensore $h_{ij}$ a traccia nulla e divergenza nulla.

Decomponendo $\delta g_{\mu\nu}$ rispetto alle rotazioni dello spazio tridimensionale abbiamo quindi quattro scalari,

$$\{\varphi, \psi, E, B\}, \tag{6.12}$$

due vettori trasversi (ciascuno dei quali con due componenti indipendenti),

$$\{V_i, F_i\}, \qquad \partial^i V_i = 0 = \partial^i F_i, \tag{6.13}$$

e un tensore trasverso a traccia nulla (con due componenti indipendenti),

$$\{h_{ij}\}, \qquad \partial^i h_{ij} = 0 = g^{ij} h_{ij}, \tag{6.14}$$

per un totale di 10 gradi di libertà, come richiesto. Con questa decomposizione, la geometria perturbata può essere parametrizzata in generale dal seguente elemento di linea:

$$\begin{aligned}
\left(g_{\mu\nu} + \delta g_{\mu\nu}\right) dx^\mu dx^\nu &= a^2 (1 + 2\varphi) d\eta^2 - 2a^2 (V_i + \partial_i B) dx^i d\eta \\
&\quad - a^2 \left[(1 - 2\psi)\delta_{ij} + 2\partial_i \partial_j E + 2\partial_{(i} F_{j)} - h_{ij}\right] dx^i dx^j
\end{aligned} \tag{6.15}$$

(abbiamo usato come coordinata temporale il tempo conforme, seguendo la scelta fatta per la metrica non perturbata (6.4)).

Le variabili scalari, vettoriali e tensoriali soddisfano a equazioni di evoluzione temporale che nell'approssimazione lineare sono disaccoppiate tra loro, come vedremo in seguito. Quindi evolvono in modo indipendente, e i loro effetti cosmologici possono essere studiati separatamente.

Nel modello gravitazionale che stiamo considerando, basato in particolare su campi scalari e fluidi perfetti, non ci sono sorgenti esplicite per le componenti vettoriali e tensoriali delle perturbazioni. Nell'ambito di un geometria inflazionaria, d'altra parte, le perturbazioni vettoriali senza sorgenti decadono rapidamente, e possono essere trascurate[1]. Le componenti tensoriali $h_{ij}$, invece, possono venire amplificate dalla geometria inflazionaria anche senza un accoppiamento diretto alle sorgenti. Tali perturbazioni descrivono onde gravitazionali che si propagano liberamente fino all'epoca attuale, formando un fondo cosmico di radiazione gravitazionale di origine primordiale. Le proprietà di tale fondo, e la dinamica delle perturbazioni tensoriali, verranno discusse in dettaglio nel Cap. 8. Nel resto di questo capitolo ci concentreremo dunque sulla parte scalare delle perturbazioni.

---

[1] Si veda ad esempio V.F. Mukhanov, H.A. Feldman, R.R. Brandenberger, *Phys. Rep.* **215**, 203 (1992).

## 6.2.1 Perturbazioni scalari

Ponendo $V_i, F_i$ e $h_{ij}$ uguali a zero le perturbazioni metriche dell'Eq. (6.15) si riducono a

$$\delta g_{00} = 2a^2 \varphi, \qquad \delta g_{i0} = -a^2 \partial_i B, \qquad \delta g_{ij} = 2a^2(\psi \delta_{ij} - \partial_i \partial_j E). \qquad (6.16)$$

Per determinare le componenti controvarianti $\delta g^{\mu\nu}$ imponiamo la condizione

$$(g_{\mu\nu} + \delta g_{\mu\nu})(g^{\nu\alpha} + \delta g^{\nu\alpha}) = \delta_\mu^\alpha, \qquad (6.17)$$

che fornisce, al primo ordine in $\delta g$,

$$g_{\mu\nu} \delta g^{\nu\alpha} = -g^{\nu\alpha} \delta g_{\mu\nu}, \qquad (6.18)$$

da cui, moltiplicando per $g^{\mu\beta}$,

$$\delta g^{\beta\alpha} = -g^{\beta\mu} g^{\alpha\nu} \delta g_{\mu\nu}. \qquad (6.19)$$

Perciò:

$$\delta g^{00} = -\frac{2\varphi}{a^2}, \qquad \delta g^{i0} = -\frac{\partial^i B}{a^2}, \qquad \delta g^{ij} = -\frac{2}{a^2}(\psi \delta^{ij} - \partial^i \partial^j E). \qquad (6.20)$$

È importante notare che in queste equazioni (e in tutto il resto del capitolo) il simbolo di gradiente spaziale indica solo la derivata parziale, indipendentemente dalla posizione dell'indice: $\partial^i \equiv \partial_i \equiv \partial/\partial x^i$. Qualunque fattore geometrico associato allo spostamento di posizione (alto/basso) dell'indice di derivata verrà dunque espresso sempre in modo esplicito.

Per discutere consistentemente le perturbazioni di una data configurazione cosmologica non possiamo limitarci alla perturbazioni della metrica, Eq. (6.11), ma dobbiamo considerare anche le corrispondenti fluttuazioni delle sorgenti: campo scalare e fluido. Per il campo scalare perturbato, in particolare, possiamo porre

$$\phi(\eta) + \delta\phi(\eta, \boldsymbol{x}), \qquad \delta\phi \equiv \chi, \qquad (6.21)$$

dove abbiamo chiamato $\chi$ l'unico grado di libertà (ovviamente scalare) che parametrizza le deviazioni dal campo omogeneo imperturbato $\phi(\eta)$.

Nel caso del fluido ci serve, in particolare, il suo tensore energia-impulso perturbato,

$$T_\mu{}^\nu(\eta) + \delta T_\mu{}^\nu(\eta, \boldsymbol{x}), \qquad (6.22)$$

dove $T_\mu{}^\nu$ è il tensore omogeneo dell'Eq. (6.4). Per un fluido perfetto descritto dall'Eq. (1.119) possiamo esprimere $\delta T_\mu{}^\nu$ in funzione delle fluttuazioni $\delta\rho$, $\delta p$ e $\delta u^\mu$ come segue:

$$\delta T_\mu{}^\nu = (\delta\rho + \delta p)u_\mu u^\nu + (\rho + p)(\delta u_\mu u^\nu + u_\mu \delta u^\nu) - \delta p \delta_\mu^\nu. \qquad (6.23)$$

Le perturbazioni $\delta\rho$ e $\delta p$ sono ovviamente di tipo scalare, mentre la perturbazione di velocità $\delta u^\mu$ potrebbe contenere dei gradi di libertà vettoriali. Consideriamo separatamente i contributi $\delta u^0$ e $\delta u^i$.

Poiché il fluido non perturbato è comovente con la geometria abbiamo, nel *gauge* conforme,

$$u^\mu = \left(\frac{1}{a}, \mathbf{0}\right), \qquad u_\mu = (a, \mathbf{0}), \qquad g_{\mu\nu}u^\mu u^\nu = 1 = g^{\mu\nu}u_\mu u_\nu. \qquad (6.24)$$

Perturbando la condizione di normalizzazione, e usando per le fluttuazioni metriche le espressioni esplicite (6.16), (6.20), otteniamo allora

$$\begin{aligned}
\delta\left(g_{\mu\nu}u^\mu u^\nu\right) &= \delta g_{00}\left(u^0\right)^2 + 2g_{00}u^0\delta u^0 \\
&= 2\varphi + 2a\delta u^0,
\end{aligned} \qquad (6.25)$$

da cui

$$\delta u^0 = -\frac{\varphi}{a}. \qquad (6.26)$$

Inoltre

$$\begin{aligned}
\delta\left(g^{\mu\nu}u_\mu u_\nu\right) &= \delta g^{00}(u_0)^2 + 2g^{00}u_0\delta u_0 \\
&= -2\varphi + \frac{2}{a}\delta u_0,
\end{aligned} \qquad (6.27)$$

da cui

$$\delta u_0 = a\varphi. \qquad (6.28)$$

Perciò la componente temporale di $\delta u^\mu$ non aggiunge nuovi gradi di libertà alle perturbazioni scalari, in quanto può essere espressa in termini della perturbazione metrica $\delta g_{00}$.

La perturbazione spaziale $\delta u_i$, invece, ha tre componenti classificabili rispetto al gruppo di isometrie $SO(3)$, e rappresentabili mediante uno scalare e un vettore a divergenza nulla, esattamente come avviene nel caso delle perturbazioni metriche. Entrambi i contributi non risultano vincolati dalle condizioni di normalizzazione (6.24). La parte vettoriale non trova però nessun corrispondente termine di sorgente nel contesto del modello che stiamo perturbando, e dunque può essere trascurata, come nel caso delle perturbazioni metriche. Ci basterà quindi introdurre un solo ulteriore grado di libertà scalare $w$, e parametrizzare $\delta u_i$ come segue:

$$\delta u_i = a\partial_i w. \qquad (6.29)$$

La variabile $w$ è detta "potenziale di velocità".

Sostituendo i risultati (6.26), (6.28), (6.29) nelle perturbazioni $\delta T_\mu{}^\nu$ otteniamo infine:

$$\delta T_0{}^0 = \delta\rho, \qquad \delta T_i{}^j = -\delta p\,\delta_i^j, \qquad \delta T_i{}^0 = (\rho + p)\partial_i w. \qquad (6.30)$$

I tre gradi di libertà $\delta\rho$, $\delta p$, $w$, uniti alle perturbazioni della metrica e del campo scalare, Eq. (6.16) e Eq. (6.21), completano l'insieme di variabili indipendenti che parametrizzano le fluttuazioni scalari della configurazione omogenea e isotropa (6.4).

Nel resto di questo capitolo deriveremo le equazioni che determinano la dinamica di queste fluttuazioni scalari. È opportuno premettere, a questo scopo, una breve discussione delle condizioni che si possono imporre sulle perturbazioni sfruttando l'invarianza per diffeomorfismi della teoria gravitazionale che stiamo usando.

## 6.3 Trasformazioni infinitesime e variabili gauge-invarianti

Il modello cosmologico che stiamo perturbando è basato sulle equazioni di Einstein (6.1), e quindi su di una teoria gravitazionale che ammette come simmetrie le trasformazioni generali di coordinate: sistemi di coordinate differenti, collegati tra loro da opportuni diffeomorfismi, forniscono descrizioni diverse ma fisicamente equivalenti dello stesso processo e della stessa configurazione geometrica. In questo contesto possiamo e dobbiamo chiederci come dipende dal sistema di coordinate l'analisi perturbativa effettuata nella sezione precedente, vale a dire come cambiano le perturbazioni sotto l'azione di un generico diffeomorfismo.

Per confrontare le eventuali differenze tra descrizioni del modello perturbato fornito da osservatori differenti – ovvero, per confrontare le perturbazioni calcolate in diversi sistemi di coordinate – è conveniente esprimere le perturbazioni trasformate e quelle non trasformate valutandole *nello stesso punto dello spazio-tempo*. Dato ad esempio il diffeomorfismo $x \to \widetilde{x}$, e data la perturbazione $\delta g(x)$, è conveniente calcolare la variabile trasformata $\delta\widetilde{g}(x)$ anziché la variabile $\delta\widetilde{g}(\widetilde{x})$ (che è invece quella fornita dalle trasformazioni di coordinate applicate in forma standard, si veda la Sez. 1.1). La riparametrizzazione *locale* (o funzionale) $\delta g(x) \to \delta\widetilde{g}(x)$ viene convenzionalmente chiamata "trasformazione di *gauge*", e in questa sezione la applicheremo alle perturbazioni scalari definite nella sezione precedente.

Poiché stiamo considerando perturbazioni lineari attorno a una configurazione omogenea possiamo considerare un diffeomorfismo che differisce in modo infinitesimo dalla trasformazione identica,

$$x^\mu \to \widetilde{x}^\mu(x) = x^\mu + \varepsilon^\mu(x) + \mathcal{O}(\varepsilon^2), \qquad (6.31)$$

e limitarci a termini del primo ordine nel parametro vettoriale $\varepsilon^\mu$ (detto generatore della trasformazione). La trasformazione inversa è allora data da

$$x^\mu(\widetilde{x}) = \widetilde{x}^\mu - \varepsilon^\mu(\widetilde{x}) + \mathcal{O}(\varepsilon^2). \qquad (6.32)$$

Inoltre, poiché ci restringiamo a perturbazioni che si trasformano come scalari per il gruppo $SO(3)$, possiamo considerare una particolare classe di diffeomorfismi generati da due parametri $\varepsilon^0$, $\varepsilon$, scalari di $SO(3)$, tali che

$$\varepsilon^\mu = (\varepsilon^0, \partial^i \varepsilon).$$

(6.33)

Un'eventuale componente vettoriale irriducibile presente nella parte spaziale del generatore trasformerebbe infatti le perturbazioni scalari in perturbazioni contenenti nuovi gradi di libertà vettoriali: tali gradi di libertà sono però trascurabili nel contesto cosmologico che stiamo considerando, perché privi di sorgenti (come già sottolineato nella sezione precedente).

Cerchiamo dunque le regole di trasformazione delle perturbazioni sotto l'azione di una trasformazione di *gauge*, con generatore infinitesimo di tipo (6.33). Cominciamo dalle perturbazioni del campo scalare $\phi$, e ricordiamo che, per un generico diffeomorfismo infinitesimo,

$$\widetilde{\phi}(\widetilde{x}) \equiv \widetilde{\phi}(x + \varepsilon) = \phi(x).$$

(6.34)

Valutiamo questa trasformazione nel punto traslato $x - \varepsilon$, e sviluppiamo il membro destro in serie di Taylor per $\varepsilon \to 0$:

$$\widetilde{\phi}(x) = \phi(x - \varepsilon) \simeq \phi(x) - \varepsilon^\mu \partial_\mu \phi + \cdots$$

(6.35)

Scomponiamo infine il campo scalare come parte perturbata più fluttuazioni, ponendo (in accordo all'Eq. (6.21)), $\phi \to \phi(\eta) + \chi(x)$, $\widetilde{\phi} \to \widetilde{\phi}(\eta) + \widetilde{\chi}(x)$. Considerando la parte inomogenea della trasformazione (al primo ordine in $\varepsilon$ e $\chi$), e sfruttando per $\varepsilon^\mu$ la forma esplicita (6.33), otteniamo allora la seguente trasformazione di *gauge* per la perturbazione $\chi$:

$$\widetilde{\chi} = \chi - \varepsilon^\mu \partial_\mu \phi = \chi - \varepsilon^0 \phi',$$

(6.36)

dove tutte le quantità sono calcolate nel punto di partenza $x$, che resta fissato.

Procediamo allo stesso modo per le perturbazioni della metrica. Per un diffeomorfismo infinitesimo abbiamo

$$\widetilde{g}_{\mu\nu}(\widetilde{x}) = \widetilde{g}_{\mu\nu}(x + \varepsilon) = \frac{\partial x^\alpha}{\partial \widetilde{x}^\mu} \frac{\partial x^\beta}{\partial \widetilde{x}^\nu} g_{\alpha\beta}(x).$$

(6.37)

Valutiamo questa trasformazione nel punto traslato $x - \varepsilon$, calcoliamo al primo ordine la matrice Jacobiana $\partial x / \partial \widetilde{x}$ differenziando la trasformazione inversa (6.32), e sviluppiamo in serie di Taylor per $\varepsilon \to 0$:

$$\begin{aligned}
\widetilde{g}_{\mu\nu}(x) &\simeq \left( \delta^\mu_\alpha - \partial_\mu \varepsilon^\alpha \right) \left( \delta^\nu_\beta - \partial_\nu \varepsilon^\beta \right) g_{\alpha\beta}(x - \varepsilon) \\
&\simeq \left( \delta^\alpha_\mu \delta^\beta_\nu - \delta^\alpha_\mu \partial_\nu \varepsilon^\beta - \delta^\beta_\nu \partial_\mu \varepsilon^\alpha \right) \left( g_{\alpha\beta} - \varepsilon^\rho \partial_\rho g_{\alpha\beta} + \cdots \right) \\
&\simeq g_{\mu\nu}(x) - g_{\mu\alpha} \partial_\nu \varepsilon^\alpha - g_{\nu\alpha} \partial_\mu \varepsilon^\alpha - \varepsilon^\rho \partial_\rho g_{\mu\nu}.
\end{aligned}$$

(6.38)

Introduciamo infine la perturbazione, ponendo $g \to g + \delta g$, $\widetilde{g} \to \widetilde{g} + \delta\widetilde{g}$. Separando la parte inomogenea della trasformazione, e restando al primo ordine in $\varepsilon$ e $\delta g$, arriviamo alla seguente forma per le trasformazioni di *gauge* delle perturbazioni metriche:

$$\delta\widetilde{g}_{\mu\nu}(x) = \delta g_{\mu\nu}(x) - g_{\mu\alpha}\partial_\nu \varepsilon^\alpha - g_{\nu\alpha}\partial_\mu \varepsilon^\alpha - \varepsilon^\rho \partial_\rho g_{\mu\nu}. \tag{6.39}$$

La trasformazione delle variabili $\varphi, B, \psi, E$ si ottiene considerando separatamente le componenti $(00)$, $(i0)$ e $(ij)$ di questa equazione.

Usando le definizioni (6.16) e (6.33), e dividendo per $2a^2$, la componente $(00)$ fornisce allora

$$\widetilde{\varphi} = \varphi - \left(\varepsilon^0\right)' - \mathscr{H}\varepsilon^0. \tag{6.40}$$

La componente $(i0)$ fornisce

$$-a^2 \partial_i B = -a^2 \partial_i (B - \varepsilon' + \varepsilon^0), \tag{6.41}$$

da cui

$$\widetilde{B} = B + \varepsilon^0 - \varepsilon'. \tag{6.42}$$

La componente $(ij)$, divisa per $2a^2$, fornisce

$$\widetilde{\psi}\delta_{ij} - \partial_i\partial_j\widetilde{E} = \psi\delta_{ij} - \partial_i\partial_j E + \partial_i\partial_j \varepsilon + \mathscr{H}\varepsilon^0 \delta_{ij}, \tag{6.43}$$

da cui

$$\widetilde{\psi} = \psi + \mathscr{H}\varepsilon^0, \qquad \widetilde{E} = E - \varepsilon. \tag{6.44}$$

Anche in questo caso le perturbazioni e le loro trasformate sono calcolate nello stesso punto dello spazio-tempo.

Ci rimane infine da determinare la trasformazione di *gauge* delle perturbazioni $\delta T_\mu{}^\nu$. Per un diffeomorfismo infinitesimo le componenti del tensore energia-impulso si trasformano in generale come segue:

$$\begin{aligned}
\widetilde{T}_\mu{}^\nu(x) &= \frac{\partial x^\alpha}{\partial \widetilde{x}^\mu} \frac{\partial \widetilde{x}^\nu}{\partial x^\beta} T_\alpha{}^\beta(x - \varepsilon) \\
&\simeq \left(\delta_\mu^\alpha - \partial_\mu \varepsilon^a\right)\left(\delta_\beta^\nu + \partial_\beta \varepsilon^\nu\right)\left(T_\alpha{}^\beta - \varepsilon^\rho \partial_\rho T_\alpha{}^\beta\right) \\
&\simeq T_\mu{}^\nu(x) - T_\alpha{}^\nu \partial_\mu \varepsilon^\alpha + T_\mu{}^\beta \partial_\beta \varepsilon^\nu - \varepsilon^\rho \partial_\rho T_\mu{}^\nu.
\end{aligned} \tag{6.45}$$

Introduciamo le perturbazioni, ponendo $T \to T + \delta T$, $\widetilde{T} \to \widetilde{T} + \delta\widetilde{T}$. La parte inomogenea della trasformazione fornisce allora

$$\delta\widetilde{T}_\mu{}^\nu(x) = \delta T_\mu{}^\nu(x) - T_\alpha{}^\nu \partial_\mu \varepsilon^\alpha + T_\mu{}^\beta \partial_\beta \varepsilon^\nu - \varepsilon^\rho \partial_\rho T_\mu{}^\nu. \tag{6.46}$$

Sostituiamo le varie componenti definite dall'Eq. (6.30), e utilizziamo la forma esplicita del generatore (6.33). Dalla componente temporale otteniamo:

$$\delta\widetilde{\rho} = \delta\rho - \varepsilon^0 \rho'. \tag{6.47}$$

Dalle componenti spaziali otteniamo:

$$\delta \widetilde{p} = \delta p - \varepsilon^0 p'. \tag{6.48}$$

Dalle componenti miste otteniamo infine:

$$\widetilde{w} = w - \varepsilon^0. \tag{6.49}$$

L'insieme delle equazioni (6.36), (6.40), (6.42), (6.44), (6.47)–(6.49) rappresenta l'insieme completo delle trasformazioni di *gauge* per le otto variabili scalari che parametrizzano, in generale, le perturbazioni del modello cosmologico considerato.

È importante sottolineare che nessuna di queste otto variabili perturbate rimane invariata sotto le trasformazioni considerate, per valori arbitrari dei parametri $\varepsilon^0$ ed $\varepsilon$. È però possibile definire delle appropriate combinazioni di queste variabili che risultano automaticamente *gauge-invarianti*, e che parametrizzano quindi la configurazione perturbata in modo indipendente dalla scelta delle coordinate.

È facile costruire un esempio di tali invarianti considerando le equazioni di trasformazione (6.42), (6.44), e osservando che la combinazione $B - E'$ elimina dalla trasformazione il parametro $\varepsilon$. Infatti:

$$\widetilde{B} - \widetilde{E}' = B - E' + \varepsilon^0. \tag{6.50}$$

Perciò, per le perturbazioni della metrica e del campo scalare possiamo definire le seguenti variabili che indicheremo con la lettera maiuscola,

$$\begin{aligned}
\Phi &= \varphi + \mathcal{H}(B - E') + (B - E')', \\
\Psi &= \psi - \mathcal{H}(B - E'), \\
X &= \chi - \phi'(B - E'),
\end{aligned} \tag{6.51}$$

e che risultano esattamente gauge-invarianti, $\widetilde{\Phi} = \Phi$, $\widetilde{\Psi} = \Psi$, $\widetilde{X} = X$, come è facile verificare utilizzando le trasformazioni precedenti. Le variabili $\Phi$ e $\Psi$ sono dette "potenziali di Bardeen", o anche perturbazioni di Bardeen. Allo stesso modo, per le perturbazioni del fluido possiamo definire le seguenti variabili gauge-invarianti:

$$\begin{aligned}
\mathcal{E} &= \delta \rho + \rho'(B - E'), \\
\Pi &= \delta p + p'(B - E'), \\
W &= w + B - E'.
\end{aligned} \tag{6.52}$$

Anche per queste variabili $\widetilde{\mathcal{E}} = \mathcal{E}$, $\widetilde{\Pi} = \Pi$, $\widetilde{W} = W$.

Ovviamente, qualunque combinazione lineare (con coefficienti omogenei) di variabili gauge-invarianti definisce ancora un oggetto gauge-invariante. Un importante esempio di questo tipo è fornito dalla seguente combinazione:

$$\mathcal{R} = \Psi + \frac{\mathcal{H}}{\phi'} X \equiv \psi + \frac{\mathcal{H}}{\phi'} \chi. \tag{6.53}$$

Questa variabile è detta "perturbazione di curvatura", o potenziale di curvatura, perché (come mostrato nell'Esercizio 6.2) è la variabile che controlla in un opportuno gauge la perturbazione della curvatura intrinseca delle ipersuperfici spaziali (che è zero per la geometria imperturbata, ma che in generale risulta diversa da zero quando si includono nella metrica le fluttuazioni scalari). La variabile $\mathscr{R}$ è gauge-invariante, $\widetilde{\mathscr{R}} = \mathscr{R}$, e gioca un ruolo cruciale nelle equazioni che descrivono l'amplificazione inflazionaria delle perturbazioni scalari, come vedremo nella Sez. 6.4 e nel capitolo seguente.

### 6.3.1 Scelta del gauge

Dato un generico sistema di coordinate, le fluttuazioni scalari del nostro modello risultano dunque determinate a meno delle trasformazioni infinitesime (6.31), (6.33):

$$\eta \to \tilde{\eta} = \eta + \varepsilon^0(x), \qquad x^i \to \tilde{x}^i = x^i + \partial^i \varepsilon(x). \tag{6.54}$$

Poiché tali trasformazioni dipendono da due gradi di libertà, $\varepsilon^0$ ed $\varepsilon$, possono essere usate per imporre due condizioni arbitrarie sulle variabili scalari, e semplificarne la dinamica richiedendo, ad esempio, che due componenti delle perturbazioni si annullino. La scelta delle condizioni da imporre determina il cosiddetto *gauge* nel quale descrivere gli effetti fisici delle perturbazioni. Alcune scelte di *gauge* frequentemente usate vengono elencate qui di seguito.

#### 6.3.1.1 Gauge longitudinale

È fissato dalle condizioni $E = 0$ e $B = 0$. In questo *gauge* le fluttuazioni metriche $\varphi$ e $\psi$ coincidono con i potenziali di Bardeen (si veda l'Eq. (6.51)), e tutte le altre perturbazioni scalari coincidono esattamente con la loro versione gauge-invariante (si veda l'Eq. (6.52)).

#### 6.3.1.2 Gauge sincrono

È fissato dalle condizioni $\varphi = 0$ e $B = 0$. In questo caso le perturbazioni riguardano solo la parte spaziale della metrica, ma le trasformazioni che portano a questo *gauge* non fissano completamente i parametri scalari $\varepsilon^0$ ed $\varepsilon$. L'arbitrarietà residua rende difficile l'interpretazione fisica dei risultati in questo *gauge*.

#### 6.3.1.3 Gauge di curvatura uniforme

È fissato dalle condizioni $\psi = 0$ e $E = 0$. È anche detto "*gauge* non diagonale" perché $\delta g_{i0} \neq 0$, oppure "*gauge* spazialmente piatto", perché in questo caso si annulla la perturbazione della curvatura intrinseca delle ipersuperfici spaziali (si veda anche l'Esercizio 6.3).

#### 6.3.1.4 Gauge di campo uniforme

È fissato dalle condizioni $\chi = 0$ e $B = 0$, oppure $\chi = 0$ e $E = 0$. In ogni caso la sorgente scalare rimane imperturbata, ed il *gauge* viene anche detto "comovente" con il campo scalare.

#### 6.3.1.5 Gauge comovente

È fissato dalle condizioni $w = 0$ e $B = 0$, oppure $w = 0$ e $E = 0$. In questo caso è la velocità del fluido che resta impertrubata, $\delta u_i = 0$, e il sistema di coordinate scelto è comovente rispetto al fluido.

## 6.4 Dinamica delle perturbazioni scalari

Per ottenere le equazioni che governano l'evoluzione temporale delle perturbazioni possiamo procedere in due modi.

Una prima possibilità è quella di perturbare linearmente le equazioni cosmologiche (6.1)–(6.3), ottenendo così un sistema accoppiato di equazioni differenziali lineari per le variabili scalari $\varphi, \psi, \chi, \dots$ definite in precedenza. Tali equazioni possono essere semplificate con un'opportuna scelta di *gauge*, oppure possono essere direttamente scritte in forma gauge-invariante, utilizzando le variabili (6.51), (6.52).

La seconda possibilità è quella di perturbare l'azione, sviluppando la geometria e i campi materiali al primo ordine nelle perturbazioni scalari, e calcolando l'azione perturbata fino ai termini quadratici in queste perturbazioni. Si ottiene così un'azione quadratica con i termini cinetici delle varie fluttuazioni scritti in forma non canonica, e accoppiati tra loro: diagonalizzando tale azione, e introducendo la corretta forma canonica per la parte cinetica, si possono allora determinare le variabili che soddisfano relazioni di commutazioni canoniche, derivarne le equazioni del moto, e normalizzare le loro soluzioni in modo da descrivere uno spettro di fluttuazioni quantistiche del vuoto.

Consideriamo innanzitutto il primo approccio, che permette di ottenere più rapidamente il sistema di equazioni per le perturbazioni scalari (la diagonalizzazione dell'azione perturbata è però indispensabile per descrivere la dinamica delle fluttuazioni quantistiche). Perturbando le equazioni di Einstein (6.1) otteniamo le relazioni

$$
\begin{aligned}
\delta G_\mu{}^\nu &= \delta\left(g^{\nu\alpha}R_{\mu\alpha}\right) - \frac{1}{2}\delta_\mu^\nu\,\delta\left(g^{\alpha\beta}R_{\alpha\beta}\right) \\
&\equiv \delta g^{\nu\alpha}R_{\mu\nu} + g^{\nu\alpha}\delta R_{\mu\alpha} - \frac{1}{2}\delta_\mu^\nu\left(\delta g^{\alpha\beta}R_{\alpha\beta} + g^{\alpha\beta}\delta R_{\alpha\beta}\right) \\
&= \lambda_P^2\left[\delta T_\mu{}^\nu \,\delta g^{\nu\alpha}\partial_\mu\phi\,\partial_\alpha\phi + g^{\nu\alpha}\left(\partial_\mu\phi\,\partial_\alpha\chi + \partial_\mu\chi\,\partial_\alpha\phi\right)\right. \\
&\quad \left. - \frac{1}{2}\delta_\mu^\nu\left(\delta g^{\alpha\beta}\partial_\alpha\phi\,\partial_\beta\phi + 2g^{\alpha\beta}\partial_\alpha\phi\,\partial_\beta\chi\right) + \delta_\mu^\nu\frac{\partial V}{\partial\phi}\chi\right]
\end{aligned}
\tag{6.55}
$$

(dove abbiamo usato $\chi = \delta\phi$). La perturbazione dell'Eq. (6.2) per il campo scalare fornisce la relazione

$$
\begin{aligned}
\delta \left( g^{\mu\nu} \nabla_\mu \partial_\nu \phi \right) + \delta \left( \frac{\partial V}{\partial \phi} \right) &= \delta g^{\mu\nu} \left( \partial_\mu \partial_\nu \phi - \Gamma_{\mu\nu}{}^\alpha \partial_\alpha \phi \right) \\
&+ g^{\mu\nu} \left( \partial_\mu \partial_\nu \chi - \Gamma_{\mu\nu}{}^\alpha \partial_\alpha \chi - \delta\Gamma_{\mu\nu}{}^\alpha \partial_\alpha \phi \right) + \frac{\partial^2 V}{\partial \phi^2} \chi = 0.
\end{aligned}
\tag{6.56}
$$

Infine, la perturbazione dell'equazione di conservazione (6.3) impone le condizioni

$$
\partial_\nu \delta T_\mu{}^\nu - \Gamma_{\nu\mu}{}^\alpha \delta T_\alpha{}^\nu + \Gamma_{\nu\alpha}{}^\nu \delta T_\mu{}^\alpha - \delta\Gamma_{\nu\mu}{}^\alpha T_\alpha{}^\nu + \delta\Gamma_{\nu\alpha}{}^\nu T_\mu{}^\alpha = 0,
\tag{6.57}
$$

che però non sono indipendenti, in quanto possono anche essere ottenute mediante un'opportuna combinazione delle due equazioni precedenti.

Per scrivere esplicitamente questo sistema di equazioni dobbiamo calcolare il tensore di Ricci $R_{\nu\alpha}$ e la sua perturbazione lineare,

$$
\delta R_{\nu\alpha} = \partial_\mu \delta\Gamma_{\nu\alpha}{}^\mu + \delta\Gamma_{\mu\rho}{}^\mu \Gamma_{\nu\alpha}{}^\rho + \Gamma_{\mu\rho}{}^\mu \delta\Gamma_{\nu\alpha}{}^\rho - \{\mu \leftrightarrow \nu\}.
\tag{6.58}
$$

Ci serve dunque la connessione $\Gamma_{\mu\nu}{}^\alpha$ e la connessione perturbata, che al primo ordine è data da

$$
\begin{aligned}
\delta\Gamma_{\mu\nu}{}^\alpha &= \frac{1}{2} \delta g^{\alpha\beta} \left( \partial_\mu g_{\nu\beta} + \partial_\nu g_{\mu\beta} - \partial_\beta g_{\mu\nu} \right) \\
&+ \frac{1}{2} g^{\alpha\beta} \left( \partial_\mu \delta g_{\nu\beta} + \partial_\nu \delta g_{\mu\beta} - \partial_\beta \delta g_{\mu\nu} \right).
\end{aligned}
\tag{6.59}
$$

Per la metrica non perturbata (6.4), d'altra parte, le componenti della connessione diverse da zero sono le seguenti,

$$
\Gamma_{00}{}^0 = \frac{a'}{a} \equiv \mathcal{H}, \qquad \Gamma_{0i}{}^j = \mathcal{H} \delta_i^j, \qquad \Gamma_{ij}{}^0 = \mathcal{H} \delta_{ij},
\tag{6.60}
$$

e il corrispondente tensore di Ricci ha le seguenti componenti non nulle:

$$
R_{00} = -3\mathcal{H}', \qquad R_{ij} = \delta_{ij}(\mathcal{H}' + 2\mathcal{H}^2).
\tag{6.61}
$$

Inoltre, utilizzando la forma esplicita (6.16), (6.20) delle perturbazioni metriche scalari, l'Eq. (6.59) fornisce:

$$
\begin{aligned}
\delta\Gamma_{00}{}^0 &= \varphi', \\
\delta\Gamma_{i0}{}^0 &= \partial_i(\varphi + \mathcal{H}B), \\
\delta\Gamma_{ij}{}^0 &= -\partial_i\partial_j B - 2\mathcal{H}\delta_{ij}(\varphi + \psi) - \delta_{ij}\psi' + \partial_i\partial_j(2\mathcal{H}E + E'), \\
\delta\Gamma_{00}{}^i &= \partial^i(\varphi + \mathcal{H}B + B'), \\
\delta\Gamma_{0i}{}^j &= \partial_i\partial^j E' - \delta_i^j \psi', \\
\delta\Gamma_{ij}{}^k &= \partial_i\partial_j\partial^k E + \delta_{ij}\partial^k\psi - \delta_i^k\partial_j\psi - \delta_j^k\partial_i\psi - \delta_{ij}\mathcal{H}\partial^k B.
\end{aligned}
\tag{6.62}
$$

Si noti che finora non abbiamo effettuato nessuna scelta di *gauge*, includendo nel calcolo di $\delta\Gamma$ i contributi di tutte e quattro le variabili scalari $\varphi, \psi, E, B$.

Per gli scopi di questo libro, però, i calcoli successivi possono essere semplificati utilizzando un *gauge* nel quale le perturbazioni metriche non hanno componenti "off-diagonali" di tipo $\delta g_{i0}$, ossia un *gauge* nel quale $B = 0$. In questo caso, sostituendo le espressioni (6.60) e (6.62) (con $B = 0$) nell'Eq. (6.58), otteniamo il tensore di Ricci perturbato nella forma seguente:

$$\delta R_{00} = 3\left(\psi'' + \mathcal{H}\psi' + \mathcal{H}\varphi'\right) + \nabla^2\left(\varphi - E'' - \mathcal{H}E'\right),$$

$$\delta R_{i0} = 2\partial_i\left(\psi' + \mathcal{H}\varphi\right),$$

$$\delta R_{ij} = \partial_i\partial_j\left[\psi - \varphi + E'' + 2\mathcal{H}E' + (2\mathcal{H}' + 4\mathcal{H}^2)E\right]$$

$$- \delta_{ij}\left[\psi'' + 5\mathcal{H}\psi' + \mathcal{H}\varphi' - \nabla^2\psi + (2\mathcal{H}' + 4\mathcal{H}^2)(\varphi + \psi) - \mathcal{H}\nabla^2 E'\right],$$

(6.63)

dove $\nabla^2 \equiv \delta^{ij}\partial_i\partial_j$. La corrispondente perturbazione della curvatura scalare è data da

$$\delta R = \delta g^{\mu\nu} R_{\mu\nu} + g^{\mu\nu}\delta R_{\mu\nu}$$

$$= \frac{2}{a^2}\nabla^2\left[-E'' - 3\mathcal{H}E' + \varphi - 2\psi\right]$$

$$+ \frac{6}{a^2}\left[\psi'' + 3\mathcal{H}\psi' + \mathcal{H}\varphi' + 2(\mathcal{H}' + \mathcal{H}^2)\varphi\right].$$

(6.64)

Sostituendo infine nella seconda linea dell'Eq. (6.55) troviamo il seguente risultato per la perturbazione del tensore di Einstein (in forma mista):

$$\delta G_0{}^0 = 2\frac{\nabla^2}{a^2}(\psi + \mathcal{H}E') - 6\frac{\mathcal{H}}{a^2}(\psi' + \mathcal{H}\varphi),$$

$$\delta G_i{}^0 = \frac{2}{a^2}\partial_i(\psi' + \mathcal{H}\varphi),$$

$$\delta G_i{}^j = \frac{1}{a^2}\partial_i\partial^j(\varphi - \psi - E'' - 2\mathcal{H}E') + \frac{1}{a^2}\delta_i^j\left[\nabla^2(\psi - \varphi + E'' + 2\mathcal{H}E')\right.$$

$$\left. -2\psi'' - 4\mathcal{H}\psi' - 2\mathcal{H}\varphi' - (4\mathcal{H}' + 2\mathcal{H}^2)\varphi\right].$$

(6.65)

Abbiamo ora tutti gli ingredienti necessari per scrivere in modo esplicito il sistema di equazioni per le perturbazioni scalari.

A questo proposito conviene sfruttare le trasformazioni di *gauge* per fissare la residua arbitrarietà nella scelta delle variabili, imponendo, oltre a $B = 0$, anche la condizione $E = 0$. Con questa condizione scegliamo definitivamente come *gauge* quello longitudinale (si veda la sezione precedente), e le equazioni per le restanti variabili scalari appaiono automaticamente in forma gauge-invariante. Infatti, in virtù delle definizioni (6.51) (6.52), in questo *gauge* abbiamo $\psi = \Psi$, $\varphi = \Phi$, $\delta\rho = \mathcal{E}$, $\delta p = \Pi$ e $w = W$.

Cominciamo dalle equazioni di Einstein perturbate. La parte spaziale non diagonale $(i \neq j)$ dell'Eq. (6.55) fornisce la condizione

$$\partial_i \partial^j (\Phi - \Psi) = 0. \tag{6.66}$$

La parte mista $(i0)$ fornisce il cosiddetto "vincolo dell'impulso":

$$\Psi' + \mathscr{H}\Phi = \frac{\lambda_{\mathrm{P}}^2}{2} \left[ \phi' X + a^2(\rho + p)W \right]. \tag{6.67}$$

La componente temporale $(00)$ fornisce il cosiddetto "vincolo Hamiltoniano":

$$\nabla^2 \Psi - 3\mathscr{H}\Psi' - \left( 3\mathscr{H}^2 - \frac{\lambda_{\mathrm{P}}^2}{2}\phi'^2 \right)\Phi = \frac{\lambda_{\mathrm{P}}^2}{2} \left[ a^2 \mathscr{E} + \phi' X' + a^2 \frac{\partial V}{\partial \phi} X \right]. \tag{6.68}$$

Prendendo la traccia della parte spaziale $(i = j)$, e dividendo per 3, otteniamo inoltre:

$$\begin{aligned} &\Psi'' + 2\mathscr{H}\Psi' + \mathscr{H}\Phi' - \frac{1}{3}\nabla^2(\Psi - \Phi) + \left( 2\mathscr{H}' + \mathscr{H}^2 + \frac{\lambda_{\mathrm{P}}^2}{2}\phi'^2 \right)\Phi \\ &= \frac{\lambda_{\mathrm{P}}^2}{2} \left[ a^2 \Pi + \phi' X' - a^2 \frac{\partial V}{\partial \phi} X \right]. \end{aligned} \tag{6.69}$$

Consideriamo poi l'equazione perturbata (6.56) per il campo scalare, che fornisce:

$$X'' + 2\mathscr{H}X' - \nabla^2 X + a^2 \frac{\partial^2 V}{\partial \phi^2} X = 2(\phi'' + 2\mathscr{H}\phi')\Phi + \phi'(\Phi' + 3\Psi'). \tag{6.70}$$

Consideriamo infine l'equazione di conservazione perturbata. La componente temporale $(\mu = 0)$ dell'Eq. (6.57) ci dà la condizione

$$\mathscr{E}' + 3\mathscr{H}(\mathscr{E} + \Pi) - (\rho + p)\nabla^2 W - 3(\rho + p)\Psi' = 0. \tag{6.71}$$

Dalla componente spaziale $(\mu = i)$ abbiamo invece

$$W' + 4\mathscr{H}W - \Phi + \frac{\rho' + p'}{\rho + p}W - \frac{\Pi}{\rho + p} = 0. \tag{6.72}$$

Il sistema di equazioni (6.66)–(6.72) descrive, nell'approssimazione lineare e in forma gauge-invariante, la dinamica delle perturbazioni scalari per il modello cosmologico considerato.

Di queste sette equazioni accoppiate, però, solo cinque sono indipendenti perché (come già sottolineato) le ultime due equazioni (6.71), (6.72) possono essere ottenute combinando le cinque equazioni precedenti. Il sistema di equazioni per le sei variabili $\{\Psi, \Phi, X, \mathscr{E}, \Pi, W\}$ va quindi completato aggiungendo un'ulteriore condizione: ad esempio, la relazione tra le perturbazioni di densità e di pressione, $\Pi = \Pi(\mathscr{E})$, che specifica meglio il modello di sorgente (adiabatico oppure no) che stiamo perturbando.

Notiamo infine che l'Eq. (6.66), che esprime l'assenza di sorgenti per le componenti non diagonali delle equazioni di Einstein perturbate, ammette sempre la soluzione particolare $\Phi = \Psi$. Questa è anche l'unica soluzione compatibile con il caso perturbativo che stiamo considerando, se vogliamo che le soluzioni descrivano fluttuazioni con media spaziale nulla[2]. Nel seguito di questa discussione assumeremo quindi che l'Eq. (6.66) sia soddisfatta identificando i due potenziali di Bardeen, $\Phi = \Psi$ – tenendo presente però che questo risultato è valido solo per il caso particolare in cui $\delta T_i{}^j = 0$ per $i \neq j$.

### 6.4.1 Sorgente scalare ed equazione canonica

Per una diretta applicazione dei precedenti risultati ai modelli inflazionari ci conviene discutere, in particolare, il caso in cui il campo scalare è la sorgente gravitazionale dominante. In questo caso possiamo porre $T_\mu{}^\nu = 0$, $\delta T_\mu{}^\nu = 0$ nelle equazioni omogenee e in quelle perturbate, e possiamo ottenere una singola equazione disaccoppiata per il potenziale di Bardeen $\Phi = \Psi$, che descrive in modo gauge-invariante l'evoluzione delle perturbazioni scalari.

Sottraendo l'Eq. (6.68) dall'Eq. (6.69), eliminando $X$ con il vincolo (6.67), ed eliminando il contributo del potenziale scalare mediante l'equazione non perturbata (6.8), otteniamo infatti:

$$\Psi'' + 2\left(\mathcal{H} - \frac{\phi''}{\phi'}\right)\Psi' + 2\left(\mathcal{H}' - \mathcal{H}\frac{\phi''}{\phi'}\right)\Psi - \nabla^2\Psi = 0. \qquad (6.73)$$

Per ogni data soluzione omogenea $a(\eta)$, $\phi(\eta)$ possiamo allora calcolare $\mathcal{H}$, $\mathcal{H}'$, $\phi'$, $\phi''$, sostituire nell'Eq. (6.73), e ottenere esplicitamente l'equazione d'onda che governa l'evoluzione classica del potenziale di Bardeen nella geometria data. Una volta risolta tale equazione per $\Psi$, la perturbazione del campo scalare risulta fissata dal vincolo (6.67), che fornisce:

$$X = \frac{2}{\lambda_P^2 \phi'}\left(\Psi' + \mathcal{H}\Psi\right). \qquad (6.74)$$

Le due equazioni (6.73), (6.74) determinano completamente la dinamica delle perturbazioni scalari per il caso considerato.

Se vogliamo normalizzare la perturbazione di Bardeen in modo da descrivere l'evoluzione delle fluttuazioni quantistiche, però, è necessario considerare un'altra variabile (scalare e gauge-invariante) che diagonalizza l'azione perturbata, e che può essere quantizzata imponendo le relazioni di commutazione in forma canonica. Per determinare tale variabile è necessario calcolare l'azione che descrive le fluttuazioni della metrica e del campo scalare, espandendo la corrispondente azione non perturbata fino all'ordine $(\delta g)^2$ e $(\delta \phi)^2$. Questo calcolo verrà effettuato esplicita-

---

[2] Si veda il lavoro citato nella Nota n. 1.

mente nel Cap. 8 per il caso specifico delle fluttuazioni tensoriali. Per le fluttuazioni scalari, considerate in questo capitolo, ci limiteremo a riportare il risultato finale[3].

Consideriamo innanzitutto il caso $\phi' \neq 0$. Perturbando l'azione

$$S = -\frac{1}{2\lambda_P^2} \int d^4x \sqrt{-g} R + \frac{1}{2} \int d^4x \sqrt{-g} \left( \partial_\mu \phi \partial^\mu \phi - 2V \right) \qquad (6.75)$$

attorno alla configurazione omogenea (6.4) (con $T_{\mu\nu} = 0$), utilizzando le definizioni (6.16), (6.20), (6.21) e le equazioni non perturbate (6.6)–(6.8), e trascurando termini di tipo divergenza totale che non contribuiscono alle equazioni del moto, si arriva alla seguente azione quadratica,

$$\delta S = \frac{1}{2} \int d^3x d\eta \, z^2(\eta) \left( \mathscr{R}'^2 + \mathscr{R} \nabla^2 \mathscr{R} \right), \qquad (6.76)$$

dove

$$z = \frac{a\phi'}{\mathscr{H}} \qquad (6.77)$$

(da non confondere con il redshift) è il cosiddetto *pump-field*, ossia il campo cosmologico esterno che amplifica le fluttuazioni, mentre $\mathscr{R}$ è la perturbazione di curvatura definita dall'Eq. (6.53).

Questa azione non è scritta in forma canonica, per la presenza dell'accoppiamento non minimo al campo esterno $z^2$. Può essere messa facilmente in forma canonica, però, introducendo la variabile

$$v = z\mathscr{R} = aX + \frac{a\phi'}{\mathscr{H}} \Psi, \qquad (6.78)$$

e osservando che

$$\frac{1}{2} \int d^3x d\eta \left[ z^2(\eta) \left( \mathscr{R}'^2 + \mathscr{R} \nabla^2 \mathscr{R} \right) + \frac{d}{d\eta} \left( zz' \mathscr{R}^2 \right) \right]$$
$$\equiv \frac{1}{2} \int d^3x d\eta \left( v'^2 + v \nabla^2 v + \frac{z''}{z} v^2 \right). \qquad (6.79)$$

Quest'ultima azione è dinamicamente equivalente all'azione (6.76), e fornisce l'equazione del moto

$$v'' - \left( \nabla^2 + \frac{z''}{z} \right) v = 0, \qquad (6.80)$$

che descrive in modo canonico l'evoluzione delle perturbazioni scalari per il modello cosmologico considerato. La variabile $v$, detta variabile canonica (o variabile di Mukhanov), è automaticamente gauge-invariante per come è stata definita, e può essere normalizzata in modo da rappresentare le fluttuazioni quantistiche (si veda il Cap. 7). La normalizzazione di $v$ fissa a sua volta la normalizzazione della perturbazione di curvatura $\mathscr{R} = v/z$, che soddisfa la corrispondente equazione

---

[3] Per il calcolo esplicito nel caso scalare si veda in particolare il lavoro citato nella Nota n. 1.

dinamica

$$\mathcal{R}'' + 2\frac{z'}{z}\mathcal{R} - \nabla^2\mathcal{R} = 0, \tag{6.81}$$

ottenuta dall'azione (6.76). Osserviamo infine che, ripetendo la perturbazione dell'azione nel caso $\phi' = 0$, si raggiungono di nuovo i risultati (6.79), (6.80) con l'unica differenza che il *pump-field* coincide con il fattore di scala, $z = a$, e la variabile canonica è data da $v = aX$.

È importante sottolineare che la dinamica descritta dalla precedente equazione, ottenuta dall'azione perturbata, è perfettamente equivalente alla dinamica descritta alle equazioni che si ottengono perturbando le equazioni di campo. Possiamo verificarlo, come istruttivo esercizio, ricavando l'Eq. (6.81) direttamente dalla definizione di $\mathcal{R}$ e dalla combinazione delle equazioni di Einstein perturbate.

Per effettuare questo calcolo è conveniente utilizzare il *gauge* di campo uniforme $B = 0$, $\chi = 0$ (si veda la Sez. 6.3.1), perché in questo *gauge* si ha $\mathcal{R} = \psi$ (si veda la definizione (6.53)). Considerando le equazioni perturbate (6.55), e ponendo $B = 0$, $\chi = 0$, si trova allora che le componenti spaziali $(i \neq j)$ forniscono la condizione

$$E'' + 2\mathcal{H}E' + \mathcal{R} - \varphi = 0. \tag{6.82}$$

Le componenti miste $(i0)$ forniscono la condizione:

$$\mathcal{R}' + \mathcal{H}\varphi = 0. \tag{6.83}$$

La componente temporale $(00)$, usando le precedenti equazioni e l'equazione non perturbata (6.10), fornisce la condizione

$$2\nabla^2\left(\mathcal{R} + \mathcal{H}E'\right) + 2(\mathcal{H}^2 - \mathcal{H}')\varphi = 0. \tag{6.84}$$

Infine, le componenti spaziali $(i = j)$ forniscono la condizione

$$\mathcal{R}'' + 2\left(\mathcal{H}\mathcal{R}' + \mathcal{H}^2\varphi\right) + \mathcal{H}\varphi' + \mathcal{H}'\varphi = 0, \tag{6.85}$$

che non è indipendente dalle precedenti, ma che segue come identità dall'Eq. (6.83).

Pe avere un'equazione disaccoppiata per $\mathcal{R}$ sottraiamo ora l'Eq. (6.84) dall'Eq. (6.85), differenziamo l'Eq. (6.84) per eliminare $E''$, usiamo le equazioni (6.82), (6.83), (6.84), (6.85) per eliminare, rispettivamente, $\mathcal{R} + 2\mathcal{H}E'$, $\varphi$, $\mathcal{H}E'$ e $\varphi'$, ed utilizziamo infine l'equazione imperturbata (6.10). Si arriva così all'equazione

$$\mathcal{R}'' + 2\left(\mathcal{H} + \frac{\phi''}{\phi'} - \frac{\mathcal{H}'}{\mathcal{H}}\right)\mathcal{R}' - \nabla^2\mathcal{R} = 0, \tag{6.86}$$

che, ricordando la definizione $z = a\phi'/\mathcal{H}$, coincide esattamente con l'Eq. (6.81) ottenuta dall'azione.

Osserviamo infine che la normalizzazione di $\mathcal{R}$ a uno spettro di fluttuazione quantistiche, fissata utilizzando la relazione con la variabile canonica, $\mathcal{R} = v/z$, permette di normalizzare allo stesso spettro anche il potenziale di Bardeen, utilizzando la relazione tra $\mathcal{R}$ e $\Psi$. Tale relazione si può esprimere in una forma utile per le applicazioni future usando ancora il *gauge* $B = 0$, $\chi = 0$, che fornisce

$$\mathscr{R} = \psi, \qquad \Psi = \psi + \mathscr{H}E' = \mathscr{R} + \mathscr{H}E' \qquad (6.87)$$

(si vedano le definizioni (6.53), (6.51)). Combinando le equazioni (6.83), (6.84) abbiamo allora

$$\mathscr{R}' = -\mathscr{H}\varphi = \frac{\mathscr{H}}{\mathscr{H}^2 - \mathscr{H}'}\nabla^2\left(\mathscr{R} + \mathscr{H}E'\right) \equiv \frac{2\mathscr{H}}{\lambda_{\rm P}^2 \phi'^2}\nabla^2\Psi, \qquad (6.88)$$

dove abbiamo usato ancora una volta l'equazione non perturbata (6.10). Questa relazione sarà utilizzata nel capitolo seguente per collegare lo spettro dei modi di Fourier di $\Psi$ allo spettro normalizzato della perturbazione di curvatura.

## Esercizi

### 6.1. Trasformazioni di gauge al secondo ordine
Si consideri una trasformazione di coordinate che differisce in modo infinitesimo dalla trasformazione identica, e che si può sviluppare al secondo ordine come segue,

$$x^\mu \to \tilde{x}^\mu(x) \equiv f^\mu(x) = x^\mu + \varepsilon_1^\mu + \frac{1}{2}\varepsilon_2^\mu + \frac{1}{2}\varepsilon_1^\nu \partial_\nu \varepsilon_1^\mu + \dots, \qquad (6.89)$$

dove $\varepsilon_1^\mu(x)$ è un parametro vettoriale infinitesimo del primo ordine, $\varepsilon_2^\mu(x)$ del secondo ordine, e dove $\varepsilon_2$ e $(\varepsilon_1)^2$ sono infinitesimi dello stesso ordine. Determinare la riparametrizzazione locale (ovvero, la trasformazione di *gauge*) per le fluttuazioni di un campo scalare omogeneo $\phi(\eta)$, le cui perturbazioni vengono sviluppate al secondo ordine come segue,

$$\phi(\eta, \boldsymbol{x}) = \phi(\eta) + \chi^{(1)}(x) + \chi^{(2)}(x) + \dots, \qquad (6.90)$$

dove $\chi^{(1)}$ rappresenta i termini del primo ordine e $\chi^{(2)}$ quelli del secondo ordine.

### 6.2. Perturbazione di curvatura nel gauge di campo uniforme
Si consideri la metrica non perturbata (6.4), e si verifichi che nel *gauge* di campo uniforme ($B = 0$, $\chi = 0$) il potenziale di curvatura $\mathscr{R}$ determina la perturbazione della curvatura scalare intrinseca $R^{(3)}$ delle ipersuperfici spaziali $\eta = $ costante, in accordo all'equazione

$$\delta R^{(3)} = g^{ij}\delta R_{ij}^{(3)} = -\frac{4}{a^2}\nabla^2\mathscr{R}. \qquad (6.91)$$

### 6.3. Gauge di curvatura uniforme

Si consideri un modello cosmologico dominato da un campo scalare con potenziale nullo. Si mostri che nel *gauge* di curvatura uniforme ($\psi = 0$, $E = 0$) la parte spaziale della curvatura scalare ha perturbazione nulla, ossia

$$\delta(g^{ij} R_{ij}) = 0. \tag{6.92}$$

## *Soluzioni*

### 6.1. Soluzione

Per una generica trasformazione di coordinate $x \to \widetilde{x} = f(x)$ la trasformazione del campo scalare è data da

$$\widetilde{\phi}(\widetilde{x}) = \phi(x). \tag{6.93}$$

La stessa trasformazione, valutata nel punto di coordinate $f^{-1}(x)$, assume la forma

$$\widetilde{\phi}(x) = \phi(f^{-1}(x)), \tag{6.94}$$

dove $f^{-1}$ rappresenta la trasformazione di coordinate inversa.

Per il diffeomorfismo infinitesimo dell'Eq. (6.89) la trasformazione inversa è data da

$$x^{\mu}(\widetilde{x}) \equiv (f^{-1})^{\mu}(\widetilde{x}) = \widetilde{x}^{\mu} - \varepsilon_1^{\mu}(\widetilde{x}) - \frac{1}{2}\varepsilon_2^{\mu}(\widetilde{x}) + \frac{1}{2}\varepsilon_1^{\nu}\partial_{\nu}\varepsilon_1^{\mu}(\widetilde{x}) + \dots, \tag{6.95}$$

come si può facilmente verificare utilizzando l'Eq. (6.89) per $\widetilde{x}$, e sviluppando in serie di Taylor al secondo ordine i parametri $\varepsilon_1(\widetilde{x})$ e $\varepsilon_2(\widetilde{x})$. Applicando la definizione di $f^{-1}$ fornita dall'Eq. (6.95), e sviluppando in serie il membro destro dell'Eq. (6.94), otteniamo dunque, al secondo ordine,

$$\widetilde{\phi}(x) = \phi(x) + \left(-\varepsilon_1^{\mu} - \frac{1}{2}\varepsilon_2^{\mu} + \frac{1}{2}\varepsilon_1^{\nu}\partial_{\nu}\varepsilon_1^{\mu}\right)\partial_{\mu}\phi$$

$$+ \frac{1}{2}\left(-\varepsilon_1^{\mu} + \dots\right)\left(-\varepsilon_1^{\nu} + \dots\right)\partial_{\mu}\partial_{\nu}\phi + \dots \tag{6.96}$$

$$= \phi(x) - \varepsilon_1^{\mu}\partial_{\mu}\phi - \frac{1}{2}\varepsilon_2^{\mu}\partial_{\mu}\phi + \frac{1}{2}\varepsilon_1^{\nu}\partial_{\nu}\left(\varepsilon_1^{\mu}\partial_{\mu}\phi\right) + \dots.$$

Sostituiamo infine a $\phi$ e $\widetilde{\phi}$ lo sviluppo perturbativo (6.90). Separando i termini omogenei e i termini non-omogenei del primo e del secondo ordine otteniamo le trasformazioni di *gauge* cercate. Al primo ordine abbiamo

$$\widetilde{\chi}^{(1)} = \chi^{(1)} - \varepsilon_1^{\mu}\partial_{\mu}\phi = \chi^{(1)} - \varepsilon_1^{0}\phi', \tag{6.97}$$

che coincide con il risultato (6.36). Al secondo ordine troviamo la nuova trasformazione per $\chi^{(2)}$:

$$\widetilde{\chi}^{(2)} = \chi^{(2)} - \varepsilon_1^\mu \partial_\mu \chi^{(1)} - \frac{1}{2}\varepsilon_2^\mu \partial_\mu \phi + \frac{1}{2}\varepsilon_1^\nu \partial_\nu \left(\varepsilon_1^\mu \partial_\mu \phi\right), \qquad (6.98)$$

ossia

$$\widetilde{\chi}^{(2)} = \chi^{(2)} - \varepsilon_1^\mu \partial_\mu \chi^{(1)} - \frac{1}{2}\varepsilon_2^0 \phi' + \frac{1}{2}\varepsilon_1^\nu \left(\partial_\nu \varepsilon_1^0\right)\phi' + \frac{1}{2}\left(\varepsilon_1^0\right)^2 \phi''. \qquad (6.99)$$

## 6.2. Soluzione

Per la soluzione non perturbata (6.4) le ipersuperfici spaziali $\eta =$ costante sono caratterizzate da una metrica intrinseca piatta, $\gamma_{ij} = \delta_{ij}$, e da una corrispondente connessione nulla, $\Gamma_{ij}^{(3)\,k} = 0$, e tensore di Ricci intrinseco nullo, $R_{ij}^{(3)} = 0$. La perturbazione del tensore di Ricci è dunque data da

$$\delta R_{ij}^{(3)} = \partial_k \delta \Gamma_{ij}^{(3)\,k} - \partial_i \delta \Gamma_{kj}^{(3)\,k}. \qquad (6.100)$$

Utilizzando per $\delta\Gamma^{(3)}$ il risultato (6.62) (senza il contributo di $B$) otteniamo

$$\delta R_{ij}^{(3)} = \left(\delta_{ij}\nabla^2 + \partial_i \partial_j\right)\psi. \qquad (6.101)$$

Ma nel gauge di campo uniforme $\psi = \mathscr{R}$ (si veda l'Eq. (6.53)). Per la perturbazione della curvatura scalare intrinseca abbiamo quindi, in questo *gauge*,

$$\delta R^{(3)} = g^{ij}\delta R_{ij}^{(3)} + \delta g^{ij}R_{ij}^{(3)} = -\frac{\delta^{ij}}{a^2}\delta R_{ij}^{(3)} = -\frac{4}{a^2}\nabla^2\psi = -\frac{4}{a^2}\nabla^2\mathscr{R}, \qquad (6.102)$$

in accordo all'Eq. (6.91).

## 6.3. Soluzione

Nel *gauge* di curvatura uniforme $\delta g^{ij} = 0$, e quindi

$$\delta(g^{ij}R_{ij}) = g^{ij}\delta R_{ij}. \qquad (6.103)$$

Per la perturbazione del tensore di Ricci abbiamo, dall'Eq. (6.58)

$$\begin{aligned}
\delta R_{ij} = &-\delta_{ij}\mathscr{H}\nabla^2 B - \partial_i\partial_j B' - \mathscr{H}\delta_{ij}\varphi' - 2\mathscr{H}'\delta_{ij}\varphi \\
&- \partial_i\partial_j\varphi - 2\mathscr{H}\partial_i\partial_j B - 4\mathscr{H}^2\delta_{ij}\varphi.
\end{aligned} \qquad (6.104)$$

Prendendo la traccia otteniamo

$$g^{ij}\delta R_{ij} = \frac{1}{a^2}\left[5\mathscr{H}\nabla^2 B + \nabla^2 B' + 3\mathscr{H}\varphi' + \nabla^2\varphi + (6\mathscr{H}' + 12\mathscr{H}^2)\varphi\right]. \qquad (6.105)$$

Per un campo scalare con potenziale nullo, d'altra parte, le equazioni non perturbate (6.6), (6.7) forniscono

$$\mathcal{H}' + 2\mathcal{H}^2 = 0, \tag{6.106}$$

e quindi l'equazione precedente si riduce a

$$a^2 g^{ij} \delta R_{ij} = 5\mathcal{H}\nabla^2 B + \nabla^2 B' + 3\mathcal{H}\varphi' + \nabla^2\varphi. \tag{6.107}$$

Utilizziamo ora le equazioni per le perturbazioni scalari ricavate nella Sez. 6.4 in forma gauge-invariante, e ricordiamo le definizioni (6.51) che forniscono, nel *gauge* di curvatura uniforme,

$$\Psi = -\mathcal{H}B, \qquad \Phi = \varphi + \mathcal{H}B + B'. \tag{6.108}$$

La relazione $\Phi = \Psi$, scritta in questo *gauge*, fornisce allora la condizione

$$\varphi + 2\mathcal{H}B + B' = 0, \tag{6.109}$$

che sostituita nell'Eq. (6.107) la riduce a

$$a^2 g^{ij} \delta R_{ij} = 3\mathcal{H}\nabla^2 B + +3\mathcal{H}\varphi'. \tag{6.110}$$

Consideriamo infine le equazioni perturbate (6.68), (6.69). Sostituendo a $\Phi$ e $\Psi$ le definizioni (6.108), utilizzando la relazione (6.109) e le equazioni non perturbate (6.6), (6.7), (6.106), la combinazione delle equazioni (6.68), (6.69) fornisce

$$\mathcal{H}\left(\nabla^2 B + \varphi'\right) = 0. \tag{6.111}$$

Sostituendo nell'Eq. (6.110) troviamo dunque che nel gauge di curvatura uniforme vale la relazione

$$\delta(g^{ij} R_{ij}) \equiv g^{ij} \delta R_{ij} = 0. \tag{6.112}$$

# 7

# L'anisotropia della radiazione cosmica

Il formalismo sviluppato nel capitolo precedente ci permette di descrivere l'evoluzione temporale delle perturbazioni cosmologiche, di normalizzarle in modo da rappresentare le fluttuazioni quantistiche del vuoto, e di studiarne i possibili effetti sulle proprietà dell'Universo che oggi osserviamo.

In questo capitolo ci concentreremo sulle perturbazioni di tipo scalare (quelle tensoriali saranno discusse nel Cap. 8). Vedremo che la fase inflazionaria è in grado di amplificare le perturbazioni cosmologiche, e calcoleremo, in particolare, la distribuzione spettrale delle fluttuazioni del vuoto amplificate dai modelli di inflazione *slow-roll*. Discuteremo infine il meccanismo mediante il quale tali fluttuazioni primordiali possono determinare piccole disomogeneità e anisotropie nella distribuzione spazio-temporale della temperatura della radiazione cosmica di fondo. Per brevità, e seguendo l'uso corrente, tale radiazione verrà indicata con la sigla CMB.

Lo studio di questi effetti è importante perché lo spettro delle fluttuazioni indotte nella temperatura CMB porta impresso il ricordo della cinematica inflazionaria che ha amplificato le perturbazioni: la misura di tale spettro fornisce dunque indicazioni dirette che permettono, almeno in linea di principio, di discriminare tra loro i diversi modelli inflazionari.

## 7.1 Amplificazione inflazionaria delle perturbazioni scalari

Consideriamo le perturbazioni lineari di un modello cosmologico di tipo inflazionario, dominato da un campo scalare $\phi$, e ricordiamo che in tale modello l'evoluzione delle perturbazioni scalari può essere descritta dalla variabile gauge-invariante $v = z\mathcal{R}$ che soddisfa l'equazione canonica (6.80). Per risolvere tale equazione sviluppiamo $v$ in modi di Fourier $v_k(\eta)$, canonicamente normalizzati in una porzione

Gasperini M.: Lezioni di Cosmologia Teorica.
DOI 10.1007/978-88-470-2484-7_7, © Springer-Verlag Italia 2012

di spazio di volume $V$ come segue:

$$v(\eta,x) = \frac{1}{\sqrt{V}} \sum_k v_k(\eta) e^{ik\cdot x}$$

$$\equiv \frac{\sqrt{V}}{(2\pi)^3} \int d^3k \, v_k(\eta) e^{ik\cdot x}. \tag{7.1}$$

La definizione della prima linea si applica ovviamente se lo spettro di $v_k$ è discreto, la seconda se lo spettro è continuo. In entrambi i casi possiamo notare che se $v$ ha dimensioni canoniche $[v] = M$ (in unità $\hbar = c = 1$), come richiesto dall'azione (6.79), le dimensioni della componente di Fourier $v_k$ sono $[v_k] = M^{-1/2}$.

Sostituendo il precedente sviluppo nell'equazione canonica (6.80) troviamo che i modi di Fourier $v_k$ devono soddisfare la condizione differenziale

$$v_k'' + \left(k^2 - \frac{z''}{z}\right) v_k = 0. \tag{7.2}$$

Questa equazione (del second'ordine, alle derivate ordinarie) è formalmente simile all'equazione non relativistica di Schrödinger per un moto unidimensionale, con un potenziale effettivo $V(\eta) = z''/z$ che in questo caso è generato dal campo esterno $z$. Tale campo viene detto *pump-field* perché, durante una fase inflazionaria, esso agisce in modo da accrescere l'ampiezza delle componenti di Fourier presenti in un opportuno settore dello spettro, trasferendo (ovvero "pompando") energia dai campi esterni imperturbati alle singole fluttuazioni.

Infatti, in un contesto cosmologico inflazionario, l'evoluzione del *pump-field* tende a seguire esattamente l'andamento del fattore di scala, $z(\eta) \sim a(\eta)$. Questo è ovvio nel caso limite di de Sitter, per il quale $z = a$ (si veda la Sez. 6.4.1). Ma questo vale anche nei modelli di inflazione a potenza, per i quali $\phi' \neq 0$ e $z$ è dato da

$$z = a\frac{\phi'}{\mathcal{H}} = a\frac{\dot{\phi}}{H} \tag{7.3}$$

(in accordo all'Eq. (6.77)). È facile verificare che per questi modelli $\phi'/\mathcal{H} = \dot{\phi}/H = $ costante, e quindi $z \sim a$ (si veda ad esempio la soluzione esatta (5.31), oppure la configurazione di *slow-roll* (5.22), (5.23) per la quale $\dot{\phi}/H = -\sqrt{2\varepsilon}/\lambda_{\mathrm{P}}$). Lo stesso risultato vale per i modelli di superinflazione (si veda ad esempio il testo [10] della bibliografia finale).

Durante una fase inflazionaria, d'altra parte, il fattore di scala si può sempre parametrizzare con un opportuno andamento a potenza su valori negativi del tempo conforme (come discusso nella Sez. 4.3). Se $z \sim a$ potremo dunque parametrizzare il *pump-field* inflazionario come segue,

$$z \sim a \sim (-\eta)^{\alpha}, \qquad \eta \to 0_-. \tag{7.4}$$

L'Eq. (7.2) per i modi di Fourier assume allora la forma

$$v_k'' + \left[ k^2 - \frac{\alpha(\alpha - 1)}{\eta^2} \right] v_k = 0, \tag{7.5}$$

che corrisponde a un'equazione di Bessel, e che può essere risolta esattamente come vedremo nella sezione successiva.

Anche senza utilizzare la soluzione esatta, però, possiamo subito individuare qual è la banda dello spettro di Fourier che viene amplificata dall'inflazione.

Considerando l'Eq. (7.5) vediamo infatti che per i modi di Fourier con $k \gg |\eta|^{-1}$ la presenza del potenziale effettivo è trascurabile, e che questi modi oscillano liberamente con ampiezza costante,

$$v_k'' + k^2 v_k \simeq 0, \qquad k \gg |\eta|^{-1}. \tag{7.6}$$

Per questi modi non si verifica dunque alcun tipo di amplificazione. Per i modi con $k \ll |\eta|^{-1}$, invece, l'effetto del potenziale (ovvero della geometria esterna) diventa dominante. L'equazione canonica si riduce a

$$\frac{v_k''}{v_k} \simeq \frac{z''}{z} = \frac{a''}{a}, \qquad k \ll |\eta|^{-1}, \tag{7.7}$$

e per $\alpha < 0$ (espansione accelerata) troviamo che questa equazione è asintoticamente soddisfatta dalla soluzione particolare

$$v_k(\eta) \sim z(\eta) \sim a(\eta) \tag{7.8}$$

(tanto più valida quanto più $\eta \to 0_-$). Per questi modi l'ampiezza tende quindi a crescere con ritmo accelerato, seguendo esattamente l'espansione del fattore di scala inflazionario (per il caso di contrazione accelerata, $\alpha > 0$, si veda la discussione alla fine di questa sezione).

I modi di Fourier che subiscono il regime di amplificazione inflazionaria sono detti modi "fuori dall'orizzonte", in quanto essi oscillano con una lunghezza d'onda propria $\lambda$ che si estende su scale di distanze superiori al raggio dell'orizzonte di Hubble $L_H = |H|^{-1}$. Infatti, i modi con $k \ll |\eta|^{-1}$ sono caratterizzati da una frequenza propria $\omega = k/a$ che soddisfa alla condizione

$$\omega = \frac{k}{a} \ll \frac{1}{a|\eta|} \sim \left| \frac{a'}{a^2} \right| = |H|. \tag{7.9}$$

Il periodo di oscillazione di questi modi è dunque molto maggiore della scala di evoluzione tipica dell'epoca considerata, $\omega \ll H$. Se questa condizione viene espressa in funzione della lunghezza d'onda $\lambda = 2\pi/\omega$ allora fornisce anche un paragone tra la $\lambda$ e il raggio di Hubble,

$$\lambda = \frac{2\pi}{\omega} \gg \frac{1}{|H|} \equiv L_H \tag{7.10}$$

come anticipato. I modi con $k \gg |\eta|^{-1}$, invece, vengono detti "dentro l'orizzonte".

Per una discussione più precisa dell'andamento di $v_k(\eta)$ fuori dall'orizzonte possiamo considerare per ogni modo $k$ il regime temporale $\eta_{\text{ex}}(k) < \eta < 0$, dove $\eta_{\text{ex}}(k)$ è la scala di tempo caratterizzata dalla condizione $k|\eta_{\text{ex}}| \simeq 1$, e quindi è la scala di tempo che segna l'inizio del regime di amplificazione per il modo $v_k$ (ovvero che segna "l'uscita dall'orizzonte" di quel modo). Per $\eta > \eta_{\text{ex}}$ risulta infatti $|\eta| < |\eta_{\text{ex}}|$, e quindi $k|\eta| < 1$, come richiesto per la validità dell'Eq. (7.7). In questo regime temporale la soluzione dell'Eq. (7.7) si può sviluppare come segue

$$v_k(\eta) \simeq z(\eta)\alpha_k + z(\eta)\beta_k \int_{\eta_{\text{ex}}}^{\eta} \frac{d\eta'}{z^2(\eta')} + \dots, \qquad (7.11)$$

dove $\alpha_k$ e $\beta_k$ sono costanti di integrazione da fissare con le condizioni iniziali a $\eta = \eta_{\text{ex}}$. È facile verificare, differenziando due volte l'equazione precedente, che l'Eq. (7.7) risulta automaticamente soddisfatta dalla soluzione (7.11).

Per una fase inflazionaria che verifica la proprietà (7.4), d'altra parte, la soluzione approssimata (7.11) assume la forma esplicita

$$v_k(\eta) = \widetilde{\alpha}_k(-\eta)^{\alpha} + \widetilde{b}_k(-\eta)^{1-\alpha}, \qquad \eta_{\text{ex}} < \eta < 0, \qquad (7.12)$$

dove $\widetilde{\alpha}_k$ e $\widetilde{\beta}_k$ sono le precedenti costanti di integrazione riscalate dagli opportuni coefficienti dimensionali contenuti nella definizione di $z$ (si noti che abbiamo supposto $\alpha \neq 1/2$; in caso contrario, il secondo termine acquista un andamento logaritmico). Possiamo allora discutere vari casi.

- Se $\alpha < 0$ la metrica descrive espansione accelerata, e in questo caso il primo termine della soluzione (7.12) è sempre dominante per $\eta \to 0_-$. In questo limite ritroviamo il risultato $v_k \sim (-\eta)^{\alpha} \sim a$ anticipato dall'Eq. (7.8), per cui l'ampiezza di $v_k$ fuori dell'orizzonte tende a crescere in maniera inflazionaria rispetto alla corrispondente ampiezza dentro all'orizzonte (che rimane invece costante in accordo all'Eq. (7.6)). Il contributo del termine potenziale, proporzionale a $|v_k|^2$, in questo caso è quello che domina l'energia delle fluttuazioni scalari fuori dall'orizzonte (si veda l'Esercizio 7.1 e 7.2).

- Se $0 < \alpha < 1$ la metrica descrive contrazione accelerata, e in questo caso si trova che per $\eta \to 0_-$ la soluzione (7.12) è dominata dal primo termine se $0 < \alpha < 1/2$, e dal secondo se $1/2 < \alpha < 1$. In entrambi i casi l'ampiezza di $v_k$ fuori dell'orizzonte *decresce* asintoticamente rispetto alla corrispondente ampiezza costante dentro all'orizzonte,

$$\frac{|v_k(k|\eta| < 1)|}{|v_k(k|\eta| > 1)|} \underset{\eta \to 0_-}{\longrightarrow} 0. \qquad (7.13)$$

Ciononostante, anche in questo caso aumenta l'energia "pompata" dall'esterno e immagazzinata nelle perturbazioni che escono dall'orizzonte. Quello che cresce, in questo caso, è l'ampiezza del termine cinetico delle fluttuazioni scalari. Possiamo verificarlo considerando l'azione (6.76): la densità d'energia cinetica per il modo $k$ è controllata dal termine $z\mathscr{R}_k' = z(v_k/z)'$, che è costante dentro all'orizzonte, e che fuori dall'orizzonte cresce come $(-\eta)^{-\alpha} \sim a^{-1}$ (abbiamo usato l'Eq. (7.12)). Fuori dall'orizzonte questo contributo risulta dunque sempre dominante rispetto al contributo del termine potenziale controllato da $v_k = z\mathscr{R}_k$ (si veda anche l'Esercizio 7.2).

- Se $\alpha > 1$, infine, la metrica descrive ancora contrazione accelerata, e in questo caso il secondo termine della soluzione (7.12) è sempre dominante per $\eta \to 0_-$. In questo limite si trova che per i modi fuori dall'orizzonte cresce sia l'ampiezza delle fluttuazioni, $v_k \sim (-\eta)^{1-\alpha} \sim (-\eta)/a$, sia l'ampiezza del loro termine cinetico, $z(v_k/z)' \sim (-\eta)^{-\alpha} \sim a^{-1}$. Il contributo energetico delle fluttuazioni, al loro successivo rientro all'interno dell'orizzonte, può essere così intenso da rendere il modello gravitazionalmente instabile, ossia da portarlo in un regime in cui la cosiddetta *backreaction* delle perturbazioni non è più trascurabile. In tale regime il contributo dinamico delle perturbazioni alle equazioni di Einstein diventa dello stesso ordine (o maggiore) di quello delle altre sorgenti gravitazionali, ed è in grado di distruggere completamente l'omogeneità e l'isotropia della configurazione geometrica iniziale.

Nel resto di questo capitolo ci limiteremo a considerare modelli inflazionari che descrivono espansione accelerata, caratterizzati da una potenza $\alpha < 0$, e corrispondenti quindi al primo dei tre casi sopra-elencati.

### 7.1.1 Normalizzazione canonica delle fluttuazioni del vuoto

Senza restringerci a particolari settori dello spettro di Fourier possiamo risolvere l'equazione di evoluzione (7.5) in modo esatto per qualunque valore di $k$, ed esprimere la soluzione generale per $v_k$ in termini delle funzioni di Hankel come segue:

$$v_k(\eta) = \eta^{1/2}\left[A_k H_\nu^{(2)}(k\eta) + B_k H_\nu^{(1)}(k\eta)\right]. \tag{7.14}$$

Qui $H_\nu^{(1)}$ e $H_\nu^{(2)}$ sono funzioni di Hankel di prima e seconda specie[1], con argomento $k\eta$ e indice di Bessel

$$\nu = \frac{1}{2} - \alpha, \tag{7.15}$$

mentre i parametri $A_k, B_k$ sono costanti di integrazione (in generale complesse) da fissare con opportune condizioni iniziali.

Per scegliere le condizioni da imporre ricordiamo innanzitutto che vogliamo descrivere l'evoluzione delle fluttuazioni quantistiche, che producono inevitabili perturbazioni microscopiche del modello classico – omogeneo e isotropo – che stiamo considerando. Osserviamo inoltre che l'azione (6.79) per la fluttuazione scalare

---

[1] Si veda ad esempio M. Abramowitz, I.A. Stegun, *Handbook of Mathematical Functions* (Dover, New York, 1972).

$v$ può essere vista come l'azione canonica di un campo scalare libero con massa effettiva $m^2 = -z''/z$ (dipendente dal tempo) nello spazio piatto di Minkowski. Tale fluttuazione può essere dunque quantizzata in maniera canonica seguendo la procedura ordinaria, sviluppando $v$ in operatori di creazione e distruzione $a_k^\dagger$, $a_k$, e in modi normali $v_k$ a frequenza positiva e negativa rispetto al parametro temporale $\eta$. Imponendo le relazioni di commutazione canoniche tra $v$ e il suo momento coniugato $v'$ troviamo allora che i commutatori tra $a$ e $a^\dagger$ assumono la forma standard purché i modi $v_k$ soddisfino la condizione di normalizzazione canonica

$$v_k v_k'^* - v_k' v_k^* = i \tag{7.16}$$

(si veda ad esempio il testo [10] della bibliografia finale).

Consideriamo infine nell'Eq. (7.5) il regime asintotico iniziale $\eta \to -\infty$, in cui il potenziale effettivo $z''/z = \alpha(\alpha - 1)/\eta^2$ tende a zero, e i modi $v_k$ oscillano liberamente:

$$v_k'' + k^2 v_k = 0, \qquad \eta \to -\infty. \tag{7.17}$$

In questo limite possiamo identificare i modi a frequenza positiva con la condizione

$$v_k' = -ik v_k, \qquad k > 0, \tag{7.18}$$

e sfruttando la normalizzazione (7.16) troviamo per tali modi la soluzione esatta

$$v_k = \frac{e^{-ik\eta}}{\sqrt{2k}}, \qquad \eta \to -\infty \tag{7.19}$$

(modulo un'arbitraria fase costante, che non è rilevante nel contesto della nostra discussione). Possiamo facilmente verificare che questi modi rappresentano le fluttuazioni quantistiche del sistema considerato nello stato asintotico di vuoto, ossia nello stato fondamentale che minimizza il valor medio dell'Hamiltoniana associata all'azione (6.79) per la variabile canonica $v$, nel limite $\eta \to -\infty$ (si veda l'Esercizio 7.3). Tale stato asintotico viene anche chiamato "vuoto di Bunch-Davies".

Per discutere l'amplificazione delle fluttuazioni quantistiche del vuoto normalizziamo dunque la soluzione generale (7.14) imponendo la condizione iniziale (7.19). Sfruttando il limite di grandi argomenti delle funzioni di Hankel,

$$H_\nu^{(1)}(k\eta) \underset{k|\eta| \gg 1}{\longrightarrow} \sqrt{\frac{2}{\pi k\eta}} e^{ik\eta + i\varepsilon_\nu},$$

$$H_\nu^{(2)}(k\eta) \underset{k|\eta| \gg 1}{\longrightarrow} \sqrt{\frac{2}{\pi k\eta}} e^{-ik\eta - i\varepsilon_\nu} \tag{7.20}$$

($\varepsilon_v$ è un fattore di fase costante), troviamo che la soluzione si riduce alla forma (7.19) per $\eta \to -\infty$ purché imponiamo

$$A_k = \sqrt{\frac{\pi}{4}}, \qquad B_k = 0. \tag{7.21}$$

La soluzione cercata, che descrive le fluttuazioni quantistiche a qualunque tempo $\eta < 0$, assume dunque la forma

$$v_k(\eta) = \left(\frac{\pi\eta}{4}\right)^{1/2} H_v^{(2)}(k\eta) \tag{7.22}$$

(modulo un fattore di fase arbitrario).

Una volta normalizzata la componente di Fourier della variabile canonica possiamo determinare la corrispondente soluzione normalizzata per qualunque altra componente delle perturbazioni scalari, che sia esprimibile in funzione di $v$ tramite un'opportuna relazione. Per gli scopi di questo capitolo ci interessa in particolare la perturbazione di curvatura $\mathscr{R} = v/z$, collegata alle perturbazioni della metrica e del campo scalare dall'Eq. (6.53).

Per determinare la componente $\mathscr{R}_k$ in forma dimensionalmente corretta dobbiamo ricordare che la variabile $\mathscr{R}$ è adimensionale, mentre $v$ ha le dimensioni canoniche di un campo scalare, $[v] = M$ (in unità $\hbar = c = 1$). Anche il *pump-field* deve avere dunque dimensioni $[z] = M$, come del resto evidente dall'azione (6.76). Durante una fase inflazionaria, caratterizzata dalla condizione cinematica (7.4), possiamo allora parametrizzare il *pump-field* facendo riferimento alle convenienti unità di Planck, e ponendo

$$z(\eta) = \frac{M_P}{\sqrt{2}} \left(-\frac{\eta}{\eta_1}\right)^\alpha, \qquad \eta < 0, \tag{7.23}$$

dove $M_P$ è la massa di Planck, mentre $\eta_1$ è un'arbitraria scala temporale di riferimento (ad esempio, l'epoca di fine inflazione). Dalla definizione di $\mathscr{R}$, e dalla soluzione normalizzata (7.22), abbiamo allora

$$\begin{aligned} \mathscr{R}_k(\eta) = \frac{v_k}{z} &= \frac{1}{M_P} \left(\frac{\pi\eta_1}{2}\right)^{1/2} \left(-\frac{\eta}{\eta_1}\right)^{\frac{1}{2}-\alpha} H_v^{(2)} \\ &= \left(\frac{\pi\eta_1}{2M_P^2}\right)^{1/2} \left(-\frac{\eta}{\eta_1}\right)^v H_v^{(2)}, \end{aligned} \tag{7.24}$$

modulo una fase arbitraria (nella quale abbiamo assorbito anche i fattori $\sqrt{-1}$).

Nella prossima sezione calcoleremo la distribuzione spettrale delle perturbazioni di curvatura – e del corrispondente potenziale di Bardeen – associati alle fluttuazioni quantistiche del vuoto, e amplificate rispetto ai valori iniziali da una fase (sufficientemente lunga) di evoluzione inflazionaria.

## 7.2 Distribuzione spettrale fuori dall'orizzonte

Data una generica perturbazione scalare $\psi$, la sua distribuzione spettrale (il cosiddetto *power-spectrum*) per i vari modi $k$ si ottiene calcolando la trasformata di Fourier della funzione di correlazione a due punti (a tempi uguali),

$$\xi_\psi(\boldsymbol{r}) = \langle \psi(\boldsymbol{x},t), \psi(\boldsymbol{x}',t) \rangle, \qquad \boldsymbol{x}' = \boldsymbol{x} + \boldsymbol{r}, \qquad (7.25)$$

e valutando tale funzione per scale di distanze pari alla lunghezza d'onda comovente dei vari modi, ossia ponendo $r = |\boldsymbol{x} - \boldsymbol{x}'| = k^{-1}$.

Le parentesi che compaiono nell'equazione precedente rappresentano un valore di aspettazione se la fluttuazione $\psi$ è quantizzata, oppure un valore medio statistico (*ensemble average*), rappresentabile come media spaziale su di un appropriato volume $V$, se stiamo lavorando invece in un contesto classico. In quest'ultimo caso possiamo usare per $\psi$ lo sviluppo in integrale di Fourier dell'Eq. (7.1), ed abbiamo quindi:

$$
\begin{aligned}
\xi_\psi(\boldsymbol{r}) &\equiv \frac{1}{V} \int d^3x \, \psi(\boldsymbol{x}), \psi(\boldsymbol{x}+\boldsymbol{r}) \\
&= \int d^3x \int \frac{d^3k}{(2\pi)^3} \frac{d^3k'}{(2\pi)^3} \psi_k \psi'_k e^{i(\boldsymbol{k}+\boldsymbol{k}')\cdot\boldsymbol{x}+i\boldsymbol{k}'\cdot\boldsymbol{r}} \\
&= \int \frac{d^3k}{(2\pi)^3} |\psi_k|^2 e^{-i\boldsymbol{k}\cdot\boldsymbol{r}} = \int_0^\infty \frac{k^2 dk}{(2\pi)^3} \int_0^\pi 2\pi \sin\theta \, d\theta \, e^{-ikr\cos\theta} |\psi_k|^2 \quad (7.26) \\
&= \frac{1}{2\pi^2} \int_0^\infty \frac{dk}{k} \frac{\sin kr}{kr} k^3 |\psi_k|^2 \\
&= \int_0^\infty \frac{dk}{k} \frac{\sin kr}{kr} \Delta_\psi^2(k),
\end{aligned}
$$

dove

$$\Delta_\psi^2(k) = \frac{k^3}{2\pi^2} |\psi_k|^2. \qquad (7.27)$$

Per arrivare alla terza linea dell'Eq. (7.26) abbiamo usato la rappresentazione integrale della distribuzione $\delta^3(\boldsymbol{k}+\boldsymbol{k}')$ e la condizione di realtà $\psi_{-k} = \psi_k^*$. Nel passaggio alle coordinate polari abbiamo infine supposto che $|\psi_k|$ dipenda da $\boldsymbol{k}$ come funzione solo del modulo $k = |\boldsymbol{k}|$: questa ipotesi, detta "condizione di isotropia", è soddisfatta in particolare dalle fluttuazioni quantistiche del vuoto.

La quantità $\Delta_\psi^2(k)$ è il cosiddetto *spettro di potenza* della fluttuazione $\psi$ considerata; la sua radice quadrata $\sim k^{3/2}|\psi_k|$ controlla l'ampiezza relativa dei vari modi, e l'ampiezza (adimensionale) tipica delle fluttuazioni su scale di distanza $r \sim k^{-1}$. Per le applicazioni fenomenologiche di questo capitolo dovremo valutare, in particolare, lo spettro delle fluttuazioni quantistiche che escono dall'orizzonte durante la fase inflazionaria, e che vengono dunque amplificate rispetto alla loro ampiezza iniziale (si veda la Sez. 7.1).

Nel caso delle perturbazioni scalari ci concentreremo sulla perturbazione di curvatura $\mathscr{R}$, la cui componente di Fourier – opportunamente normalizzata – è espressa in modo esatto dall'Eq. (7.24), valida per tutti i valori permessi di $k$ e di $\eta$ (dentro e fuori dall'orizzonte). Per valutare lo spettro di $\mathscr{R}$ fuori dall'orizzonte, ossia per $k|\eta| \ll 1$, possiamo dunque usare il limite di piccoli argomenti della funzione di Hankel $H_\nu^{(2)}(k\eta)$, che fornisce[2]:

$$H_\nu^{(2)}(k\eta) \underset{k|\eta|\ll 1}{\longrightarrow} p_\nu^*(k\eta)^\nu - iq_\nu(k\eta)^{-\nu} + \dots. \qquad (7.28)$$

I coefficienti complessi $q$ e $p$ dipendono da $\nu$ e hanno modulo di ordine uno (si noti che, se $\nu = 0$, lo sviluppo precedente contiene un addizionale termine logaritmico).

Il modello geometrico che ci interessa considerare è caratterizzato da una metrica inflazionaria che descrive espansione accelerata: avremo quindi una potenza $\alpha < 0$ nell'Eq. (7.4), e un indice di Bessel $\nu > 0$ nell'Eq. (7.15). In questo caso lo sviluppo (7.28) risulta dominato dal secondo termine. Sostituendo tale sviluppo asintotico nella soluzione esatta (7.24), definendo $k_1 \equiv 1/\eta_1$, ed applicando la definizione (7.27), troviamo allora che lo spettro delle perturbazioni di curvatura, fuori dall'orizzonte, è dato da:

$$\begin{aligned} \Delta_{\mathscr{R}}^2(k) &= \frac{k^3}{2\pi^2}|\mathscr{R}_k|^2 = |q_\nu|^2 \frac{k^3\eta_1}{4\pi M_{\mathrm{P}}^2}(k\eta_1)^{-2\nu} \\ &= \frac{|q_\nu|^2}{4\pi}\left(\frac{k_1}{M_{\mathrm{P}}}\right)^2\left(\frac{k}{k_1}\right)^{3-2\nu}, \qquad k|\eta| \ll 1. \end{aligned} \qquad (7.29)$$

Possiamo ricordare, per completezza, che $q_\nu = i2^\nu \Gamma(\nu)/\pi$, dove $\Gamma(\nu)$ è la funzione Gamma di Eulero.

È importante sottolineare che questo spettro non dipende dal tempo, in accordo al fatto che $v_k \sim z$ fuori dall'orizzonte (si veda l'Eq. (7.8)), e quindi $\mathscr{R}_k = v_k/z \sim$ costante (si veda anche l'Esercizio 7.2). Lo spettro $\Delta_{\mathscr{R}}^2(k)$ rimane dunque invariato per tutti i modi che sono fuori dall'orizzonte (non solo durante la fase inflazionaria, ma anche durante le fasi successive), fino all'epoca del loro eventuale rientro.

Si noti anche che la dipendenza da $k$ dello spettro,

$$\Delta_{\mathscr{R}}^2(k) \sim \left(\frac{k}{k_1}\right)^{3-2\nu} \sim \left(\frac{k}{k_1}\right)^{2+2\alpha}, \qquad (7.30)$$

è unicamente determinata dalla potenza $\alpha$ che controlla il *pump-field* in tempo conforme, $z \sim a \sim (-\eta)^\alpha$, e quindi unicamente determinata dalla cinematica della fase inflazionaria. Nel caso limite di de Sitter, in particolare, si ha $\alpha = -1$ (si veda l'Eq. (4.40)), e lo spettro risulta *indipendente* da $k$, ossia tutti i modi vengono amplificati

---

[2] Si veda il testo citato nella Nota n. 1.

con la stessa ampiezza (lo spettro in questo caso si dice "piatto", o anche "spettro di Harrison-Zeldovich").

Notiamo infine che uno spettro costante fuori dall'orizzonte può essere convenientemente espresso in funzione dei parametri del modello cosmologico non perturbato, valutati all'epoca in cui ogni dato modo $k$ esce dall'orizzonte (ossia valutato all'epoca $|\eta| \simeq k^{-1}$). Nel limite asintotico (7.28), infatti, la componente di Fourier (7.24) si può scrivere (modulo una fase indipendente da $k$)

$$
\begin{aligned}
\mathscr{R}_k &= -i \frac{q_v}{M_{\mathrm{P}}} \left( \frac{\pi \eta_1}{2} \right)^{1/2} (k \eta_1)^{-\frac{1}{2}+\alpha} \\
&= -i q_v \left( \frac{\pi}{4k} \right)^{1/2} \left( \frac{1}{z} \right)_{\mathrm{hc}} .
\end{aligned}
\tag{7.31}
$$

Abbiamo usato la parametrizzazione del *pump-field* introdotta nell'Eq. (7.23), e abbiamo introdotto l'indice "hc" per indicare che la quantità tra parentesi va valutata all'epoca $|\eta| \simeq k^{-1}$ di "attraversamento" dell'orizzonte (*horizon crossing*). Il corrispondente spettro assume dunque la forma

$$
\begin{aligned}
\Delta_{\mathscr{R}}^2(k) &= \frac{k^3}{2\pi^2} |\mathscr{R}_k|^2 = \frac{|q_v|^2}{8\pi} \left( \frac{k}{z} \right)_{\mathrm{hc}}^2 = \frac{|q_v|^2}{8\pi} \left( \frac{1}{z\eta} \right)_{\mathrm{hc}}^2 \\
&= \frac{|q_v|^2}{8\pi\alpha^2} \left( \frac{H^2}{\dot{\phi}} \right)_{\mathrm{hc}}^2 ,
\end{aligned}
\tag{7.32}
$$

valida per $\dot{\phi} \neq 0$. Nell'ultimo passaggio abbiamo usato la definizione generale di $z$, Eq. (7.3), e la relazione $a\eta = H/\alpha$, valida per il fattore di scala (7.4).

Con lo spettro scritto in questo forma è facile verificare che l'ampiezza delle perturbazioni di curvatura tende a essere tanto più innalzata quanto più il campo scalare evolve lentamente nel tempo. Ecco perché i modelli di inflazione *slow-roll* risultano particolarmente efficienti nel processo di amplificazione delle perturbazioni scalari.

## 7.2.1 Perturbazioni di curvatura nei modelli "slow-roll"

Per determinare lo spettro delle perturbazioni di curvatura fuori dall'orizzonte, amplificate da una fase di inflazione *slow-roll*, possiamo applicare direttamente l'Eq. (7.29) o l'Eq. (7.32), inserendo per l'indice di Bessel $\nu$ il valore corrispondente al modello che stiamo considerando.

L'indice di Bessel che caratterizza la soluzione esatta (7.14) si determina a partire dall'equazione di evoluzione (7.2), e risulta fissato, in particolare, dalla forma esplicita del potenziale effettivo $z''/z$. Per una fase di inflazione *slow-roll*, d'altra parte, questo potenziale è già stato esplicitamente calcolato nell'Esercizio 5.3 (si veda l'Eq. 5.60)).

Sfruttando il risultato di tale esercizio possiamo allora scrivere l'Eq. (7.2), durante l'inflazione, nella forma

$$v_k'' + \left( k^2 - \frac{2 + 9\varepsilon - 3\eta}{\eta^2} \right) v_k = 0, \tag{7.33}$$

dove $\varepsilon$ e $\eta$ sono i parametri di *slow-roll* definiti da[3]

$$\varepsilon = -\frac{\dot{H}}{H^2} = \frac{1}{2\lambda_P^2} \left( \frac{V_\phi}{V} \right)^2, \qquad \eta = \frac{1}{\lambda_P^2} \left( \frac{V_{\phi\phi}}{V} \right) = \varepsilon - \frac{\ddot{\phi}}{H\dot{\phi}} \tag{7.34}$$

(si veda la Sez. 5.2 e l'Esercizio 5.1). Confrontando con la forma esplicita dell'equazione di Bessel di indice $\nu$,

$$v_k'' + \left( k^2 - \frac{\nu^2 - 1/4}{\eta^2} \right) v_k = 0, \tag{7.35}$$

otteniamo subito

$$\nu^2 = \frac{9}{4} + 9\varepsilon - 3\eta, \tag{7.36}$$

e quindi, nell'approssimazione $\varepsilon \ll 1$, $|\eta| \ll 1$,

$$\nu = \frac{3}{2} \left( 1 + 4\varepsilon - \frac{12}{9}\eta \right)^{1/2} \simeq \frac{3}{2} + 3\varepsilon - \eta. \tag{7.37}$$

Questo è il valore di $\nu$ che caratterizza la distribuzione spettrale per le perturbazioni di curvatura amplificate da una fase di inflazione *slow-roll*.

Per scrivere esplicitamente l'ampiezza spettrale (7.32) osserviamo innanzitutto che, per $\nu \simeq 3/2$, si ha $q_\nu \simeq i\sqrt{\pi/2}$ e $\alpha \simeq -1$. Nell'approssimazione di *slow-roll* possiamo inoltre applicare l'Eq. (5.22) e la definizione (5.23), per cui lo spettro (7.32) assume la forma

$$\Delta_{\mathcal{R}}^2(k) \simeq \frac{1}{4\pi^2} \left( \frac{H^2}{\dot{\phi}} \right)_{hc}^2 \simeq \frac{\lambda_P^4}{4\pi^2} \left( \frac{HV}{V_\phi} \right)_{hc}^2 \simeq \frac{\lambda_P^2}{8\pi^2} \left( \frac{H^2}{\varepsilon} \right)_{hc}, \tag{7.38}$$

o anche, sfruttando l'equazione di Einstein approssimata (5.18),

$$\Delta_{\mathcal{R}}^2(k) \simeq \frac{\lambda_P^4}{24\pi^2} \left( \frac{V}{\varepsilon} \right)_{hc}. \tag{7.39}$$

---

[3] Si faccia attenzione a non confondere il parametro di *slow-roll* (al numeratore dell'Eq. (7.33)) con il tempo conforme (al denominatore): purtroppo, seguendo le convenzioni usuali, sono entrambi indicati con lo stesso simbolo $\eta$.

La dipendenza da $k$ viene usualmente parametrizzata introducendo in questo contesto il cosiddetto "indice spettrale" $n_s$, definito da

$$n_s = 1 + \frac{d \ln \Delta^2(k)}{d \ln k} \equiv 1 + \frac{k}{\Delta^2(k)} \frac{d \Delta^2(k)}{dk}, \tag{7.40}$$

che controlla la pendenza dello spettro scalare considerato. Per un modello *slow-roll* abbiamo, dall'Eq. (7.29),

$$\Delta^2_{\mathscr{R}}(k) \sim \left( \frac{k}{k_1} \right)^{3-2\nu} = \left( \frac{k}{k_1} \right)^{-6\varepsilon+2\eta}, \tag{7.41}$$

e quindi

$$n_s = 1 - 6\varepsilon + 2\eta. \tag{7.42}$$

Lo spettro piatto di Harrison-Zeldovich corrisponde al caso limite $n_s = 1$, ed è ben approssimato dai modelli inflazionari che soddisfano alle condizioni $\varepsilon \ll 1, |\eta| \ll 1$. Va ricordato, a questo proposito, che gli attuali dati osservativi forniscono per $n_s$ il valore[4]

$$n_s = 0.96 \pm 0.01, \tag{7.43}$$

ottenuto dalle misure del satellite WMAP sull'anisotropia della radiazione cosmica (il valore riportato si riferisce alle analisi dati del 2009, ed è mediato su tutte le scale di frequenza).

È importante osservare, a questo punto, che i risultati (7.37), (7.42) sono stati ottenuti assumendo $\dot{\varepsilon} = 0$, $\dot{\eta} = 0$ (si veda l'Esercizio 5.3). Nei modelli *slow-roll* però $\varepsilon$ ed $\eta$ variano – se pur lentamente – nel tempo, e l'espressione (7.42) per l'indice spettrale va dunque riferita ai singoli modi (o alla banda di modi) di frequenza $k$, che escono dall'orizzonte ($k|\eta| \simeq 1$) all'epoca in cui i parametri di *slow-roll* sono caratterizzati dai particolari valori $\varepsilon_k, \eta_k$. Se la variazione di questi parametri è sufficientemente lenta l'Eq. (7.42) resta valida, ma va scritta nella forma

$$n_s(k) = 1 - 6\varepsilon_k + 2\eta_k, \tag{7.44}$$

dove l'indice $k$ sta a ricordare che di valori di $\varepsilon$ e $\eta$ si riferiscono al modo considerato. Se è noto il potenziale $V(\phi)$ del modello inflazionario, questo indice spettrale ai può allora esprimere in una forma che dipende esplicitamente dai dettagli del modello, e che è utile per un confronto diretto con i dati sperimentali.

Consideriamo infatti un tipico esempio di potenziale scalare caratterizzato da un andamento a potenza, $V(\phi) \sim \phi^\beta$, e supponiamo che le condizioni necessarie per l'esistenza di soluzioni inflazionarie di tipo *slow-roll* siano soddisfatte (si veda la Sez. 5.2.1). Usando le definizioni (7.34) di $\varepsilon$ e $\eta$ possiamo riscrivere l'Eq. (7.44)

---

[4] Una versione annualmente aggiornata dei principali dati osservativi è disponibile sul sito del *Particle Data Group* all'indirizzo http://pdg.lbl.gov/

come segue:

$$n_s(k) = 1 - \frac{6}{2\lambda_P^2}\left(\frac{V_\phi}{V}\right)_k^2 + \frac{2}{\lambda_P^2}\left(\frac{V_{\phi\phi}}{V}\right)_k = 1 - \frac{\beta^2 + 2\beta}{\lambda_P^2 \phi_k^2}. \tag{7.45}$$

Il valore $\phi_k$ dell'inflatone, d'altra parte, può essere eliminato da questa equazione in funzione del parametro di *e-folding* $N_k$, valutato tra l'epoca di uscita dall'orizzonte del modo $k$ e l'epoca di fine inflazione. Dall'Eq. (5.29) abbiamo infatti

$$N_k = \lambda_P^2 \int_{\phi_f}^{\phi_k} \frac{V}{V_\phi}\,d\phi = \frac{\lambda_P^2}{2\beta}\phi_k^2, \tag{7.46}$$

dove abbiamo supposto (come è lecito) che il valore di $\phi$ alla fine dell'inflazione sia inferiore a quello di tutte le epoche precedenti (e quindi, in particolare, che $\phi_k^2 \gg \phi_f^2$). Sostituendo nell'Eq. (7.45) arriviamo così al risultato

$$n_s(k) = 1 - \frac{2+\beta}{2N_k}, \tag{7.47}$$

dove il parametro $N_k$ controlla la "quantità di amplificazione" geometrica (e quindi, indirettamente, la distanza temporale) tra l'epoca $\eta = -1/k$ e l'epoca $\eta_f$ di fine inflazione.

È interessante osservare che il valore di $N_k$ soddisfa in generale la condizione $N_k \gg 1$, ma non può essere arbitrariamente elevato se vogliamo che il modo $k$ sia rientrato all'interno dell'orizzonte (e dunque contribuisca agli effetti osservati) nell'epoca attuale, come vedremo nelle sezioni seguenti. Ne consegue che la classe di modelli considerati predice, per $\beta > 0$, un indice spettrale delle perturbazioni scalari che è *vicino a uno* ma in generale *inferiore a uno* (si veda l'Eq. (7.47)), in buon accordo con le attuali osservazioni (si veda l'Eq. (7.43)).

### 7.2.2 Spettro primordiale del potenziale di Bardeen

L'ampiezza dei modi che escono dall'orizzonte durante una fase di inflazione *slow-roll* rimane "congelata" (ossia costante) non solo per le perturbazioni di curvatura $\mathcal{R}_k$, ma anche per la variabile gauge-invariante $\Psi_k$ che abbiamo chiamato potenziale di Bardeen, e che gioca un ruolo di primo piano nel calcolo dell'anisotropia della radiazione cosmica.

È facile verificare questa proprietà del potenziale di Bardeen riscrivendo l'Eq. (6.73) per $\Psi_k$ nella forma "pseudo-canonica" seguente

$$V_k'' + \left(k^2 - \frac{Z''}{Z}\right)V_k = 0, \tag{7.48}$$

dove

$$V_k = \xi \Psi_k, \qquad \xi = \frac{a}{\phi'}, \qquad Z = \frac{\mathcal{H}}{a\phi'}. \tag{7.49}$$

Per i modi fuori dall'orizzonte $(k|\eta| \ll 1)$ vale l'approssimazione $k^2 \ll Z''/Z$, e la soluzione per $V_k$ può essere sviluppata come nell'Eq. (7.11). Perciò:

$$\Psi_k = \frac{V_k}{\xi} = \frac{Z}{\xi}\left[A_k + B_k \int_{\eta_{ex}}^{\eta} \frac{d\eta'}{Z^2(\eta')} + \dots\right], \qquad k|\eta| \ll 1, \qquad (7.50)$$

dove $A_k$ e $B_k$ sono costanti di integrazione. D'altra parte, durante una fase di inflazione *slow-roll* con $a \sim (-\eta)^{-1-\varepsilon}$ e $\mathcal{H}/\phi' = $ cost, si ottiene anche:

$$\frac{Z}{\xi} = \frac{\mathcal{H}}{a^2} \sim (-\eta)^{-1+2(1+\varepsilon)}, \qquad \int^{\eta} \frac{d\eta}{Z^2} \sim (-\eta)^{1-2(1+\varepsilon)}. \qquad (7.51)$$

Poiché $\varepsilon \ll 1$, il primo termine dello sviluppo (7.50) tende a zero per $\eta \to 0_-$, mentre il secondo termine fornisce un contributo costante. Per $\eta > \eta_{ex} \simeq k^{-1}$ l'ampiezza del modo $\Psi_k$ tende dunque a restare congelata al valore costante $\Psi_k(\eta_{ex})$.

Inoltre, nel caso delle fluttuazioni quantistiche del vuoto, il valore di $\Psi_k(\eta_{ex})$ può essere determinato facendo riferimento alla soluzione già nota (e normalizzata) per $\mathcal{R}_k$, e sfruttando la relazione

$$\mathcal{R}'_k = -\frac{2\mathcal{H}}{\lambda_P^2 \phi'^2} k^2 \Psi_k, \qquad (7.52)$$

che segue dall'Eq. (6.88). In un tipico modello *slow-roll* (si veda ad esempio la soluzione esatta (5.31), (5.32)), si ha $\lambda_P^2 \phi'^2 \sim 1/\eta^2$, $\mathcal{H} \sim 1/\eta$, $\mathcal{R}'_k \sim \mathcal{R}_k/\eta$, e quindi all'uscita dell'orizzonte si trova $|\Psi_k(\eta_{ex})| \sim |\mathcal{R}_k(\eta_{ex})|$. Fori dall'orizzonte le ampiezze dei modi $\Psi_k$ e $\mathcal{R}_k$ restano costanti, per cui la distribuzione spettrale di $\Psi_k$ risulta direttamente proporzionale a quella dell'Eq. (7.38) per $\mathcal{R}_k$,

$$\Delta_{\Psi}^2(k) = \frac{k^3}{2\pi^2}|\Psi_k|^2 \sim \Delta_{\mathcal{R}}^2(k), \qquad (7.53)$$

con un coefficiente di proporzionalità che può essere calcolato esattamente per ogni modello inflazionario dato.

Al di là dello specifico valore numerico di tale coefficiente, quello che ci interessa sottolineare, per gli scopi di questo capitolo, è che lo spettro del potenziale di Bardeen amplificato da una fase di inflazione *slow-roll* risulta dunque pressoché piatto, con un indice spettrale che è identico a quello delle perturbazioni di curvatura, e che è dato dall'Eq. (7.44).

L'altra proprietà rilevante che abbiamo visto caratterizzare il potenziale di Bardeen è che lo spettro primordiale (7.53), finché resta fuori dall'orizzonte, si trasferisce pressoché invariato dalla fase inflazionaria alla successiva fase cosmologica standard. I modi che rientrano dentro all'orizzonte durante la fase materiale sono dunque caratterizzati da un'ampiezza $\Psi_{k0}$ che è inizialmente costante, che è esplicitamente calcolabile per ogni modello inflazionario dato, e che fornisce le appropriate condizioni iniziali per le perturbazioni geometriche responsabili dell'anisotropia CMB:

$$|\Psi_k|_{inf} \simeq |\Psi_k|_{mat} \equiv \Psi_{k0} = \text{cost}, \qquad \Psi'_k \simeq 0, \qquad k|\eta| \lesssim 1. \qquad (7.54)$$

Tali condizioni sono anche dette "condizioni iniziali adiabatiche". La relazione precisa tra l'ampiezza $|\Psi_k|$ della fase inflazionaria e l'ampiezza "trasferita" alla fase materiale può essere calcolata risolvendo l'equazione per il potenziale di Bardeen nella fase cosmologica standard, e imponendo la continuità con la soluzione della fase inflazionaria (per un calcolo dettagliato si veda ad esempio il testo [10] della bibliografia finale).

Osserviamo infine che i modi usciti dall'orizzonte durante l'inflazione sono necessariamente destinati a rientrare nell'orizzonte durante la successiva fase standard, a causa del diverso andamento relativo del fattore di scala e del parametro di Hubble $H$ (si veda la Fig. 7.1).

Consideriamo infatti un generico modo di Fourier $k$, e ricordiamo che la sua lunghezza d'onda propria $\lambda(\eta)$ cresce proporzionalmente al fattore di scala, poiché $\lambda(\eta) = 2\pi/\omega = 2\pi a(\eta)/k$. Durante l'inflazione *slow-roll*, che approssima la soluzione di de Sitter, $H$ rimane invece costante (o varia molto poco), e i modi che inizialmente sono dentro l'orizzonte ($\lambda < H^{-1}$) tendono quindi ad uscirne col crescere di $\lambda$, attraversando l'orizzonte all'epoca caratterizzata da $\lambda = H^{-1}$ (ovvero da $k = 2\pi aH$, come illustrato nella Fig. 7.1). Fuori dall'orizzonte $\lambda$ continua a crescere nel tempo come il fattore di scala, in modo accelerato durante l'inflazione, e in mo-

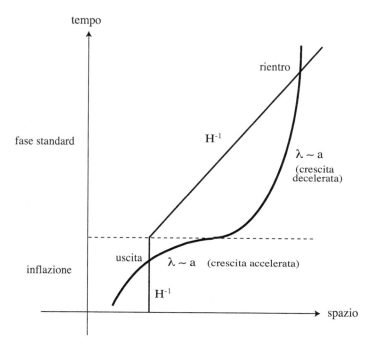

**Fig. 7.1** Diagramma spazio-temporale che illustra qualitativamente l'andamento del raggio dell'orizzonte $H^{-1}$ e della lunghezza d'onda propria $\lambda = 2\pi a/k$, associata a un generico modo di Fourier $k$. I modi tendono a uscire dall'orizzonte durante l'inflazione, e a rientrare durante la fase standard

do decelerato durante la fase standard. Durante la fase standard, però, anche $H^{-1}$ si mette a crescere, e il suo andamento ($H^{-1} \sim t$) è più veloce di quello della lunghezza d'onda ($\lambda \sim a$), come illustrato ancora nella Fig. 7.1. Si arriva così inevitabilmente all'epoca del rientro, caratterizzata nuovamente dalla condizione $\lambda = H^{-1}$.

## 7.3 L'effetto Sachs-Wolfe

La radiazione cosmica di fondo (CMB) che oggi osserviamo è costituita da fotoni (ovvero onde elettromagnetiche) che si propagano liberamente nello spazio cosmico da quando l'universo è diventato trasparente alla radiazione. Ciò è avvenuto a un'epoca detta di "disaccoppiamento" (o di *last scattering*), corrispondente a un valore di redshift[5] $z_{dec} \simeq 1090$, e risalente quindi a una temperatura della radiazione

$$T_{dec} = T_0 \frac{a_0}{a_{dec}} = T_0(1 + z_{dec}) \simeq 2973 \, \text{K} \qquad (7.55)$$

(abbiamo usato per $T_0$ l'Eq. (3.61)). Si noti che $T_{dec} < T_{eq}$, e quindi il disaccoppiamento è successivo all'epoca di equilibrio materia-radiazione (si veda l'Eq. (3.63) per $T_{eq}$).

All'epoca del disaccoppiamento, d'altra parte, la geometria non era perfettamente omogenea e isotropa a causa delle perturbazioni amplificate dall'inflazione, e rientrate dentro all'orizzonte a quell'epoca (o in epoche precedenti). Tali perturbazioni si ripercuotono sul redshift prodotto dalla geometria, e i fotoni CMB che ci raggiungono oggi sono dunque caratterizzati da redshift leggermente diversi – e quindi temperature leggermente diverse – a seconda della loro direzione di provenienza. L'effetto Sachs-Wolfe[6] ci permette di collegare direttamente queste fluttuazioni termiche alle fluttuazioni geometriche dell'epoca del disaccoppiamento, $\Psi_k(\eta_{dec})$ – e quindi, indirettamente, anche allo spettro di perturbazioni primordiali amplificate dall'inflazione.

Per determinare le fluttuazioni della temperatura che oggi osserviamo, al tempo $\eta_0$, in posizione $x_0$ – e in particolare le sue deviazioni percentuali $\Delta T/T$ rispetto al valore imperturbato $T_0$ – perturbiamo al primo ordine la relazione

$$T_0 = T_{dec}(1 + z_{dec})^{-1} \qquad (7.56)$$

prendendone il differenziale logaritmico, e ponendo:

$$\begin{aligned}
\frac{\Delta T}{T} &\equiv \frac{T(x_0, \eta_0) - T_0}{T_0} \equiv \delta \left[ \ln T_{dec}(1 + z_{dec})^{-1} \right] \\
&= \left( \frac{\delta T}{T} \right)_{dec} - \frac{\delta(1 + z_{dec})}{1 + z_{dec}}.
\end{aligned} \qquad (7.57)$$

Abbiamo dunque, in generale, due possibili contributi a $\Delta T/T$.

---

[5] Si veda la Nota n. 4.

[6] R.K. Sachs, M. Wolfe, *Ap. J.* **147**, 73 (1967).

Il primo contributo proporzionale a $\delta T_{\rm dec}$ corrisponde alle fluttuazioni intrinseche della temperatura già presenti al momento in cui la radiazione veniva emessa, e dovute alle perturbazioni cosmologiche valutate all'epoca del disaccoppiamento. Tale contributo si può esprimere in funzione della densità d'energia della radiazione $\rho_r$, sfruttando la condizione di equilibrio termico ($\rho_r \sim T^4$), e ponendo dunque

$$\left(\frac{\delta T}{T}\right)_{\rm dec} = \frac{1}{4}\left(\frac{\delta \rho_r}{\rho_r}\right)_{\rm dec}. \tag{7.58}$$

Il secondo contributo, proporzionale a $\delta z_{\rm dec}$, corrisponde invece al diverso redshift subìto dalla radiazione proveniente da direzioni diverse, e dovuto al fatto che i fotoni si propagano lungo le geodetiche nulle di una geometria perturbata (che in generale non è nè omogenea nè isotropa).

Per calcolare questo secondo contributo ricordiamo che il redshift, in generale, si ottiene proiettando scalarmente il quadri-impulso del fotone $p^\mu$ sulla quadrivelocità $u^\mu$ di un osservatore geodetico di riferimento, come discusso in dettaglio nella Sez. 2.3.1. Nel nostro caso abbiamo

$$1 + z_{\rm dec} = \frac{\left(p_\mu u^\mu\right)_{\rm dec}}{\left(p_\nu u^\nu\right)_0}, \tag{7.59}$$

e quindi, perturbando linearmente,

$$\frac{\delta(1+z_{\rm dec})}{1+z_{\rm dec}} = \frac{\delta\left(p_\mu u^\mu\right)_{\rm dec}}{\left(p_\nu u^\nu\right)_{\rm dec}} - \frac{\delta\left(p_\mu u^\mu\right)_0}{\left(p_\nu u^\nu\right)_0} \equiv \frac{\delta\left(g_{\mu\nu}p^\mu u^\nu\right)}{\left(g_{\mu\nu}p_\mu u^\nu\right)}\bigg|_0^{\rm dec}. \tag{7.60}$$

Supponiamo che la geometria non perturbata sia spazialmente piatta, e parametrizziamo la metrica in tempo conforme. Prendiamo inoltre per $u^\mu$ la quadrivelocità di un osservatore geodetico statico, e imponiamo che $p^\mu$ soddisfi alla condizione di trasporto parallelo lungo una geodetica nulla. Per $g_{\mu\nu}$, $p_\mu$, $u_\mu$ abbiamo quindi i seguenti valori non perturbati:

$$g_{\mu\nu} = a^2 \eta_{\mu\nu}, \qquad p^\mu = \frac{\overline{\varepsilon}}{a^2}\hat{n}^\mu, \qquad u^\mu = \frac{1}{a}\hat{u}^\mu, \tag{7.61}$$

dove $\eta_{\mu\nu}$ è la metrica di Minkowski, $\overline{\varepsilon}$ è una costante di integrazione associata alla frequenza propria del fotone (si veda la Sez. 2.3.1), e

$$\hat{n}^\mu = (1,\hat{n}), \qquad \hat{u}^\mu = (1,\mathbf{0}), \tag{7.62}$$

sono i versori associati alle traiettorie spazio-temporali del fotone ($g_{\mu\nu}p^\mu p^\nu = 0$) e dell'osservatore geodetico ($g_{\mu\nu}u^\mu u^\nu = 1$).

Poiché le geodetiche nulle della metrica perturbata $g_{\mu\nu} + \delta g_{\mu\nu}$ sono anche geodetiche nulle della metrica $\eta_{\mu\nu} + h_{\mu\nu}$ collegata a $g_{\mu\nu} + \delta g_{\mu\nu}$ da una trasformazione conforme, possiamo parametrizzare le perturbazioni delle variabili (7.61) ponendo

$$\delta g_{\mu\nu} = a^2 h_{\mu\nu}, \qquad \delta p^\mu = \frac{\overline{\varepsilon}}{a^2}\delta\hat{n}^\mu, \qquad \delta u^\mu = \frac{1}{a}\delta\hat{u}^\mu. \tag{7.63}$$

Ne consegue che

$$\frac{\delta\left(g_{\mu\nu}p^{\mu}u^{\nu}\right)}{\left(g_{\mu\nu}p_{\mu}u^{\nu}\right)} = \delta(\eta_{\mu\nu}\hat{n}^{\mu}\hat{u}^{\mu}), \qquad (7.64)$$

e quindi che

$$\frac{\delta(1+z_{\text{dec}})}{1+z_{\text{dec}}} = \delta(\eta_{\mu\nu}\hat{n}^{\mu}\hat{u}^{\mu})\Big|_{0}^{\text{dec}} \qquad (7.65)$$

(si veda l'Eq. (7.60)).

Per il calcolo esplicito di questa perturbazione ci limiteremo a considerare fluttuazioni geometriche di tipo scalare e tensoriale, utilizzando per quelle scalari il gauge longitudinale, e sfruttando il formalismo e i risultati presentati nel Cap. 6. Porremo cioè

$$h_{00} = 2\Phi, \qquad h_{ij} = 2\Psi\delta_{ij} + h_{ij}, \qquad (7.66)$$

dove le componenti del tensore $h_{ij}$ soddisfano alle condizioni (6.14), mentre $\Phi$ e $\Psi$ sono i potenziali di Bardeen (Eq. (6.51)), scritti nel gauge longitudinale. Otteniamo dunque

$$\delta(\eta_{\mu\nu}\hat{n}^{\mu}\hat{u}^{\mu}) = h_{00} + \delta\hat{n}^{0} + \delta\hat{u}^{0} - \delta_{ij}\hat{n}^{i}\delta\hat{u}^{j}, \qquad (7.67)$$

da valutare tra gli estremi $\eta_{0}$ e $\eta_{\text{dec}}$, in accordo all'Eq. (7.65).

Per le perturbazioni $\delta\hat{u}^{i}$ possiamo introdurre il potenziale di velocità gauge-invariante (si vedano le equazioni (6.29), (6.52)), e porre:

$$-\delta_{ij}n^{i}\delta\hat{u}^{j} = -\hat{n}^{i}\partial_{i}W = -\hat{n}\cdot\mathbf{\nabla}W. \qquad (7.68)$$

Per $\delta\hat{u}^{0}$ sfruttiamo la normalizzazione della quadrivelocità, $\eta_{\mu\nu}\hat{u}^{\mu}\hat{u}^{\nu} = 1$, che perturbata fornisce $h_{00} + 2\delta\hat{u}^{0} = 0$, e quindi implica:

$$\delta\hat{u}^{0} = -\frac{h_{00}}{2} = -\Phi \qquad (7.69)$$

(in accordo all'Eq. (6.26)). Per ottenere $\delta\hat{n}^{0}$ perturbiamo infine al primo ordine la geodetica del fotone, che nella geometria imperturbata dello spazio conforme di Minkowski (con connessione $\Gamma = 0$) è rappresentata dalla retta con equazione $\delta\hat{n}^{\mu}/d\tau = 0$, dove $\tau$ è un'appropriata variabile scalare che parametrizza la traiettoria. Nella geometria perturbata avremo dunque:

$$\frac{d\delta\hat{n}^{\mu}}{d\tau} = -\delta\Gamma_{\alpha\beta}{}^{\mu}\hat{n}^{\alpha}\hat{n}^{\beta}$$

$$= -\eta^{\mu\nu}\left(\partial_{\alpha}h_{\beta\nu}\right)\hat{n}^{\alpha}\hat{n}^{\beta} + \frac{1}{2}\left(\partial^{\mu}h_{\alpha\beta}\right)\hat{n}^{\alpha}\hat{n}^{\beta} \qquad (7.70)$$

$$= -\frac{d}{d\tau}\left(\eta^{\mu\nu}h_{\beta\nu}\hat{n}^{\beta}\right) + \frac{1}{2}\left(\partial^{\mu}h_{\alpha\beta}\right)\hat{n}^{\alpha}\hat{n}^{\beta}.$$

Prendendo la componente $\mu = 0$, ed integrando, arriviamo così al risultato

$$
\begin{aligned}
\delta \hat{n}^0 &= -h_{00} + \frac{1}{2} \int d\tau \, h'_{\alpha\beta} \hat{n}^\alpha \hat{n}^\beta \\
&= -2\Phi + \int d\tau \left( \Phi' + \Psi' + \frac{1}{2} h'_{ij} \hat{n}^i \hat{n}^j \right),
\end{aligned}
\tag{7.71}
$$

dove il primo indica – come di consueto – la derivata rispetto al tempo conforme $x^0 = \eta$.

Siamo ora in grado di esprimere il risultato finale per le fluttuazioni termiche (7.57) prodotte dalla geometria perturbata. Sommando i vari contributi (7.58), (7.67)–(7.71), e sostituendoli nella definizione (7.57), otteniamo

$$
\begin{aligned}
\frac{\Delta T}{T}(\hat{n}, \boldsymbol{x}_0, \eta_0) = {}& \frac{1}{4}\left( \frac{\mathscr{E}_r}{\rho_r} \right)_{\text{dec}} + \left( \Phi + \hat{n} \cdot \boldsymbol{\nabla} W \right)\Big|_0^{\text{dec}} \\
& - \int_{\eta_0}^{\eta_{\text{dec}}} d\tau \left( \Phi' + \Psi' + \frac{1}{2} h'_{ij} \hat{n}^i \hat{n}^j \right),
\end{aligned}
\tag{7.72}
$$

dove $\mathscr{E}_r$ rappresenta la perturbazione di densità espressa in forma gauge-invariante e scritta nel gauge longitudinale (si veda l'Eq. (6.52)).

È opportuno notare, a questo punto, che il termine $\Phi_0 \equiv \Phi(\eta_0, \boldsymbol{x}_0)$ dell'equazione precedente fornisce a $\Delta T/T$ un contributo costante di tipo "monopolare" (lo stesso per tutte le direzioni), che possiamo omettere dalla nostra analisi se siamo interessati a studiare la dipendenza direzionale delle fluttuazioni termiche. Allo stesso modo possiamo omettere il termine "dipolare" $\hat{n} \cdot \boldsymbol{\nabla} W(\eta_\text{l}, \boldsymbol{x}_0)$, che rappresenta la perturbazione associata alla velocità locale dell'osservatore rispetto al sistema di riferimento a riposo con la radiazione CMB: tale velocità è nota con buona precisione, e può essere facilmente sottratta dall'analisi spettrale delle fluttuazioni termiche (che discuteremo nella Sez. 7.4).

Restano dunque i seguenti contributi,

$$
\begin{aligned}
\frac{\Delta T}{T}(\hat{n}, \boldsymbol{x}_0, \eta_0) = {}& \left( \frac{1}{4} \frac{\mathscr{E}_r}{\rho_r} + \Phi + \hat{n} \cdot \boldsymbol{\nabla} W \right) (\boldsymbol{x}_{\text{dec}}, \eta_{\text{dec}}) \\
& + \int_{\eta_{\text{dec}}}^{\eta_0} d\eta \left( \Phi' + \Psi' \right) (\eta, \boldsymbol{x}(\eta)) \\
& + \frac{1}{2} \int_{\eta_{\text{dec}}}^{\eta_0} d\eta \, h'_{ij} \hat{n}^i \hat{n}^j (\eta, \boldsymbol{x}(\eta)),
\end{aligned}
\tag{7.73}
$$

dove $\boldsymbol{x}_{\text{dec}} \equiv \boldsymbol{x}(\eta_{\text{dec}})$, e dove i due integrali sono da effettuare lungo la traiettoria geodetica *non perturbata* del fotone, che è stata parametrizzata in tempo conforme come:

$$
\boldsymbol{x}(\eta) = \boldsymbol{x}_0 + (\eta_0 - \eta)\hat{n}.
\tag{7.74}
$$

Si noti che il primo indica la derivata *parziale* rispetto a $\eta$, da effettuare a $\boldsymbol{x}$ costante, e da valutare lungo la traiettoria $\boldsymbol{x}(\eta)$.

Osserviamo infine che i primi due contributi a $\Delta T/T$, nella prima linea dell'Eq. (7.73), dipendono dalle fluttuazioni geometriche $\Phi$ e dalle fluttuazioni dei densità $\mathscr{E}_r/\rho_r$ esistenti all'epoca del disaccoppiamento, e rappresentano quello che viene usualmente chiamato *effetto Sachs-Wolfe ordinario*. Il terzo contributo $\hat{n} \cdot \nabla W$ dipende invece dall'eventuale moto relativo residuo tra sorgente e osservatore (rimasto dopo la sottrazione del moto macroscopico dell'osservatore rispetto al fondo cosmico), e rappresenta un reale "effetto Doppler" indotto dalle perturbazioni geometriche. Infine, i due contributi integrali dipendono dall'eventuale variazione temporale delle disomogeneità geometriche lungo le traiettorie dei fotoni, e rappresentano il cosiddetto *effetto Sachs-Wolfe integrato*, per le perturbazioni scalari (seconda linea) e per quelle tensoriali (terza linea).

### 7.3.1 Condizioni iniziali adiabatiche

Nei modelli cosmologici di tipo tradizionale i due contributi che compongono l'effetto di Sachs-Wolfe ordinario sono strettamente collegati tra loro, e la relazione che li collega rispecchia le condizioni iniziali dello spettro di perturbazioni primordiali generate dall'inflazione. Tali contributi diventano particolarmente importanti, per perturbazioni su grande scala, nel caso di condizioni iniziali "adiabatiche".

Consideriamo infatti le equazioni (6.71), (6.72) che governano l'evoluzione delle perturbazioni gauge-invarianti $\mathscr{E}$ e $W$ durante una generica fase cosmologica, per un generico fluido con densità d'energia $\rho$ e pressione $p$. Prendiamo la componente di Fourier delle perturbazioni ($\mathscr{E}_k, W_k, \Phi_k, \Psi_k$), poniamo $\delta_k = \mathscr{E}_k/\rho$, e supponiamo che il fluido sia barotropico con perturbazioni adiabatiche, ovvero che sia caratterizzato da $p/\rho = \delta p/\delta \rho = \Pi/\mathscr{E} = \gamma = $ costante. Sfruttando l'equazione di conservazione (6.9) possiamo allora riscrivere l'Eq. (6.71) come segue,

$$\delta_k' + (1+\gamma)k^2 W_k - 3(1+\gamma)\Psi_k' = 0, \tag{7.75}$$

mentre l'Eq. (6.72) assume la forma:

$$W_k' + (1-3\gamma)\mathscr{H} W_k - \Phi_k - \frac{\gamma}{1+\gamma}\delta_k = 0. \tag{7.76}$$

Poiché ci interessa l'andamento delle perturbazioni dall'epoca del disaccoppiamento ad oggi, possiamo restringere la nostra discussione alla fase materiale, e porre dunque $\mathscr{H} = a'/a = 2/\eta$ (in quanto $a \sim \eta^2$).

Siamo inoltre interessati alle cosiddette perturbazioni "di grande scala", ossia ai modi di Fourier $k$ che sono ancora fuori dall'orizzonte all'epoca del disaccoppiamento: $k \lesssim k_{\text{dec}} \simeq \eta_{\text{dec}}^{-1}$. Per questi modi possiamo assumere che siano valide le condizioni adiabatiche (7.54), e possiamo porre, in particolare, $\Psi_k' = 0$. Sfruttiamo infine il vincolo $\Phi = \Psi$ che identifica i due potenziali di Bardeen in assenza di perturbazioni non-diagonali ($\delta T_{ij} = 0$ per $i \neq j$, si veda la Sez. 6.4). Il nostro sistema di equazioni accoppiate si riduce quindi alla forma seguente:

$$\delta_k' + (1 + \gamma)k^2 W_k = 0, \qquad (7.77)$$

$$W_k' + \frac{2}{\eta}(1 - 3\gamma)W_k - \Psi_{k0} - \frac{\gamma}{1+\gamma}\delta_k = 0, \qquad (7.78)$$

dove $\Psi_{k0}$ è l'ampiezza spettrale costante dell'Eq. (7.54).

Vogliamo risolvere questo sistema per determinare le perturbazioni del fluido di radiazione, $\delta_{rk} = \mathcal{E}_{rk}/\rho_r$. Ponendo $\gamma = 1/3$ otteniamo

$$\delta_{rk}' = -\frac{4}{3}k^2 W_{rk}, \qquad W_{rk}' = \Psi_{k0} + \frac{1}{4}\delta_{rk}, \qquad (7.79)$$

e differenziando rispetto a $\eta$ arriviamo alle seguenti equazioni disaccoppiate:

$$\delta_{rk}'' + \frac{k^2}{3}\delta_{rk} = -\frac{4}{3}k^2 \Psi_{k0}, \qquad W_{rk}'' + \frac{k^2}{3}W_{rk} = 0. \qquad (7.80)$$

La loro soluzione generale si può scrivere nella forma

$$\delta_{rk} = -4\Psi_{k0} + c_1 \cos\frac{k\eta}{\sqrt{3}} + c_2 \sin\frac{k\eta}{\sqrt{3}},$$

$$W_{rk} = \frac{\sqrt{3}}{4k}\left(c_1 \sin\frac{k\eta}{\sqrt{3}} - c_2 \cos\frac{k\eta}{\sqrt{3}}\right), \qquad (7.81)$$

dove la relazione tra le costanti di integrazione è stata fissata imponendo le condizioni (7.79).

Per determinare $c_1$ e $c_2$ possiamo ricorrere ancora all'ipotesi di adiabaticità, e sfruttare la relazione tra $\delta_{rk}$ e le perturbazioni di densità del fluido materiale, $\delta_{mk} = \mathcal{E}_{mk}/\rho_m$. L'evoluzione di quest'ultimo parametro si determina ponendo $\gamma = 0$ nelle equazioni (7.77), (7.78), oppure, più semplicemente, utilizzando il vincolo Hamiltoniano (6.68), che durante la fase dominata dalla materia assume la forma seguente:

$$-\left(k^2 + \frac{12}{\eta^2}\right)\Psi_{k0} = \frac{\lambda_P^2}{2}a^2 \rho_m \delta_{mk}. \qquad (7.82)$$

Eliminando $\rho_m$ mediante l'equazione non perturbata (6.6) si ottiene infatti immediatamente

$$\delta_{mk} = -2\Psi_{k0} - \frac{1}{6}k^2\eta^2\Psi_{k0} \simeq -2\Psi_{k0} \qquad (7.83)$$

(la seconda uguaglianza è dovuta al fatto che i modi che stiamo considerando sono fuori dall'orizzonte, e quindi $k\eta \ll 1$).

È necessario ricordare, a questo punto, che per un fluido perfetto contenente una miscela di particelle non relativistiche (con densità $\rho_m$), e radiazione in equilibrio termico a temperatura $T$ (con densità $\rho_r$), si può definire una densità di entropia $\sigma$ per unità di massa non relativistica che è proporzionale a $T^3/\rho_m \sim \rho_r^{3/4}/\rho_m$. La variazione percentuale di entropia del fluido è quindi collegata a $\delta\rho_r$ e a $\delta\rho_m$ dalla relazione

$$\frac{\delta\sigma}{\sigma} = \frac{3}{4}\frac{\delta\rho_r}{\rho_r} - \frac{\delta\rho_m}{\rho_m}. \tag{7.84}$$

Nell'ipotesi di evoluzione adiabatica ($\delta\sigma = 0$) abbiamo la condizione $\delta_r = (4/3)\delta_m$, che ci permette di fissare le costanti $c_1$ e $c_2$ dell'Eq. (7.81) sfruttando il risultato (7.83). Nel limite $k\eta \ll 1$, in particolare, troviamo la condizione

$$-4\Psi_{k0} + c_1 + c_2\frac{k\eta}{\sqrt{3}} = -\frac{8}{3}\Psi_{k0}, \tag{7.85}$$

da cui

$$c_2 = 0, \qquad c_1 = \frac{4}{3}\Psi_{k0}, \tag{7.86}$$

e quindi:

$$\frac{1}{4}\delta_{rk} \equiv \frac{1}{4}\left(\frac{\mathscr{E}_{rk}}{\rho_r}\right)_k = -\Psi_{k0} + \frac{1}{3}\Psi_{k0}\cos\frac{k\eta}{\sqrt{3}}. \tag{7.87}$$

Questa è la relazione che collega – fuori dall'orizzonte e durante la fase dominata dalla materia – le componenti Fourier del potenziale di Bardeen alle componenti di Fourier delle perturbazioni di densità della radiazione.

Possiamo ora sostituire questo risultato nell'espressione generale (7.73) che raccoglie tutti i possibili contributi alle fluttuazioni termiche della radiazione CMB.

Prendiamo la componente di Fourier $(\Delta T/T)_k$ dell'Eq. (7.73), e usiamo le condizioni iniziali adiabatiche $\Phi_k = \Psi_k = \Psi_{k0}$, $\Psi_k' = 0$: ne consegue, in particolare, che la parte scalare dell'effetto Sachs-Wolfe integrato risulta nullo. Consideriamo inoltre il limite di grandi scale ($k\eta \ll 1$), in cui possiamo trascurare il contributo delle perturbazioni di velocità $\sim kW_k$ perché risulta soppresso rispetto al contributo del potenziale di Bardeen dal fattore $kW_k \sim (k\eta)\Psi_{k0}$ (si veda la soluzione (7.81), (7.86)). Sfruttiamo infine la relazione (7.74) tra $x_{\mathrm{dec}}$ e $x_0$, arrivando così all'espressione

$$\frac{\Delta T}{T}(\hat{n}, \mathbf{k}, \eta_0) = \frac{1}{3}\Psi_{k0}\cos\left(kc_s\eta_{\mathrm{dec}}\right)e^{i\hat{n}\cdot\mathbf{k}(\eta_0 - \eta_{\mathrm{dec}})} \\ + \left.\frac{\Delta T}{T}(\hat{n}, \mathbf{k}, \eta_0)\right|_{\mathrm{tensor}}, \tag{7.88}$$

dove $(\Delta T/T)_{\mathrm{tensor}}$ rappresenta il contributo tensoriale all'effetto SW integrato (ultimo termine dell'Eq. (7.73)). Tale contributo non è in generale trascurabile su grandi scale, ma la sua ampiezza dipende fortemente dal modello inflazionario considerato; per questo motivo lo discuteremo in dettaglio nel Cap. 8 dedicato alle perturbazioni tensoriali.

Si noti che abbiamo genericamente chiamato $c_s$ il coefficiente numerico $1/\sqrt{3}$ che appare nell'argomento del coseno nell'Eq. (7.87), e che rappresenta in prima approssimazione la velocità del suono nel fluido cosmico perturbato, all'epoca del disaccoppiamento. Questa notazione generale è utile per tenere conto di possibili deviazioni di $c_s$ dal valore approssimato $c_s = 1\sqrt{3}$ che si ottiene risolvendo le equazioni semplificate (7.77), (7.78) (ci possiamo infatti aspettare che tali deviazioni esistano, in quanto dovute a termini di attrito e viscosità generati dalle interazioni elettromagnetiche tra i fotoni e i barioni del fluido cosmico).

Si noti infine che le modulazioni di intensità (anche dette "oscillazioni acustiche"), associate al termine con il coseno presente nell'Eq. (7.88), sono fenomenologicamente molto importanti perché – come vedremo nella sezione successiva – producono una tipica struttura oscillante nello spettro di $\Delta T/T$: tale struttura viene attualmente osservata con precisione sempre maggiore, e fornisce vincoli sperimentali sempre più stringenti sui diversi (e possibili) modelli inflazionari.

## 7.4 Spettro angolare delle anisotropie

Per studiare la dipendenza direzionale delle fluttuazioni termiche della radiazione CMB è conveniente introdurre le coordinate polari di un sistema di riferimento centrato sull'osservatore, utilizzando per le onde piani presenti nell'Eq. (7.88) il ben noto sviluppo in onde sferiche, e ponendo:

$$e^{i\hat{n}\cdot\mathbf{k}(\eta_0-\eta_{\text{dec}})} = \sum_{l=0}^{\infty}(2l+1)i^l j_l(k\eta_0 - k\eta_{\text{dec}})P_l(\hat{k}\cdot\hat{n}). \qquad (7.89)$$

Abbiamo indicato con $P_l$ i polinomi Legendre, con $j_l$ le funzioni di Bessel sferiche di indice $l$ e argomento $x = k\eta_0 - k\eta_{\text{dec}}$, collegate alle ordinarie funzioni di Bessel $J(x)$ dalla relazione

$$j_l(x) = \left(\frac{\pi}{2x}\right)^{1/2} J_{l+\frac{1}{2}}(x); \qquad (7.90)$$

abbiamo inoltre definito $\hat{k} = \mathbf{k}/k$, con $k = |\mathbf{k}|$. Trascurando nell'effetto Sachs-Wolfe il contributo tensoriale (che verrà discusso nel Cap. 8) possiamo quindi esprimere la componente di Fourier (7.88) come segue:

$$\frac{\Delta T}{T}(\hat{n},\mathbf{k},\eta_0) = \sum_l \Delta_l(k,\eta_0)P_l(\hat{k}\cdot\hat{n}), \qquad (7.91)$$

dove

$$\Delta_l(k,\eta_0) = \frac{i^l}{3}(2l+1)\Psi_{k0}\cos(kc_s\eta_{\text{dec}})\, j_l(k\eta_0 - k\eta_{\text{dec}}) \qquad (7.92)$$

è una funzione di $k$ che controlla l'ampiezza spettrale del termine $l$-esimo dello sviluppo multipolare considerato.

Il confronto quantitativo tra le fluttuazioni relative a diverse direzioni spaziali, $\hat{n}$ e $\hat{n}'$, si ottiene in generale calcolando la funzione di correlazione a due punti,

$$\xi(\hat{n},\hat{n}')_{\Delta T} = \langle \frac{\Delta T}{T}(\hat{n})\frac{\Delta T}{T}(\hat{n}') \rangle \qquad (7.93)$$

(a tempo fissato $\eta = \eta_0 =$ costante). Applicando la definizione di media spaziale (7.26), ed esprimendo le componenti di Fourier mediante lo sviluppo multipolare

(7.91), abbiamo allora

$$\xi(\hat{n},\hat{n}')_{\Delta T} = \frac{1}{V}\int d^3x \frac{\Delta T}{T}(\hat{n},\boldsymbol{x})\frac{\Delta T}{T}(\hat{n}',\boldsymbol{x}) =$$

$$= \int \frac{d^3k}{(2\pi)^3}\frac{\Delta T}{T}(\hat{n},\boldsymbol{k})\frac{\Delta T}{T}^*(\hat{n}',\boldsymbol{k}) = \qquad (7.94)$$

$$= \int \frac{d^3k}{(2\pi)^3}\sum_{l,l'}\Delta_l(k)\Delta_{l'}^*(k)P_\ell(\hat{k}\cdot\hat{n})P_{l'}^*(\hat{k}\cdot\hat{n}').$$

I polinomi di Legendre, d'altra parte, sono collegati alle funzioni armoniche sferiche $Y_{lm}(\hat{n})$ dal cosiddetto "teorema di addizione", secondo il quale

$$P_l(\hat{n}\cdot\hat{n}') = \frac{4\pi}{2l+1}\sum_{m=-l}^{l}Y_{lm}(\hat{n})Y_{lm}^*(\hat{n}'). \qquad (7.95)$$

Sostituendo nell'equazione precedente, ponendo $d^3k = k^2dkd\Omega_{\hat{k}}$, integrando sull'angolo solido $d\Omega_{\hat{k}}$, e sfruttando la relazione di ortonormalità delle armoniche sferiche,

$$\int d\Omega_{\hat{k}}Y_{lm}(\hat{k})Y_{l'm'}^*(\hat{k}) = \delta_{ll'}\delta_{mm'}, \qquad (7.96)$$

arriviamo infine alla seguente espressione per la funzione di correlazione termica:

$$\xi(\hat{n},\hat{n}')_{\Delta T} = \frac{2}{\pi}\sum_{l=0}^{\infty}\sum_{m=-l}^{l}\int_0^\infty k^2dk\frac{|\Delta_l(k)|^2}{(2l+1)^2}Y_{lm}^*(\hat{n})Y_{lm}(\hat{n}')$$

$$\equiv \sum_{l=0}^{\infty}\sum_{m=-l}^{l}C_l Y_{lm}^*(\hat{n})Y_{lm}(\hat{n}'). \qquad (7.97)$$

La seconda uguaglianza definisce il coefficiente multipolare $C_l$, che è conveniente introdurre perché rappresenta la grandezza attualmente usata per esprimere l'anisotropia termica misurata sperimentalmente.

Nel caso che stiamo considerando le fluttuazioni termiche sono prodotte – mediante l'effetto Sachs-Wolfe – da uno spettro di perturbazioni scalari che soddisfa condizioni iniziali adiabatiche (si veda la Sez. 7.3.1). Possiamo quindi usare per $\Delta_l(k)$ l'Eq. (7.92), e possiamo prendere per il potenziale di Bardeen, fuori dall'orizzonte, un'ampiezza spettrale $\Psi_{k0}$ costante (ossia indipendente da $\eta$, si veda la Sez. 7.2.2). Per le nostre applicazioni è conveniente parametrizzare tale ampiezza ponendo

$$\frac{k^3}{2\pi^2}|\Psi_{k0}|^2 = A^2\left(\frac{k}{k_0}\right)^{n_s-1}, \qquad (7.98)$$

dove $k_0 = \eta_0^{-1}$ è la scala limite di Fourier corrispondenti ai modi che rientrano dentro l'orizzonte nell'epoca attuale, $n_s$ è l'indice spettrale dell'Eq. (7.40), e $A^2$ un'ampiezza (adimensionale) che dipende dal modello inflazionario considerato. In questo caso, sostituendo nell'Eq. (7.97), otteniamo per $C_l$ la seguente espressione[7]:

$$
\begin{aligned}
C_l &\equiv \frac{2}{\pi} \int_0^\infty k^2 dk \frac{|\Delta_l(k)|^2}{(2l+1)^2} \\
&= \frac{4\pi A^2}{9} \int_0^\infty \frac{dk}{k} \left(\frac{k}{k_0}\right)^{n_s-1} \cos^2(k c_s \eta_{\mathrm{dec}}) j_l^2(k\eta_0 - k\eta_{\mathrm{dec}}).
\end{aligned}
\tag{7.99}
$$

Una misura diretta di $C_l$ ci permette dunque di ottenere importanti informazioni sperimentali sui parametri $A$ e $n_s$.

Va sottolineato, a questo punto, che la precedente espressione per $C_l$ è rigorosamente valida solo per i modi che soddisfano condizioni iniziali adiabatiche e che si trovano ancora fuori dall'orizzonte all'epoca del disaccoppiamento, ossia per i modi con $k \lesssim k_{\mathrm{dec}}$, dove $k_{\mathrm{dec}} \sim \eta_{\mathrm{dec}}^{-1}$. La scala angolare corrispondente a questi modi soddisfa alla condizione $\theta \gtrsim \theta_{\mathrm{dec}} = 2(T_0/T_{\mathrm{dec}})^{1/2}$ (si veda l'Esercizio 7.4), e questo significa – riferito all'espansione in armoniche sferiche – che l'Eq. (7.99) descrive adeguatamente termini multipolari con

$$
l(\theta) = \frac{\pi}{\theta} \lesssim \frac{\pi}{\theta_{\mathrm{dec}}} = \frac{\pi}{2}\left(\frac{T_{\mathrm{dec}}}{T_0}\right)^{1/2} \sim 50.
\tag{7.100}
$$

Per questi multipoli abbiamo anche $k c_s \eta_{\mathrm{dec}} \ll 1$, per cui possiamo ignorare il termine $\cos^2$ che modula lo spettro di Bardeen nell'Eq. (7.99). Usando l'approssimazione $k\eta_{\mathrm{dec}} \ll k\eta_0$, e ponendo $x_0 = k\eta_0$, ci riduciamo allora al seguente integrale,

$$
C_l = \frac{4\pi A^2}{9} \int_0^\infty dx_0 \, x_0^{n_s-2} j_l^2(x_0),
\tag{7.101}
$$

che per $|n_s| < 3$ può essere risolto analiticamente, fornendo il risultato

$$
C_l = \frac{2\pi^2 A^2}{9} \frac{\Gamma(3-n_s)\Gamma(l + \frac{n_s}{2} - \frac{1}{2})}{2^{3-n_s}\Gamma^2(2 - \frac{n_s}{2})\Gamma(l + \frac{5}{2} - \frac{n_s}{2})}, \qquad l \lesssim 50, \qquad |n_s| < 3,
\tag{7.102}
$$

dove $\Gamma$ è la funzione di Eulero. Questo risultato si adatta bene agli attuali dati sperimentali relativi alle grandi scale angolari ($l \lesssim 50$, ossia $\theta \gtrsim \theta_{\mathrm{dec}} \sim 2^o$), che fissano per i parametri dello spettro i valori seguenti[8]:

$$
A^2 = (2.44 \pm 010) \times 10^{-9}, \qquad n_s = 0.96 \pm 0.01
\tag{7.103}
$$

(il valore di $n_s$, come già sottolineato, si riferisce a una media su tutte le scale).

Per i multipoli di ordine superiore ($l \gg 50$), ossia per le piccole scale angolari ($\theta \ll 2^o$), la definizione di $C_l$ data dall'Eq. (7.99) non è completa perché non tiene conto degli effetti che influenzano l'evoluzione delle perturbazioni scalari al-

---

[7] Si suppone ovviamente che lo spettro di $\Psi_{k0}$, dato dall'Eq. (7.98), sia significativamente diverso da zero solo in una porzione limitata del dominio di integrazione, e in particolare sia adeguatamente soppresso nel limite $k \to 0$ e $k \to \infty$ per evitare che l'integrale abbia divergenze infrarosse o ultraviolette.

[8] Si veda la Nota n. 4.

l'interno dell'orizzonte. L'espressione (7.99) è tuttavia sufficiente a mettere in evidenza l'andamento oscillante delle fluttuazioni termiche nel regime di grandi $l$, e per stimarne (approssimativamente) il periodo di oscillazione e la posizione dei picchi.

Per grandi valori di $l$, infatti, il contributo dominante delle funzioni di Bessel sferiche all'integrale (7.99) si ottiene quando l'argomento di $j_l$ soddisfa alla condizione $k(\eta_0 - \eta_{\rm dec}) \simeq l$ (al di fuori di quel *range* la funzione $j_l^2$ risulta fortemente soppressa). L'integrando (7.99), d'altra parte, è anche modulato dalla funzione $\cos^2(kc_s\eta_{\rm dec})$, che raggiunge periodicamente il massimo per $k = k_n$ tale che $k_n c_s \eta_{\rm dec} = n\pi$, con $n = 0, 1, 2, \dots$. Secondo l'Eq. (7.99), dunque, i coefficienti multipolari $C_l$ hanno un andamento oscillante, e i loro picchi sono posizionati nei valori $l_n$ determinati dalla condizione

$$
\begin{aligned}
l_n = k_n \left(\eta_0 - \eta_{\rm dec}\right) &= \frac{n\pi}{c_s \eta_{\rm dec}} \left(\eta_0 - \eta_{\rm dec}\right) \\
&\simeq n\pi\sqrt{3}\,\frac{\eta_0}{\eta_{\rm dec}} = n\pi \left(\frac{3T_{\rm dec}}{T_0}\right)^{1/2}, \qquad n = 1, 2, 3, \dots
\end{aligned}
\tag{7.104}
$$

(abbiamo eliminato il caso $n = 0$ che corrisponde al termine di monopolo). Si predice quindi l'esistenza di un primo picco in corrispondenza del multipolo

$$
l_1 \simeq \pi \left(\frac{3T_{\rm dec}}{T_0}\right)^{1/2} \simeq 180,
\tag{7.105}
$$

e l'esistenza di picchi successivi approssimativamente equispaziati, con una separazione reciproca pari a $\Delta l = l_1$.

Le predizioni dell'Eq. (7.99) sono da correggere perché, all'interno dell'orizzonte, le fluttuazioni della materia, della radiazione e della geometria evolvono in maniera fortemente accoppiata. Tali correzioni non cambiano di molto il risultato (7.105) (il primo picco risulta infatti localizzato a $l_1 \simeq 200$), ma producono due importanti effetti: (*i*) l'altezza del primo picco viene fortemente innalzata rispetto alle previsioni (7.99); e (*ii*) l'ampiezza dei picchi successivi risulta invece soppressa, tanto più fortemente quanto più il valore di $l$ è elevato.

Una discussione di questi due effetti – detti rispettivamente *radiation driving* e *Silk damping* – non rientra negli scopi di questo capitolo (il lettore interessato può consultare, in particolare, i testi [11, 17] della bibliografia finale). È opportuno sottolineare, però, che una volta inclusi tutti gli effetti che contribuiscono a $\Delta T/T$, a tutte le scale angolari, le predizioni teoriche per i coefficienti $C_l$ basate sui modelli inflazionari risultano in ottimo accordo con le attuali osservazioni.

Tale accordo è illustrato dalla Fig. 7.2, che riporta alcuni recenti risultati sperimentali ottenuti dall'analisi dati del satellite WMAP. La curva continua sovrapposta ai dati sperimentali rappresenta le predizioni inflazionarie basate su perturbazioni primordiali che soddisfano a condizioni iniziali adiabatiche (i parametri del modello sono ovviamente fissati sui valori che meglio si accordano con gli attuali risultati osservativi).

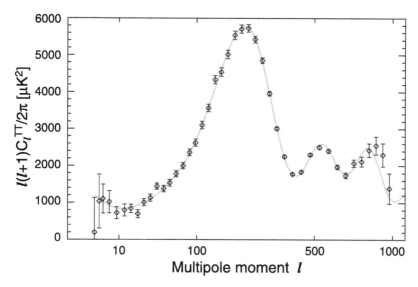

**Fig. 7.2** Distribuzione dei coefficienti spettrali $C_l$ in funzione dei momenti di multipolo $l$, riportati in scala non lineare, e ottenute da una recente analisi dei dati del satellite WMAP (J. Dunkley et al., *Ap. J. Supp.* **180**, 306 (2009)). Le incertezze sui dati sperimentali, rappresentate dalle barre verticali, tendono a crescere a grandi $l$. Le predizioni teoriche (rappresentate dalla curva continua) sono state ottenute nell'ipotesi che le perturbazioni scalari soddisfino a condizioni iniziali adiabatiche, e che le sorgenti dominanti dell'attuale fase cosmologica siano materia oscura fredda (CDM) ed energia oscura descritta da una costante cosmologica $\Lambda$ (ossia utilizzando il cosiddetto modello $\Lambda$CDM)

È interessante osservare che la deviazione maggiore tra teoria e dati osservativi si verifica in corrispondenza del valore di $l$ più basso, il momento di quadrupolo $l = 2$. Tale discrepanza potrebbe segnalare la presenza di un'anisotropia non trascurabile nella geometria cosmica all'epoca del disaccoppiamento, anisotropia forse prodotta da un intenso campo magnetico primordiale[9].

## Esercizi

### 7.1. Momento coniugato per le perturbazioni di curvatura
Si determini l'Hamiltoniana canonica per le perturbazioni di curvatura $\mathcal{R}_k$, il loro momento coniugato $\Pi_k$, e l'equazione differenziale (del secondo ordine nel tempo conforme) che governa l'evoluzione temporale di $\Pi_k$.

### 7.2. Energia delle perturbazioni di curvatura fuori dall'orizzonte
Verificare che per i modi fuori dall'orizzonte, $k \ll |\eta|^{-1}$, la soluzione approssimata per il momento coniugato $\Pi_k$ calcolato nell'Esercizio 7.1 (si veda in particolare

---

[9] Si veda ad esempio L. Campanelli, P. Cea, L. Tedesco, *Phys. Rev. Lett.* **97**, 131302 (2006).

l'equazione di evoluzione (7.113)) si può sviluppare nel limite $\eta \to 0_-$ come segue,

$$\Pi_k = A_k + B_k \int_{\eta_{\text{ex}}}^{\eta} d\eta' z^2(\eta') + \dots, \tag{7.106}$$

dove $A_k$ e $B_k$ sono costanti di integrazione. Utilizzando la precedente equazione, e considerando una fase inflazionaria che soddisfa l'Eq. (7.4), si mostri che l'Hamiltoniana delle perturbazioni di curvatura determinata nell'esercizio precedente, fuori dall'orizzonte, e per $\eta \to 0_-$, si può scrivere nella forma

$$H_k(\eta) = \frac{k^2}{2} \left[ \frac{c_1(k)}{z^2(\eta)} + c_2(k) z^2(\eta) \right], \tag{7.107}$$

dover $c_1(k)$ e $c_2(k)$ sono opportuni parametri indipendenti dal tempo.

### 7.3. Le fluttuazioni quantistiche nello stato iniziale di vuoto
Utilizzando la condizione di normalizzazione (7.16) si dimostri che la densità d'energia media, canonicamente associata alla fluttuazione scalare $v$ nel limite $\eta \to -\infty$, è minimizzata dai modi a frequenza positiva definiti dall'Eq. (7.19).

### 7.4. Scale angolari e orizzonte di Hubble
Per un osservatore posto nell'origine di un sistema di coordinate polari, un arco di lunghezza propria pari al diametro dell'orizzonte di Hubble $2H^{-1}$, posto a distanza $H^{-1}$, sottende un angolo di due radianti. Che angolo sottende nell'epoca attuale $\eta = \eta_0$ un arco di lunghezza propria $L(\eta)$ tale che, all'epoca del disaccoppiamento, $L(\eta_{\text{dec}}) = 2H_{\text{dec}}^{-1}$? Si consideri un modello cosmologico descritto da una metrica di tipo FLRW, spazialmente piatta e dominata dalla materia.

## Soluzioni

### 7.1. Soluzione
Dall'azione perturbata (6.76) si ottiene la seguente Lagrangiana effettiva per i modi di Fourier delle perturbazioni di curvatura,

$$\mathscr{L}_k = \frac{1}{2} z^2(\eta) \left( |\mathscr{R}_k'|^2 - k^2 |\mathscr{R}_k|^2 \right), \tag{7.108}$$

dove abbiamo usato la condizione di realtà $\mathscr{R}_{-k} = \mathscr{R}_k^*$. Il momento canonicamente coniugato a $\mathscr{R}_k$ è dato da

$$\Pi_k = \frac{\partial \mathscr{L}_k}{\partial \mathscr{R}_k'} = z^2 \mathscr{R}_{-k}', \tag{7.109}$$

e la corrispondente Hamiltoniana si scrive:

$$H_k = \Pi_k \mathscr{R}_k' - \mathscr{L}_k = \frac{1}{2} \left( \frac{|\Pi_k|^2}{z^2} + k^2 z^2 |\mathscr{R}_k|^2 \right).$$  (7.110)

L'equazione del moto per $\Pi_k$ è fornita dalle equazioni di Hamilton,

$$\Pi_k' = -\frac{\partial H_k}{\partial \mathscr{R}_k} = -k^2 z^2 \mathscr{R}_{-k}.$$  (7.111)

Differenziando rispetto a $\eta$, e utilizzando la definizione di $\Pi_k$, si arriva allora all'espressione

$$\Pi_k'' = -k^2 (2zz' \mathscr{R}_{-k} + z^2 \mathscr{R}_{-k}') = -2k^2 zz' \mathscr{R}_{-k} - k^2 \Pi_k.$$  (7.112)

Eliminando infine $\mathscr{R}_{-k}$ mediante l'Eq. (7.111) otteniamo l'equazione cercata per il momento canonico $\Pi_k$:

$$\Pi_k'' - 2\frac{z'}{z}\Pi_k' + k^2 \Pi_k = 0.$$  (7.113)

Dal confronto con la corrispondente equazione per il modo di Fourier della perturbazione di curvatura,

$$\mathscr{R}_k'' + 2\frac{z'}{z}\mathscr{R}_k' + k^2 \mathscr{R}_k = 0$$  (7.114)

(si veda l'Eq. (6.81)), possiamo osservare che l'evoluzione temporale di $\Pi_k$ è governata da un *pump-field* effettivo $\xi(\eta)$ che è esattamente l'inverso di quello che agisce su $\mathscr{R}_k$, ossia $\xi = z^{-1}$, tale che $\xi'/\xi = -z'/z$.

## 7.2. Soluzione

Differenziando rispetto a $\eta$ l'Eq. (7.106) abbiamo

$$\Pi_k' = B_k z^2, \qquad \Pi_k'' = 2zz' B_k.$$  (7.115)

Sostituendo nell'Eq. (7.113) per il momento coniugato delle perturbazioni di curvatura, e trascurando i termini in $k^2$ rispetto ai termini in $\eta^2$, troviamo che l'equazione per $\Pi_k$ risulta identicamente soddisfatta.

Per una fase inflazionaria che soddisfa l'Eq. (7.4) la soluzione (7.106) assume la forma esplicita

$$\Pi_k = A_k + \widetilde{B}_k (-\eta)^{1+2\alpha},$$  (7.116)

dove $\widetilde{B}_k$ è un'opportuna costante che assorbe i fattori dimensionali contenuti in $z^2$. Per la stessa fase, d'altra parte, la perturbazione canonica $v_k$ è fornita dalla soluzione (7.12), e quindi la perturbazione di curvatura $\mathscr{R}_k = v_k/z$, per $\eta \to 0_-$, si può sviluppare come segue,

$$\mathscr{R}_k = \frac{v_k}{z} = C_k + D_k (-\eta)^{1-2\alpha},$$  (7.117)

dove $C_k$ e $D_k$ sono opportune costanti dimensionali.

Per determinare la forma dominante dell'Hamiltoniana delle perturbazioni di curvatura, Eq. (7.110), fuori dall'orizzonte, dobbiamo valutare i contributi di $\Pi_k/z$ e di $z\mathscr{R}_k$ in questo limite. Utilizzando l'andamento $z \sim a \sim (-\eta)^\alpha$ e i risultati precedenti abbiamo allora, per $\eta \to 0_-$,

$$\frac{\Pi_k}{z} = a_1(k)(-\eta)^{-\alpha} + a_2(k)(-\eta)^{1+\alpha},$$
$$z\mathscr{R}_k = b_1(k)(-\eta)^\alpha + b_2(k)(-\eta)^{1-\alpha}. \tag{7.118}$$

Considerando questi comportamenti asintotici, unitamente a quelli riportati nelle equazioni (7.116) e (7.117), possiamo distinguere tre casi:

- $\alpha < -1/2$. In questo caso $\Pi_k$ tende a crescere asintoticamente fuori dall'orizzonte, Eq. (7.116), mentre $\mathscr{R}_k$ tende a rimanere costante, Eq. (7.117). Il contributo dominante all'Hamiltoniana viene da $z\mathscr{R}_k$ (si veda l'Eq. (7.118)).
- $\alpha > 1/2$. In questo caso $\mathscr{R}_k$ tende a crescere asintoticamente fuori dall'orizzonte, Eq. (7.117), mentre $\Pi_k$ tende a rimanere costante, Eq. (7.116). Il contributo dominante all'Hamiltoniana viene da $\Pi_k/z$ (si veda l'Eq. (7.116)).
- $-1/2 < \alpha < 1/2$. In questo caso sia $\Pi_k$ che $\mathscr{R}_k$ tendono a rimanere costanti fuori dall'orizzonte, e il contributo dominante all'Hamiltoniana viene da $z\mathscr{R}_k$ se $\alpha < 0$, e da $\Pi_k/z$ se $\alpha > 0$ (si veda l'Eq. (7.118)).

Questa analisi mostra chiaramente che, indipendentemente dal valore e dal segno di $\alpha$, l'energia delle fluttuazioni fuori dall'orizzonte è *sempre* asintoticamente dominata dal contributo che viene dalla parte *costante* delle soluzioni (7.116), (7.117). Possiamo quindi approssimare l'energia delle perturbazioni di curvatura fuori dall'orizzonte, per $\eta \to 0_-$, inserendo nell'Hamiltoniana (7.110) solo questa parte costante, ossia ponendo

$$H_k = \frac{1}{2}\left(\frac{|A_k|^2}{z^2} + k^2 z^2 |C_k|^2\right), \qquad \eta \to 0_-. \tag{7.119}$$

Fattorizzando (per convenienza) il termine $k^2$ arriviamo infine al risultato cercato (7.107), dove

$$c_1(k) = \frac{|A_k|^2}{k^2}, \qquad c_2(k) = |C_k|^2. \tag{7.120}$$

È importante notare che questa espressione è sempre crescente per $\eta \to 0_-$, indipendentemente dal fatto che il *pump-field* $z$ sia crescente o decrescente nel tempo.

### 7.3. Soluzione

Nel limite $\eta \to -\infty$ si ha $z''/z \to 0$, e l'azione effettiva (6.79) fornisce per la variabile canonica $v$ la densità di Lagrangiana

$$\mathscr{L} = \frac{1}{2}\left(v'^2 - |\nabla v|^2\right). \tag{7.121}$$

La corrispondente densità di Hamiltoniana è data da

$$\mathscr{H} = \frac{1}{2}\left(\pi^2 + |\boldsymbol{\nabla}v|^2\right), \tag{7.122}$$

dove $\pi = v'$ è il momento coniugato a $v$. Utilizziamo per $v$ e $\pi$ lo sviluppo integrale di Fourier (7.1), canonicamente normalizzato in un volume $V$, e definiamo su questo volume la densità di energia media delle fluttuazioni come

$$\rho(\eta) = \langle\mathscr{H}\rangle \equiv \frac{1}{V}\int d^3x\,\mathscr{H}. \tag{7.123}$$

Se il campo $v$ è quantizzato la precedente media spaziale va sostituita dal valore di aspettazione nello stato di vuoto, ossia nell'autostato di $H$ annichilato dalle componenti di $v$ a frequenza negativa. Nel caso classico abbiamo

$$\begin{aligned}
\rho(\eta) &= \frac{1}{V}\int d^3x\,V\int \frac{d^3k}{(2\pi)^3}\frac{d^3k'}{(2\pi)^3}\frac{1}{2}\left(\pi_k\pi_{k'} - kk'v_k v_{k'}\right)e^{i(k+k')\cdot x} \\
&= \int \frac{d^3k}{(2\pi)^3}H_k(\eta),
\end{aligned} \tag{7.124}$$

dove

$$H_k(\eta) = \frac{1}{2}\left(|v'_k|^2 + k^2|v_k|^2\right) \tag{7.125}$$

(abbiamo usato la rappresentazione integrale della distribuzione $\delta^3(k+k')$, e la condizione di realtà $v_{-k} = v_k^*$).

Cerchiamo ora il valore di $v_k$ che minimizza $\rho(\eta)$, minimizzando separatamente tutte le componenti di Fourier $H_k$, e ponendo

$$v_k = r_k e^{i\alpha_k}, \tag{7.126}$$

dove $r_k$ e $\alpha_k$ sono funzioni reali di $\eta$ e di $k$ da determinare. Sostituendo nella (7.125) abbiamo

$$H_k = \frac{1}{2}\left(r_k'^2 + \alpha_k'^2 r_k^2 + k^2 r_k^2\right). \tag{7.127}$$

D'altra parte, $v_k$ deve soddisfare la condizione di normalizzazione (7.16), che fornisce

$$\alpha_k' = -\frac{1}{2r_k^2}. \tag{7.128}$$

Perciò:

$$H_k = \frac{1}{2}\left(r_k'^2 + \frac{1}{4r_k^2} + k^2 r_k^2\right). \tag{7.129}$$

Questa espressione è minimizzata da $r_k' = 0$, e $r_k = 1/\sqrt{2k}$. Sostituendo nella (7.128), e integrando, abbiamo dunque

$$\alpha_k = -k\eta + \text{cost}, \tag{7.130}$$

da cui

$$v_k = \frac{e^{-ik\eta}}{\sqrt{2k}} \qquad (7.131)$$

(modulo un fattore di fase costante), come anticipato dal risultato presentato nell'Eq. (7.19).

### 7.4. Soluzione

Nella geometria considerata $L(\eta) = L_0 a(\eta)$, dove $L_0$ è una costante. La lunghezza propria dell'arco $L$ all'epoca attuale è dunque data da

$$L(\eta_0) = L(\eta_{\text{dec}}) \frac{a_0}{a_{\text{dec}}} = 2H_{\text{dec}}^{-1} \frac{a_0}{a_{\text{dec}}}. \qquad (7.132)$$

La lunghezza propria dell'arco è cresciuta come $a$ rispetto all'epoca del disaccoppiamento, ma il raggio proprio dell'orizzonte di Hubble è cresciuto ancor più rapidamente, perché $H^{-1} \sim a\eta$. Nell'epoca attuale $\eta_0$ l'ampiezza dell'arco considerato rappresenta dunque solo una piccola frazione dell'ampiezza corrispondente all'attuale raggio di Hubble $H_0^{-1}$. L'arco considerato $L(\eta_0)$ sottende un angolo $\theta_{\text{dec}}(\eta_0)$ tale che

$$\theta_{\text{dec}}(\eta_0) = \frac{L(\eta_0)}{H_0^{-1}} = \frac{2H_0 a_0}{H_{\text{dec}} a_{\text{dec}}} = 2 \frac{\eta_{\text{dec}}}{\eta_0}, \qquad (7.133)$$

ovvero

$$\theta_{\text{dec}}(\eta_0) = 2 \left( \frac{a_{\text{dec}}}{a_0} \right)^{1/2} = 2 \left( \frac{T_0}{T_{\text{dec}}} \right)^{1/2} \qquad (7.134)$$

(abbiamo usato l'andamento del fattore di scala nella fase materiale, $a \sim \eta^2$).

L'Eq. (7.134) risponde alla domanda posta dal problema. Notiamo, in particolare, che la lunghezza $L(\eta)$ considerata è dell'ordine di grandezza della lunghezza d'onda propria $\lambda(\eta) = a/k$ di un modo di Fourier che rientra dentro l'orizzonte all'epoca del disaccoppiamento, per il quale $\lambda(\eta_{\text{dec}}) \sim a_{\text{dec}} \eta_{\text{dec}} \sim H_{\text{dec}}^{-1}$. Lunghezze d'onde maggiori (con $k < k_{\text{dec}} \sim \eta_{\text{dec}}^{-1}$) rientrano dentro all'orizzonte più tardi, decrescono di meno rispetto al raggio dell'orizzonte attuale, e quindi corrispondono a scale angolari $\theta > \theta_{\text{dec}}$, in accordo a quanto già osservato nella Sez. 7.4 (si veda in particolare l'Eq. (7.100)).

# 8

# Il fondo di radiazione gravitazionale fossile

Una fase inflazionaria che amplifica le perturbazioni cosmologiche amplifica anche la parte tensoriale delle fluttuazioni metriche, producendo così onde gravitazionali di origine primordiale. Nell'approssimazione lineare tali onde sono disaccoppiate dalle perturbazioni scalari e vettoriali, e si propagano liberamente su tutto lo spazio-tempo accessibile, dando vita ad un fondo gravitazionale cosmico che sopravvive indisturbato anche nell'epoca attuale.

In questo capitolo illustreremo il meccanismo di produzione e amplificazione delle fluttuazioni tensoriali, prendendo come esempio una semplice classe di modelli inflazionari. Mostreremo, in particolare, che la rivelazione e lo studio di questa radiazione gravitazionale fossile potrebbe darci informazioni dirette sulla geometria cosmica in ere incomparabilmente più remote di quelle da cui riceviamo segnali elettromagnetici.

Infatti, come discusso nel capitolo precedente, l'Universo è trasparente ai fotoni solo fino all'epoca del disaccoppiamento, ossia fino a un raggio di Hubble $H^{-1}$ pari a circa un centomillesimo dell'attuale raggio di Hubble $H_0^{-1}$:

$$H^{-1} > H_{\text{dec}}^{-1} = (1 + z_{\text{dec}})^{-3/2} H_0^{-1} \sim 2.8 \times 10^{-5} H_0^{-1} \tag{8.1}$$

(abbiamo usato la definizione di $z$, l'Eq. (7.55) e le relazioni $H^{-1} \sim a\eta$, $a \sim \eta^2$). All'epoca dell'inflazione (caratterizzata da $H \gg H_{\text{dec}}$) l'Universo non era più trasparente ai fotoni, ma era invece trasparente alla propagazione dei gravitoni, e tale è rimasto fino all'epoca di Planck, ossia fino a un raggio di Hubble

$$H^{-1} \sim M_{\text{P}}^{-1} \sim 10^{-60} H_0^{-1} \tag{8.2}$$

(abbiamo usato il valore numerico di $M_{\text{P}}$ dato nella sezione iniziale sulle Notazioni e Convenzioni). La differenze di epoche, definita dalle due precedenti equazioni, è evidente.

Motivati da questa importante proprietà della radiazione gravitazionale calcoleremo dunque la possibile distribuzione spettrale di un fondo di gravitoni primordiali, e ne discuteremo l'eventuale rivelazione da parte delle attuali antenne gravitazionali,

Gasperini M.: Lezioni di Cosmologia Teorica.
DOI 10.1007/978-88-470-2484-7_8, © Springer-Verlag Italia 2012

tenendo presente che – se il fondo ha origine dall'amplificazione inflazionaria delle fluttuazioni quantistiche del vuoto – la sua distribuzione è di tipo stocastico, e l'intensità è estremamente debole su scala macroscopica. Vedremo infine che un fondo di radiazione gravitazionale potrebbe influenzare in maniera significativa le anisotropie e la polarizzazione della radiazione CMB, rivelandosi così anche in modo indiretto tramite misure di precisione della radiazione cosmica elettromagnetica.

## 8.1 Evoluzione canonica delle perturbazioni tensoriali

Per discutere l'amplificazione delle componenti tensoriali delle fluttuazioni metriche, e determinare la normalizzazione canonica del loro spettro iniziale, è necessario (come per il caso scalare) partire dall'azione che ne governa la dinamica. A questo scopo sviluppiamo la metrica attorno a una generica soluzione non perturbata $g_{\mu\nu}$, ponendo

$$g_{\mu\nu} \to g_{\mu\nu} + \delta g_{\mu\nu}, \qquad \delta g_{\mu\nu} = h_{\mu\nu} \qquad (8.3)$$

(si veda anche la Sez. 6.2), e perturbiamo l'azione includendo nel calcolo tutti i termini fino all'ordine $h^2$. Imponendo che $g_{\mu\nu}$ soddisfi le equazioni imperturbate, e trascurando nell'integrale d'azione i termini di bordo dinamicamente irrilevanti, arriviamo così ad un'azione effettiva quadratica in $h$ e nei suoi gradienti, che variata fornisce l'equazione del moto per le componenti delle perturbazioni metriche.

Per ottenere l'azione cercata ci serve innanzitutto lo sviluppo perturbativo delle componenti controvarianti della metrica, $g^{\mu\nu}$, e del determinante $\sqrt{-g}$. Imponendo che valga la condizione di inversione $g_{\mu\alpha}g^{\alpha\nu} = \delta_\mu^\nu$ fino all'ordine $h^2$ otteniamo:

$$\delta^{(1)}g^{\mu\nu} = -h^{\mu\nu}, \qquad \delta^{(2)}g^{\mu\nu} = h^\mu{}_\alpha h^{\alpha\nu}, \qquad (8.4)$$

dove con la notazione $\delta^{(1)}$, $\delta^{(2)}$ abbiamo indicato, rispettivamente, il contributo perturbativo lineare in $h$ e quadratico in $h$. Si noti che gli indici tensoriali di $h$ sono alzati ed abbassati applicando la metrica imperturbata, in modo tale che la relazione

$$\left(g_{\mu\alpha} + h_{\mu\alpha}\right)\left(g^{\alpha\nu} - h^{\alpha\nu} + h^\alpha{}_\beta h^{\beta\nu}\right) = \delta_\mu^\nu \qquad (8.5)$$

sia soddisfatta a meno di correzioni di ordine $h^3$ e superiore. Analogamente, per il determinante otteniamo:

$$\delta^{(1)}\sqrt{-g} = \frac{1}{2}\sqrt{-g}\, g_{\mu\nu}h^{\mu\nu}, \qquad \delta^{(2)}\sqrt{-g} = -\frac{1}{4}\sqrt{-g}\, h_{\mu\nu}h^{\mu\nu}, \qquad (8.6)$$

dove $g$ è il determinante della metrica non perturbata.

Poiché siamo interessati alle perturbazioni tensoriali, che in questa approssimazione non si accoppiano alle perturbazioni della materia e della radiazione, possiamo limitarci a perturbare solo la parte gravitazionale dell'azione – che supponiamo coincida con la semplice azione di Einstein – ponendo a zero tutti i termini di sorgente. Abbiamo dunque:

$$\delta^{(2)}S = -\frac{1}{2\lambda_P^2}\int d^4x\,\delta^{(2)}\left(\sqrt{-g}\,g^{\mu\nu}R_{\mu\nu}\right)$$

$$= -\frac{1}{2\lambda_P^2}\int d^4x\left[\delta^{(2)}\sqrt{-g}R + \delta^{(1)}\sqrt{-g}\left(\delta^{(1)}g^{\mu\nu}R_{\mu\nu} + g^{\mu\nu}\delta^{(1)}R_{\mu\nu}\right)\right. \tag{8.7}$$

$$\left. + \sqrt{-g}\left(\delta^{(1)}g^{\mu\nu}\delta^{(1)}R_{\mu\nu} + \delta^{(2)}g^{\mu\nu}R_{\mu\nu} + g^{\mu\nu}\delta^{(2)}R_{\mu\nu}\right)\right].$$

I contributi contenenti la curvatura non perturbata, $R$ e $R_{\mu\nu}$, sono nulli in virtù delle equazioni di Einstein (che si riducono a $R_{\mu\nu} = 0$, in quanto abbiamo escluso dall'azione tutte le eventuali sorgenti). Restano dunque solo tre termini,

$$\delta^{(2)}S = -\frac{1}{2\lambda_P^2}\int d^4x\,\sqrt{-g}\left[\frac{1}{2}hg^{\nu\alpha}\delta^{(1)}R_{\nu\alpha} - h^{\nu\alpha}\delta^{(1)}R_{\nu\alpha} + g^{\nu\alpha}\delta^{(2)}R_{\nu\alpha}\right] \tag{8.8}$$

(abbiamo usato le equazioni (8.4), (8.6), e abbiamo posto $h = g_{\mu\nu}h^{\mu\nu}$).

Per i primi due termini ci serve la perturbazione lineare del tensore di Ricci, che possiamo scrivere usando la cosiddetta "identità contratta di Palatini" (si veda l'Esercizio 8.1),

$$\delta^{(1)}R_{\nu\alpha} = \nabla_\mu(\delta^{(1)}\Gamma_{\nu\alpha}{}^\mu) - \nabla_\nu(\delta^{(1)}\Gamma_{\mu\alpha}{}^\mu), \tag{8.9}$$

dove $\nabla_\mu$ indica la derivata covariante fatta rispetto alla metrica non perturbata. La connessione perturbata al primo ordine, d'altra parte, si può esprimere in forma esplicitamente covariante come segue:

$$\delta^{(1)}\Gamma_{\nu\alpha}{}^\mu = \frac{1}{2}g^{\mu\beta}\left(\nabla_\nu h_{\alpha\beta} + \nabla_\alpha h_{\nu\beta} - \nabla_\beta h_{\nu\alpha}\right) \tag{8.10}$$

(si veda l'Esercizio 8.2). Sostituendo nei primi due termini dell'Eq. (8.8), integrando per parti, e trascurando una divergenza totale (che sotto integrale corrisponde a un irrilevante termine di bordo), otteniamo:

$$\frac{1}{2}hg^{\nu\alpha}\delta^{(1)}R_{\nu\alpha} = \frac{1}{2}\nabla^\alpha h\nabla_\alpha h - \frac{1}{2}\nabla^\alpha h_\alpha{}^\mu\nabla_\mu h, \tag{8.11}$$

$$-h^{\nu\alpha}\delta^{(1)}R_{\nu\alpha} = -\frac{1}{2}\nabla_\nu h^{\nu\alpha}\nabla_\alpha h + \nabla_\mu h^{\nu\alpha}\nabla_\nu h_\alpha{}^\mu - \frac{1}{2}\nabla_\mu h^{\nu\alpha}\nabla^\mu h_{\nu\alpha} \tag{8.12}$$

(nell'Eq. (8.11) abbiamo anche utilizzato la condizione di metricità $\nabla g = 0$).

Per il terzo contributo all'azione (8.8) ci serve infine la perturbazione quadratica del tensore di Ricci, che si può mettere nella forma seguente,

$$\delta^{(2)}R_{\nu\alpha} = \nabla_\mu\left(\delta^{(2)}\Gamma_{\nu\alpha}{}^\mu\right) - \nabla_\nu\left(\delta^{(2)}\Gamma_{\mu\alpha}{}^\mu\right)$$
$$+ \delta^{(1)}\Gamma_{\mu\rho}{}^\mu\delta^{(1)}\Gamma_{\nu\alpha}{}^\rho - \delta^{(1)}\Gamma_{\nu\rho}{}^\mu\delta^{(1)}\Gamma_{\mu\alpha}{}^\rho \tag{8.13}$$

(si veda l'Esercizio 8.3). I primi due termini con la divergenza covariante forniscono un contributo di bordo, e possono essere trascurati. Rimangono solo i termini quadratici in $\delta^{(1)}\Gamma$, che forniscono (dopo qualche semplice cancellazione):

$$
\begin{aligned}
g^{\nu\alpha}\delta^{(2)}R_{\nu\alpha} &= \frac{1}{2}\nabla^{\alpha}h_{\alpha}{}^{\rho}\nabla_{\rho}h - \frac{1}{4}\nabla^{\rho}h\nabla_{\rho}h \\
&+ \frac{1}{4}\nabla_{\mu}h_{\alpha}{}^{\rho}\nabla^{\mu}h^{\alpha}{}_{\rho} - \frac{1}{2}\nabla_{\mu}h_{\alpha}{}^{\rho}\nabla_{\rho}h^{\alpha\mu}.
\end{aligned}
\tag{8.14}
$$

Quest'ultimo contributo va sommato a quelli dell'Eq. (8.11) e dell'Eq. (8.12), e sostituito nell'azione (8.8).

Combinando tra loro tutti i termini otteniamo allora la seguente azione effettiva,

$$
\begin{aligned}
\delta^{(2)}S = -\frac{1}{2\lambda_{\mathrm{P}}^2}\int d^4x\sqrt{-g}\Bigg[&\frac{1}{4}\nabla^{\mu}h\nabla_{\mu}h - \frac{1}{4}\nabla^{\mu}h^{\nu\alpha}\nabla_{\mu}h_{\nu\alpha} \\
&-\frac{1}{2}\nabla_{\nu}h^{\nu\alpha}\nabla_{\alpha}h + \frac{1}{2}\nabla_{\mu}h_{\alpha}{}^{\nu}\nabla_{\nu}h^{\alpha\mu}\Bigg],
\end{aligned}
\tag{8.15}
$$

che descrive (nell'approssimazione lineare) una generica fluttuazione metrica $h_{\mu\nu}$, disaccoppiata dalle sorgenti materiali, che si propaga in uno spazio-tempo descritto da una generica metrica $g_{\mu\nu}$ non perturbata. Nel caso particolare delle fluttuazioni tensoriali possiamo imporre su $h_{\mu\nu}$ le condizioni del gauge trasverso a traccia nulla,

$$
\nabla_{\nu}h_{\mu}{}^{\nu} = 0, \qquad g^{\mu\nu}h_{\mu\nu} = 0
\tag{8.16}
$$

(si veda ad esempio il testo [7] della bibliografia finale): in questo caso il primo e terzo termine dell'equazione precedente sono identicamente nulli, il quarto termine si annulla integrando per parti, e l'azione si riduce a:

$$
\delta^{(2)}S = \frac{1}{2\lambda_{\mathrm{P}}^2}\frac{1}{4}\int d^4x\sqrt{-g}\,\nabla_{\mu}h^{\nu\alpha}\nabla^{\mu}h_{\nu\alpha}.
\tag{8.17}
$$

Questa azione è valida qualunque sia la geometria descritta dalla metrica non perturbata.

Concentriamoci ora su di un caso che riguarda direttamente l'argomento di questo testo, ossia sulle fluttuazioni metriche che si possono classificare come rappresentazioni tensoriali irriducibili del gruppo di isometrie $SO(3)$ di una metrica imperturbata omogenea, isotropa e spazialmente piatta (si veda la Sez. 6.2). In questo caso la geometria non perturbata può essere descritta nel *gauge* sincrono, dove abbiamo

$$
\begin{aligned}
g_{00} &= 1, & g_{0i} &= 0, & g_{ij} &= -a^2\delta_{ij}, \\
\Gamma_{0i}{}^{j} &= H\delta_i^{j}, & \Gamma_{ij}{}^{0} &= -Hg_{ij}, & \Gamma_{ij}{}^{l} &= 0,
\end{aligned}
\tag{8.18}
$$

e le perturbazioni tensoriali, trasverse e a traccia nulla, soddisfano le condizioni

$$
h_{0\mu} = 0, \qquad \partial_j h_i{}^{j} = 0, \qquad g^{ij}h_{ij} = 0
\tag{8.19}
$$

(che lasciano solo due gradi di libertà indipendenti, corrispondenti ai due possibili stati di polarizzazione delle onde gravitazionali). L'azione (8.17), in questo caso, si semplifica considerando le componenti miste $h_i{}^j$, e si riduce a

$$\delta^{(2)}S = \frac{1}{8\lambda_P^2} \int d^3x dt\, a^3 \left(\dot{h}_i{}^j \dot{h}_j{}^i + h_i{}^j \frac{\nabla^2}{a^2} h_j{}^i\right), \tag{8.20}$$

dove $\nabla^2 = \delta^{ij}\partial_i\partial_j$ è l'usuale operatore Laplaciano dello spazio Euclideo tridimensionale. In tempo conforme, $dt = ad\eta$, abbiamo $\dot{h} = h'/a$, e l'azione diventa

$$\delta^{(2)}S = \frac{1}{8\lambda_P^2} \int d^3x d\eta\, a^2 \left(h_i'{}^j h_j'{}^i + h_i{}^j \nabla^2 h_j{}^i\right), \tag{8.21}$$

dove il primo indica la derivata rispetto a $\eta$.

È conveniente introdurre, a questo punto, il tensore di polarizzazione $\varepsilon_{ij}^A$, tale che $h_{ij} = \sum_A h_A \varepsilon_{ij}^A$, con $A = 1, 2$ (la somma è sui due modi di polarizzazione indipendenti). Sfruttando le sue proprietà di traccia,

$$\mathrm{Tr}(\varepsilon^A \varepsilon^B) \equiv \varepsilon_{ij}^A \varepsilon^{Bij} = 2\delta^{AB} \tag{8.22}$$

(si veda ad esempio il testo [7] della bibliografia finale), l'azione (8.21) si separa allora nella somma di azioni disaccoppiate per i singoli modi di polarizzazione, $\delta^{(2)}S = \sum_A S_A$. Ogni modo $h$ (omettendo per semplicità l'indice $A$ di polarizzazione) è descritto dall'azione

$$S = \frac{1}{4\lambda_P^2} \int d^3x d\eta\, a^2 \left(h'^2 + h\nabla^2 h\right), \tag{8.23}$$

e soddisfa quindi l'equazione del moto

$$h'' + 2\frac{a'}{a}h' - \nabla^2 h = 0, \tag{8.24}$$

che corrisponde esattamente all'equazione covariante di D'Alembert scritta nella metrica (8.18). Ogni modo di polarizzazione tensoriale si propaga dunque liberamente come un campo scalare di massa nulla, minimamente accoppiato alla geometria data.

L'azione (8.23) è molto simile a quella della variabile scalare $\mathscr{R}$ (si veda l'Eq. (6.76)). Come per la perturbazione di curvatura $\mathscr{R}$, anche le perturbazioni $h_{ij}$ sono gauge-invarianti rispetto a trasformazioni infinitesime di coordinate che non introducono gradi di libertà scalari o vettoriali, ossia trasformazioni del tipo $x^\mu \to x^\mu + \xi^\mu$, con $\xi^\mu = (0, \xi^i)$ e $\partial_{(i}\xi_{j)} = 0$. Inoltre, come nel caso scalare, anche nel caso tensoriale possiamo riscrivere l'azione normalizzandola in forma canonica. Introducendo la variabile

$$u = zh, \tag{8.25}$$

dove

$$z = \frac{a}{\sqrt{2}\lambda_P} = \frac{M_P}{\sqrt{2}}a \qquad (8.26)$$

è il cosiddetto *pump-field* delle perturbazioni tensoriali, la precedente azione (8.23) assume la forma

$$S = \frac{1}{2}\int d^3x d\eta \left(u'^2 + u\nabla^2 u + \frac{z''}{z}u^2\right), \qquad (8.27)$$

che è equivalente all'Eq. (8.23) (modulo una derivata totale rispetto a $\eta$, che non contribuisce alle equazioni del moto). Variando rispetto a $u$ si arriva infine all'equazione

$$u'' - \left(\nabla^2 + \frac{z''}{z}\right)u = 0, \qquad (8.28)$$

che descrive in modo canonico l'evoluzione delle fluttuazioni tensoriali per la metrica cosmologica considerata.

Si noti che la fluttuazione $h$ è adimensionale, ma $z$ ha le dimensioni di una massa, per cui la variabile $u = zh$ ha le dimensioni appropriate, e il suo termine cinetico nell'azione (8.27) è dunque canonicamente normalizzato.

## 8.2 Produzione di gravitoni e densità d'energia spettrale

Poiché l'evoluzione canonica delle perturbazioni tensoriali è la stessa di quelle scalari (con un *pump-field* diverso, ma sempre proporzionale al fattore di scala), anche per le perturbazioni tensoriali vale lo stesso meccanismo di amplificazione inflazionaria fuori dall'orizzonte. Potremmo dunque ripetere in modo pressoché identico gli argomenti esposti nelle Sez. 7.1, 7.2 del capitolo precedente, prendendo la componente di Fourier dell'Eq. (8.28), normalizzando asintoticamente la soluzione a uno spettro iniziale di fluttuazioni del vuoto, e calcolando lo spettro amplificato delle perturbazioni tensoriali dopo che sono uscite dall'orizzonte.

Nel caso tensoriale, però, ci interessa calcolare non solo (e non tanto) la distribuzione spettrale fuori dall'orizzonte, quanto (e soprattutto) la distribuzione del fondo presente nell'era attuale quando i modi di Fourier delle perturbazioni sono già rientrati all'interno dell'orizzonte, dopo aver subìto l'amplificazione inflazionaria. A questo scopo dobbiamo risolvere l'equazione canonica per i modi di Fourier $u_k$,

$$u_k'' + \left(k^2 - \frac{a''}{a}\right)u_k = 0, \qquad (8.29)$$

sia durante l'inflazione sia durante la successiva fase standard.

Diventa allora utile (e interessante) osservare che il processo di evoluzione di $u_k$ dallo stato di vuoto iniziale ($\eta = -\infty$) allo stato finale ($\eta = \eta_0$) che descrive la situazione attuale può essere visto come un processo di *scattering* prodotto dal potenziale effettivo $U = a''/a$, e può essere fisicamente interpretato – in seconda quantizzazione – come un processo di produzione di particelle (gravitoni) dal vuoto, sotto l'azione di un campo classico esterno (il campo gravitazionale della metrica inflazionaria non perturbata).

Prendiamo infatti per $a(\eta)$ un generico andamento a potenza in tempo conforme, e ricordiamo che per $\eta < 0$ tale metrica descrive una soluzione accelerata inflazionaria (si veda la Sez. 4.3), mentre per $\eta > 0$ descrive le soluzioni decelerate della fase standard: in entrambi i casi si ha $U = a''/a \sim 1/\eta^2$, e quindi $U \to 0$ per $\eta \to \pm\infty$. Ne consegue che, per ogni modo, la variabile canonica $u_k$ oscilla liberamente nel regime iniziale $\eta \to -\infty$, interagisce poi col potenziale effettivo – e ne subisce gli effetti amplificanti – durante una fase di durata temporale finita caratterizzata dalla condizione $k^2 \lesssim 1/\eta^2$, per tendere infine ancora al regime oscillante nel limite $\eta \to \infty$.

La situazione è chiaramente analoga a quella che si incontra risolvendo l'equazione di Schrödinger unidimensionale per un potenziale localizzato in una porzione finita di spazio. C'è una differenza cruciale, però, dovuta al fatto che la variabile differenziale dell'Eq. (8.29) non è lo *spazio*, ma il *tempo*: ne consegue che le frequenze di oscillazione rappresentano *energie*, non *impulsi*. Perciò, anche se normalizziamo la soluzione $u_k$ in modo da rappresentare uno stato iniziale con energia positiva,

$$\eta \to -\infty, \qquad u_k^{\text{in}} = \frac{e^{-ik\eta}}{\sqrt{2k}} e^{ik\cdot x}, \tag{8.30}$$

(modulo una fase costante, si veda l'Eq. (7.19)), otteniamo una soluzione che nello stato asintotico finale contiene in generale una sovrapposizione di modi a energia *positiva* e *negativa*,

$$\eta \to +\infty, \qquad u_k^{\text{out}} = \frac{1}{\sqrt{2k}} \left[ c_+(k)e^{-ik\eta} + c_-(k)e^{ik\eta} \right] e^{ik\cdot x} \tag{8.31}$$

(si veda la Fig. 8.1). Se la soluzione viene quantizzata questo "miscelamento" di energie, interpretato nello spazio di Fock del sistema, descrive un processo di creazione di coppie particella-antiparticella dal vuoto. In tale contesto i coefficienti complessi $c_\pm(k)$, detti "coefficienti di Bogoliubov", parametrizzano la trasformazione che collega gli operatori di creazione e distruzione $b_k$, $b_k^\dagger$ degli stati iniziali ai corrispondenti operatori $a_k$, $a_k^\dagger$ degli stati finali (si veda ad esempio l'Esercizio 8.4, in particolare l'Eq. (8.152), e il testo [18] della bibliografia finale).

Senza entrare nei dettagli di questo formalismo, quello che ci serve sottolineare, per gli scopi di questo capitolo, è che i coefficienti $c_\pm$ soddisfano la condizione

$$|c_+(k)|^2 - |c_-(k)|^2 = 1, \tag{8.32}$$

necessaria – come è facile verificare – affinché anche la soluzione finale $u_k^{\text{out}}$ verifichi la condizione di normalizzazione canonica (7.16). Inoltre, il numero medio di particelle prodotte nello stato finale per ogni modo $k$, partendo da uno stato iniziale

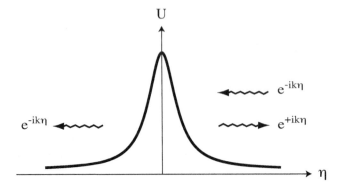

**Fig. 8.1** Un esempio di potenziale effettivo $U = 2/(2 + \eta^2)$, che interpola tra una fase inflazionaria di de Sitter, caratterizzata da $a \sim (-\eta)^{-1}$ per $\eta \to -\infty$, e la fase standard dominata dalla materia, caratterizzata da $a \sim \eta^2$ per $\eta \to +\infty$. La soluzione dell'equazione canonica (8.29) è oscillante nei regimi asintotici in cui il potenziale è trascurabile. Lo stato finale contiene in generale una sovrapposizione di frequenze positive e negative, anche se imponiamo che lo stato iniziale abbia solo frequenze positive

di vuoto, è direttamente controllato dal coefficiente $c_-$ secondo la relazione:

$$\langle n_k \rangle_{\text{in}} = 0, \qquad \langle n_k \rangle_{\text{out}} = |c_-(k)|^2 \qquad (8.33)$$

(si veda l'Esercizio 8.4). Utilizzando questo formalismo l'amplificazione inflazionaria delle fluttuazioni tensoriali, e la corrispondente formazione di un fondo gravitazionale cosmico, viene descritta come la produzione di coppie di gravitoni che passano da uno stato di esistenza "virtuale" tipico delle fluttuazioni quantistiche del vuoto ad uno stato di esistenza fisica 'reale', grazie alle forze generate dall'espansione accelerata dello spazio-tempo.

Per caratterizzare l'amplificazione delle fluttuazioni tensoriali in questo contesto è conveniente utilizzare la cosiddetta "densità di energia spettrale" $\Omega_h(k, \eta)$, che misura (in unità di densità critica $\rho_c$) la densità media d'energia dei gravitoni prodotti per intervallo logaritmico di frequenza:

$$\Omega_h(k, \eta) = \frac{1}{\rho_c} \frac{d\langle \rho \rangle}{d \ln k} = \frac{k}{\rho_c} \frac{d\langle \rho \rangle}{dk}. \qquad (8.34)$$

Il valore attuale di questo parametro, $\Omega_h(k, \eta_0)$, caratterizza il fondo di radiazione gravitazionale che si trova all'interno del nostro orizzonte di Hubble (composto di modi con frequenza $k$ tale che $k\eta_0 \gtrsim 1$), e quindi stima, in unità critiche, la densità d'energia attualmente disponibile per essere convertita in segnale dai rivelatori gravitazionali, nell'intervallo di frequenza considerato.

La distribuzione $\Omega_h(k, \eta)$ può essere direttamente espressa in funzione della componente di Fourier delle fluttuazioni tensoriali sfruttando la proprietà (8.33) dei coefficienti di Bogoliubov, e osservando che la densità d'energia media, per ogni modo $k$, si può scrivere in forma differenziale come segue:

$$d\langle \rho \rangle = 4k\langle n_k \rangle \frac{d^3k}{(2\pi)^3} = 4k|c_-(k)|^2 \frac{d^3k}{(2\pi)^3} \qquad (8.35)$$

(il fattore 4 è dovuto al fatto che, per ogni modo $k$, i gravitoni vengono prodotti in coppie di impulso $k$ e $-k$, e che ciascun membro della coppia contribuisce a $\rho$ con due possibili stati di polarizzazione). Assumendo che la distribuzione sia isotropa – ossia che $c_-$ dipenda solo dal modulo di $k$, cosa che è appunto verificata per uno spettro iniziale di fluttuazioni del vuoto – l'integrale sull'angolo solido fornisce $d^3k = 4\pi k^2 dk$. Esprimendo in unità di Planck la densità d'energia critica, $\rho_c = 3H^2 M_{\rm P}^2$, abbiamo allora:

$$\Omega_h(k, \eta) = \frac{k}{3M_{\rm P}^2 H^2} \frac{d\langle \rho \rangle}{dk} = \frac{2k^4}{3\pi^2} \frac{|c_-(k)|^2}{M_{\rm P}^2 H^2}. \qquad (8.36)$$

Nella sezione seguente calcoleremo in modo esplicito i coefficienti di Bogoliubov e la distribuzione spettrale (8.36) per un semplice (ma tipico) esempio di amplificazione inflazionaria delle perturbazioni tensoriali.

### 8.2.1 Esempio: calcolo dei coefficienti di Bogoliubov

Consideriamo un modello cosmologico a due fasi: una fase iniziale inflazionaria per $\eta \leq -\eta_1$, seguita da una fase decelerata di tipo standard per $\eta > -\eta_1$, con $\eta_1 > 0$. Parametrizziamo quindi il fattore di scala come segue,

$$\begin{aligned} a &= \left(-\frac{\eta}{\eta_1}\right)^{\alpha_1}, & -\infty \leq \eta \leq -\eta_1, \\ &= \left(\frac{\eta + \overline{\eta}_1}{\eta_1}\right)^{\alpha_2}, & -\eta_1 < \eta \leq +\infty, \end{aligned} \qquad (8.37)$$

con la costante $\overline{\eta}_1$ scelta in modo tale che il potenziale $U = a''/a$ risulti continuo all'epoca di transizione $\eta = -\eta_1$.

L'Eq. (8.29) per la variabile canonica si spezza nella due equazioni

$$\begin{aligned} u_k'' + \left[k^2 - \frac{\alpha_1(\alpha_1 - 1)}{\eta^2}\right] u_k &= 0, & \eta \leq -\eta_1, \\ u_k'' + \left[k^2 - \frac{\alpha_2(\alpha_2 - 1)}{\eta^2}\right] u_k &= 0, & \eta \geq -\eta_1, \end{aligned} \qquad (8.38)$$

e ponendo

$$\overline{\eta}_1 = \eta_1 \left(1 + \sqrt{\frac{\alpha_2(\alpha_2 - 1)}{\alpha_1(\alpha_1 - 1)}}\right) \qquad (8.39)$$

il potenziale effettivo risulta continuo in $\eta = -\eta_1$. Possiamo quindi risolvere l'equazione canonica separatamente nelle due fasi, e determinare le costanti di integrazione con la normalizzazione iniziale e le condizioni di continuità di $u_k$ e $u_k'$ a $\eta = -\eta_1$.

Esprimiamo la soluzione generale delle equazioni (8.38) mediante le funzioni di Hankel di prima e seconda specie (si veda la Sez. 7.1.1),

$$u_k^1 = \eta^{1/2} \left[ A_k^1 H_{\nu_1}^{(2)}(k\eta) + B_k^1 H_{\nu_1}^{(1)}(k\eta) \right], \qquad \eta \leq -\eta_1,$$

$$u_k^2 = (\eta + \overline{\eta}_1)^{1/2} \left[ A_k^2 H_{\nu_2}^{(2)}(k\eta + k\overline{\eta}_1) + B_k^2 H_{\nu_2}^{(1)}(k\eta + k\overline{\eta}_1) \right], \quad \eta \geq -\eta_1,$$

(8.40)

con indici di Bessel

$$\nu_1 = \frac{1}{2} - \alpha_1, \qquad \nu_2 = \frac{1}{2} - \alpha_2 \qquad (8.41)$$

(gli indici 1 e 2 sulle soluzioni e sulle costanti di integrazione si riferiscono alle due fasi cosmologiche). Normalizziamo $u_k^1$ imponendo che asintoticamente, per $\eta \to -\infty$, questa soluzione descriva le fluttuazioni quantistiche del vuoto. Sfruttando il limite di grandi argomenti delle funzioni di Hankel abbiamo allora le condizioni (si veda la Sez. 7.1.1):

$$A_k^1 = \sqrt{\frac{\pi}{4}}, \qquad B_k^1 = 0. \qquad (8.42)$$

Nella seconda soluzione è conveniente mettere in esplicita evidenza i coefficienti di Bogoliubov $c_\pm$, che ci servono per il calcolo dello spettro. Usando ancora il limite di grandi argomenti[1]

$$H_\nu^{(1)}(k\eta + k\overline{\eta}_1) \underset{\eta \to \infty}{\longrightarrow} \sqrt{\frac{2}{\pi k \eta}} e^{ik\eta},$$

(8.43)

$$H_\nu^{(2)}(k\eta + \overline{\eta}_1) \underset{\eta \to \infty}{\longrightarrow} \sqrt{\frac{2}{\pi k \eta}} e^{-ik\eta}$$

(modulo una fase costante, irrilevante per i nostri scopi), troviamo allora che $u_k^2$ si riduce asintoticamente alla forma $u_k^{\mathrm{out}}$ dell'Eq. (8.31) purché:

$$A_k^2 = \sqrt{\frac{\pi}{4}} c_+(k), \qquad B_k^2 = \sqrt{\frac{\pi}{4}} c_+(k). \qquad (8.44)$$

---

[1] Si veda ad esempio M. Abramowitz, I.A. Stegun, *Handbook of Mathematical Functions* (Dover, New York, 1972).

Con questa normalizzazione la nostra soluzione assume la forma:

$$u_k^1 = \left(\frac{\pi\eta}{4}\right)^{1/2} H_{\nu_1}^{(2)}(k\eta), \qquad\qquad\qquad \eta \le -\eta_1,$$

$$u_k^2 = \left(\frac{\pi}{4}\right)^{1/2} (\eta + \overline{\eta}_1)^{1/2} \left[c_+(k)H_{\nu_2}^{(2)}(k\eta + k\overline{\eta}_1) + c_-(k)H_{\nu_2}^{(1)}(k\eta + k\overline{\eta}_1)\right], \quad (8.45)$$

$$\eta \ge -\eta_1.$$

I due coefficienti $c_\pm$ possono essere infine determinati dalle due condizioni di continuità per $u_k$ e $u_k'$.

A questo scopo definiamo

$$x_1 = k\eta_1, \qquad -\eta_1 + \overline{\eta}_1 = \eta_1\beta, \qquad \beta = \sqrt{\frac{\alpha_2(\alpha_2 - 1)}{\alpha_1(\alpha_1 - 1)}}, \qquad (8.46)$$

e sfruttiamo le proprietà delle funzioni di Hankel che ci permettono di esprimere $H_\nu(-x)$ in funzione di $H_\nu(x)$, ossia:

$$H_\nu^{(2)}(-x) = -e^{i\pi\nu}H_\nu^{(1)}(x),$$

$$\frac{d}{dx}H_\nu^{(2)}(-x) = e^{i\pi\nu}\frac{d}{dx}H_\nu^{(1)}(x). \qquad (8.47)$$

Imponendo le condizioni

$$u_k^1(-\eta_1) = u_k^2(-\eta_1), \qquad u_k'^1(-\eta_1) = u_k'^2(-\eta_1), \qquad (8.48)$$

otteniamo allora il seguente sistema (lineare, non omogeneo) di due equazioni per le due incognite $c_\pm$:

$$\sqrt{\beta}\left[c_+H_{\nu_2}^{(2)} + c_-H_{\nu_2}^{(1)}\right]_{\beta x_1} = e^{i\phi_1}H_{\nu_1}^{(1)}(x_1),$$

$$\sqrt{\beta}\left[c_+H_{\nu_2}'^{(2)} + c_-H_{\nu_2}'^{(1)}\right]_{\beta x_1} = \left[H_{\nu_1}'^{(1)} + \frac{1}{2x_1}\left(\frac{1}{\beta} - 1\right)H_{\nu_1}^{(1)}\right]_{x_1}, \qquad (8.49)$$

dove

$$e^{i\phi_1} = -\sqrt{-1}\,e^{i\pi\nu_1}. \qquad (8.50)$$

Si noti che il primo sulle funzione di Hankel indica la derivata rispetto al loro argomento, mentre l'indice delle parentesi quadre indica che le funzioni di Hankel relative alla soluzione della prima fase vanno valutate in $x_1$, quelle relative alla seconda fase in $\beta x_1$.

Il sistema (8.49) può essere risolto esattamente, e la soluzione può essere semplificata osservando che il determinante dei coefficienti è proporzionale al determinante Wronskiano delle funzioni di Hankel, che fornisce in generale la condizione:

$$H_\nu^{(2)}(x)H_\nu'^{(1)}(x) - H_\nu^{(1)}(x)H_\nu'^{(2)}(x) = \frac{4i}{\pi x}. \qquad (8.51)$$

Utilizzando questo risultato si arriva immediatamente alla soluzione:

$$
c_+ = -i\frac{\pi x_1}{4}\sqrt{\beta}e^{i\phi_1}\left\{H_{\nu_1}^{(1)}(x_1)H_{\nu_2}^{\prime(1)}(\beta x_1)\right.
$$

$$
\left. +H_{\nu_2}^{(1)}(\beta x_1)\left[H_{\nu_1}^{\prime(1)}+\frac{1}{2x_1}\left(\frac{1}{\beta}-1\right)H_{\nu_1}^{(1)}\right]_{x_1}\right\},
$$

$$
c_- = i\frac{\pi x_1}{4}\sqrt{\beta}e^{i\phi_1}\left\{H_{\nu_1}^{(1)}(x_1)H_{\nu_2}^{\prime(2)}(\beta x_1)\right.
\tag{8.52}
$$

$$
\left. +H_{\nu_2}^{(2)}(\beta x_1)\left[H_{\nu_1}^{\prime(1)}+\frac{1}{2x_1}\left(\frac{1}{\beta}-1\right)H_{\nu_1}^{(1)}\right]_{x_1}\right\}.
$$

È istruttivo verificare che i coefficienti trovati soddisfano identicamente la condizione di normalizzazione (8.32) per qualunque valore dei parametri $\eta_1$, $\alpha_1$, $\alpha_2$ (per il calcolo esplicito di $|c_+|^2 - |c_-|^2$ è conveniente sfruttare la proprietà $H_\nu^{*(1)}(x) = H_\nu^{(2)}(x^*)$, e applicare ripetutamente il risultato (8.51)).

Osserviamo ora che la soluzione (8.52) per $c_\pm$ è stata ottenuta con un modello semplificato (e ovviamente approssimato) di transizione "improvvisa" (o istantanea), in cui la geometria passa bruscamente da una fase all'altra all'istante $\eta = -\eta_1$ dato. Tale approssimazione è valida per i modi di Fourier che hanno un periodo $k^{-1}$ molto maggiore della scala temporale $\eta_1$ (ossia una frequenza $k$ tale che $k\eta_1 \ll 1$), e che oscillano dunque con una frequenza abbastanza piccola da non riuscire a risolvere i dettagli della transizione.

Per i modi di frequenza più elevata ($k\eta_1 \gg 1$) il calcolo corretto dei coefficienti $c_\pm$ richiede l'uso di un modello di transizione più realistico, nel quale il potenziale a gradino venga sostituito da un potenziale continuo e differenziabile dappertutto. Si trova allora che il coefficiente $c_-$, per i modi con $k\eta_1 \gg 1$, tende a essere esponenzialmente soppresso come $|c_-(k)| \sim \exp(-k\eta_1)$ (si veda ad esempio il testo [18] della bibliografia finale). Poiché $|c_-(k)|^2$ rappresenta il numero medio di coppie di gravitoni prodotti (per ogni modo e stato di polarizzazione), si produce quindi un *cut-off* effettivo nello spettro della densità d'energia $\Omega_h(k)$, e si elimina la divergenza ultravioletta prevista dalla soluzione (8.52) (che fornisce invece $|c_-(k)| \to$ costante, indipendente da $k$, per $k \to \infty$).

Poiché in questo testo non siamo interessati ai dettagli della coda ad alta frequenza dello spettro, possiamo approssimare il *cut-off* esponenziale troncando la produzione di gravitoni alla frequenza limite $k_1 = 1/\eta_1$, ossia ponendo

$$
|c_+(k)| \simeq 1, \qquad |c_-(k)| \simeq 0, \qquad k > k_1 = \frac{1}{\eta_1}
\tag{8.53}
$$

(si noti che il valore limite $k_1 \sim |U(-\eta_1)|^{1/2}$ è determinato dall'altezza della barriera di potenziale effettiva che compare nell'equazione canonica (8.38)). Ci concentriamo dunque sui modi che soddisfano la condizione $k\eta_1 \ll 1$ (ovvero sui modi che "urtano" classicamente la barriera di potenziale effettiva, si veda la Fig. 8.1). Per tali modi la soluzione (8.52) è valida, e può essere semplificata utilizzando il limite di piccoli argomenti delle funzioni di Hankel, $x_1 = k\eta_1 \ll 1$, $\beta x_1 \ll 1$.

Consideriamo in particolare il valore di $|c_-|$ che, inserito nell'Eq. (8.36), fornisce la densità d'energia spettrale $\Omega_h(k) \sim k^4 |c_-(k)|^2$. Esprimiamo le derivate delle funzioni di Hankel mediante la relazione

$$H'_\nu(x) = -H_{\nu+1}(x) + \frac{\nu}{x}H_\nu(x), \qquad (8.54)$$

e usiamo lo sviluppo asintotico per piccoli argomenti, che per $\nu \neq 0$ fornisce[2]

$$\begin{aligned} H_\nu^{(1)}(x) &= p_\nu x^\nu + iq_\nu x^{-\nu} + \dots, \\ H_\nu^{(2)}(x) &= p_\nu^* x^\nu - iq_\nu x^{-\nu} + \dots, \end{aligned} \qquad (8.55)$$

dove

$$p_\nu = \frac{1 + i\cot(\nu\pi)}{2^\nu \Gamma(1+\nu)}, \qquad q_\nu = -\frac{2^\nu}{\Gamma(1-\nu)}\csc(\nu\pi). \qquad (8.56)$$

Sostituendo nell'Eq. (8.52), e tenendo tutti (e solo) i termini che possono essere dominanti per $x_1 \ll 1$, arriviamo alla seguente espressione per $c_-(k)$:

$$c_-(k) = b_1 x_1^{\nu_1+\nu_2} + b_2 x_1^{\nu_1-\nu_2} b_3 x_1^{-\nu_1+\nu_2} + b_4 x_1^{-\nu_1-\nu_2}, \qquad (8.57)$$

dove $b_1, b_2, b_3, b_4$ sono coefficienti complessi con modulo di ordine uno (che dipendono da $p, q, \nu_1, \nu_2$, ma che non è necessario specificare per i nostri scopi). Ricordando la definizione (8.41) di $\nu_1, \nu_2$, e la definizione $k_1 = 1/\eta_1$, possiamo infine riscrivere la precedente equazione nella forma

$$\begin{aligned} c_-(k) = b_1 \left(\frac{k}{k_1}\right)^{1-\alpha_1-\alpha_2} &+ b_2 \left(\frac{k}{k_1}\right)^{-\alpha_1+\alpha_2} \\ + b_3 \left(\frac{k}{k_1}\right)^{\alpha_1-\alpha_2} &+ b_4 \left(\frac{k}{k_1}\right)^{\alpha_1+\alpha_2-1}, \qquad k < k_1, \end{aligned} \qquad (8.58)$$

utile per le successive applicazioni.

Il termine che risulta dominante tra questi quattro possibili contributi asintotici, e che determina quindi la distribuzione spettrale (8.36), dipende ovviamente dai valori di $\alpha_1$ e $\alpha_2$. In particolare, a seconda di come questi parametri soddisfino le condizioni $\alpha_1 \gtrless 1/2$, $\alpha_2 \gtrless 1/2$, ci sono quattro casi possibili che abbiamo riassunto nella Tabella 8.1.

Tra tutti i casi possibili concentriamoci su di una situazione particolarmente realistica, in cui la fase inflazionaria, parametrizzata da una generica potenza $\alpha_1$, è seguita da una fase dominata dalla radiazione e caratterizzata dunque dalla potenza $\alpha_2 = 1$ (si veda l'Esercizio 3.2). I termini eventualmente dominanti dell'Eq. (8.58)

---

[2] Il caso $\nu = 0$ va considerato separatamente, si veda la parte finale di questa sezione.

**Tabella 8.1** Distribuzione spettrale del coefficiente di Bogoliubov $|c_-(k)|$ e della densità d'energia $\Omega_h(k)$ per i gravitoni prodotti nella transizione di fase (8.37)

| Fattore di scala $a_i \sim |\eta|^{\alpha_i}$ | Coefficiente Bogoliubov $|c_-(k)|$ | Densità d'energia $\Omega \sim k^4|c_-(k)|^2$ |
|---|---|---|
| $\alpha_1 < \frac{1}{2}, \alpha_2 > \frac{1}{2}$ | $k^{\alpha_1-\alpha_2}$ | $k^{4+2\alpha_1-2\alpha_2}$ |
| $\alpha_1 < \frac{1}{2}, \alpha_2 < \frac{1}{2}$ | $k^{\alpha_1+\alpha_2-1}$ | $k^{2+2\alpha_1+2\alpha_2}$ |
| $\alpha_1 > \frac{1}{2}, \alpha_2 > \frac{1}{2}$ | $k^{1-\alpha_1-\alpha_2}$ | $k^{6-2\alpha_1-2\alpha_2}$ |
| $\alpha_1 > \frac{1}{2}, \alpha_2 < \frac{1}{2}$ | $k^{-\alpha_1+\alpha_2}$ | $k^{4-2\alpha_1+2\alpha_2}$ |

si riducono allora a due,

$$c_-(k) = b_1\left(\frac{k}{k_1}\right)^{-\alpha_1} + b_3\left(\frac{k}{k_1}\right)^{\alpha_1-1}, \qquad k < k_1, \qquad (8.59)$$

e si possono avere due casi, a seconda che $\alpha_1 < 1/2$ o $\alpha_1 > 1/2$.

Nel primo caso domina il termine proporzionale a $b_3$, e otteniamo lo spettro

$$\Omega_h(k) \sim k^4|c_-|^2 \sim \left(\frac{k}{k_1}\right)^{2+2\alpha_1}, \qquad \alpha_1 < \frac{1}{2}. \qquad (8.60)$$

Nel secondo caso domina invece il termine proporzionale a $b_1$, e otteniamo lo spettro

$$\Omega_h(k) \sim k^4|c_-|^2 \sim \left(\frac{k}{k_1}\right)^{4-2\alpha_1}, \qquad \alpha_1 > \frac{1}{2}. \qquad (8.61)$$

In entrambi i casi possiamo definire un indice spettrale tensoriale, $n_T$, prendendo la derivata logaritmica di $\Omega_h$, e ponendo

$$n_T = \frac{d\ln\Omega_h(k)}{d\ln k} \qquad (8.62)$$

(si noti che, seguendo le convenzioni usuali, abbiamo omesso il termine 1 di riferimento che compare invece per l'indice scalare $n_s$ definito dall'Eq. (7.40)). Si ottiene allora

$$n_T = \begin{cases} 2+2\alpha_1, & \alpha_1 < 1/2, \\ 4-2\alpha_1, & \alpha_1 > 1/2. \end{cases} \qquad (8.63)$$

Al variare di $\alpha_1$ lo spettro tensoriale può dunque essere "rosso" (ovvero decrescente, $n_T < 0$), "piatto" (ovvero indipendente da $k$, $n_T = 0$), e "blu" (ovvero crescente, $n_T > 0$). Nel modello considerato, in particolare, avremo uno spettro rosso per $\alpha_1 < -1$, uno spettro blu per $-1 < \alpha_1 < 2$, e poi ancora uno spettro rosso per $\alpha_1 > 2$ (quest'ultima possibilità non sembra però realizzabile in pratica, perché in quel caso il modello inflazionario diventa instabile e non può effettuare la transizione alla fase standard).

Consideriamo in particolare il caso $\alpha_1 < 1/2$, che include tutti i possibili tipi di inflazione attualmente noti. Per questo valore di $\alpha_1$ è possibile stabilire una interessante connessione diretta tra la pendenza dello spettro tensoriale e l'andamento della curvatura durante la fase inflazionaria.

Ricordando la classificazione cinematica delle varie fasi accelerate, presentata nella Sez. 4.3, possiamo infatti dedurre dall'Eq. (8.63) che lo spettro risulta piatto per de Sitter ($\alpha_1 = -1$), decrescente per inflazione a potenza ($\alpha_1 < -1$), e crescente per superinflazione ($-1 < \alpha_1 < 0$). Ma la curvatura dello spazio-tempo è appunto costante per de Sitter, decrescente per inflazione a potenza, e crescente per superinflazione (si veda la Tabella 4.1). Si arriva così alla situazione illustrata nella Fig. 8.2, che conferma in maniera evidente la possibilità di estrarre preziose informazioni sulla geometria dell'Universo primordiale dalle proprietà della radiazione gravitazionale fossile.

Notiamo infine che il valore massimo dell'indice spettrale suggerito dall'Eq. (8.63), $n_T = 3$, si trova in corrispondenza del valore $\alpha_1 = 1/2$, ossia $\nu_1 = 0$, che abbiamo escluso dalla nostra precedente discussione quando abbiamo utilizzato lo sviluppo asintotico (8.55). Per includere anche questo caso dobbiamo considerare il limite di piccoli argomenti delle funzioni di Hankel con indice di Bessel $\nu = 0$, che contiene correzioni logaritmiche[3], e che ci porta al seguente risultato per $c_-$,

$$c_-(k) = c_1 \left( \frac{k}{k_1} \right)^{\frac{1}{2} - \alpha_2} \ln \left( \frac{k}{k_1} \right) + c_2 \left( \frac{k}{k_1} \right)^{\alpha_2 - \frac{1}{2}} \ln \left( \frac{k}{k_1} \right), \quad k < k_1, \quad (8.64)$$

al posto della precedente Eq. (8.58). Per una fase di radiazione ($\alpha_2 = 1$) troviamo allora lo spettro

$$\Omega_h(k) \sim k^4 |c_-(k)|^2 \sim k^3 \ln^2 \left( \frac{k}{k_1} \right), \quad k < k_1, \quad (8.65)$$

che riproduce l'attesa pendenza massima con $n_T = 3$ e con le necessarie correzioni logaritmiche. È interessante osservare che tale spettro appare in modo naturale nei modelli inflazionari basati sulla teoria delle superstringhe (si veda ad esempio il testo [10] della bibliografia finale).

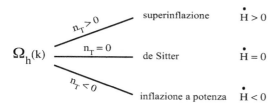

**Fig. 8.2** La densità d'energia spettrale delle perturbazioni tensoriali risulta piatta per i modelli inflazionari a curvatura costante (de Sitter), crescente per quelli a curvatura crescente (superinflazione), decrescente per quelli a curvatura decrescente (inflazione a potenza)

---

[3] Si veda il testo citato nella Nota n. 1.

## 8.3 Il fondo gravitazionale dei modelli inflazionari

In ogni modello cosmologico realistico la fase della radiazione è necessariamente seguita da una fase dominata dalla materia, che inizia alla cosiddetta epoca d'equilibrio $\eta_{eq}$ e si protrae fino all'epoca attuale $\eta_0$ (salvo eventuali e molto recenti transizioni ad una nuova fase dominata dall'energia oscura, si veda la Sez. 4.1.2 e in particolare l'Esercizio 4.1). Questo significa che il metodo della sezione precedente per il calcolo dello spettro va applicato a un modello che contiene almeno tre fasi: inflazione, con un fattore di scala $a \sim (-\eta)^{\alpha}$, che si estende fino all'epoca $-\eta_1$; radiazione, con $a \sim \eta$, fino all'epoca $\eta_{eq}$; e materia, con $a \sim \eta^2$, fino a $\eta = \eta_0$.

In questo contesto l'equazione canonica delle perturbazioni tensoriali si spezza in tre parti, e alla soluzione (8.45) per $u_k^1$ e $u_k^2$ dobbiamo aggiungere una nuova componente $u_k^3$ che descrive l'evoluzione delle fluttuazioni da $\eta_{eq}$ a $\eta_0$. Tale soluzione ha la stessa forma di quelle precedenti: è caratterizzata da un indice di Bessel $\nu_3 = (1/2) - \alpha_3 = -3/2$ e contiene due nuove costanti di integrazione, da determinare imponendo la continuità con $u_k^2$ (e le sue derivate) all'epoca di transizione $\eta = \eta_{eq}$. Queste costanti, opportunamente normalizzate in accordo all'Eq. (8.44), forniscono i nuovi coefficienti di Bogoliubov $c_{\pm}^3$ che controllano la distribuzione spettrale del fondo di gravitoni durante la fase materiale.

Con queste premesse possiamo procedere al calcolo di $c_-^3$ esattamente come nella sezione precedente, osservando innanzitutto che, per i modi di Fourier con frequenza superiori all'altezza della barriera di potenziale $|U(\eta_{eq})|^{1/2} \sim \eta_{eq}^{-1}$, la produzione di gravitoni dovuta alla seconda transizione risulta esponenzialmente soppressa, e nel nostro contesto può essere trascurata. Questo significa, in pratica, che i modi con $k \gg k_{eq} \equiv \eta_{eq}^{-1}$ non "sentono" la transizione alla fase materiale, e i loro coefficienti di Bogoliubov rimangono gli stessi della precedente fase di radiazione, $c_{\pm}^3 \simeq c_{\pm}^2$. Abbiamo dunque, come primo risultato,

$$ c_-^3(k) \sim \left( \frac{k}{k_1} \right)^{-|\frac{1}{2}-\alpha|-\frac{1}{2}}, \qquad k_{eq} < k < k_1, \qquad (8.66) $$

dove abbiamo usato l'Eq. (8.59) per $c_-$ (con $\alpha_1 = \alpha$), e dove abbiamo inserito un valore assoluto all'esponente per riassumere con un unico termine i due casi $\alpha < 1/2$ e $\alpha > 1/2$. Nel primo caso si riottiene infatti l'andamento a potenza del termine proporzionale a $b_3$, nel secondo quello del termine proporzionale a $b_1$.

I modi con $k < k_{eq}$, invece, risentono della transizione alla fase materiale. Utilizzando il limite per piccoli argomenti delle funzione di Hankel, le condizioni di continuità a $\eta_{eq}$ forniscono:

$$ c_-^3(k) \sim \left( \frac{k}{k_{eq}} \right)^{-1} \left( \frac{k}{k_1} \right)^{-|\frac{1}{2}-\alpha|-\frac{1}{2}}, \qquad k \lesssim k_{eq}. \qquad (8.67) $$

Anche in questo caso abbiamo due possibili distribuzioni, a seconda che $\alpha > 1/2$ oppure $\alpha < 1/2$. Si noti che in questa equazione, come in quella precedente, abbiamo omesso per semplicità un coefficiente numerico complesso, con modulo di ordine uno, che può essere esplicitamente calcolato dallo sviluppo asintotico delle funzioni di Hankel.

I due precedenti risultati, inseriti nella definizione (8.36), ci permettono di esprimere la densità d'energia spettrale del fondo di radiazione gravitazionale in tutta la banda di frequenza che va dal valore massimo $k_1$ (sopra al quale l'amplificazione inflazionaria risulta esponenzialmente soppressa) fino al valore minimo $k_0 = \eta_0^{-1}$ (corrispondente ai modi che rientrano dentro all'orizzonte nell'epoca attuale).

A questo scopo è opportuno utilizzare le frequenza proprie $\omega = k/a$ al posto di quelle comoventi, e riscrivere l'Eq. (8.36) come

$$\Omega_h(\omega,t) = \frac{\omega}{3M_{\rm P}^2 H^2} \frac{d\langle\rho\rangle}{d\omega} = \frac{2\omega^4}{3\pi^2} \frac{|c_-(\omega)|^2}{M_{\rm P}^2 H^2}. \tag{8.68}$$

Introduciamo in particolare la frequenza propria del *cut-off*, $\omega_1 = k_1/a$, e definiamo l'utile parametro $H_1 \equiv \omega_1(t_1) = k_1/a_1$ che controlla la scala di curvatura all'epoca della transizione inflazione $\rightarrow$ radiazione (o anche, se vogliamo, all'epoca in cui è uscito dall'orizzonte il modo di frequenza più elevata). Possiamo allora porre

$$\omega^4 = \omega_1^4 \left(\frac{\omega}{\omega_1}\right)^4 = H_1^4 \left(\frac{a_1}{a}\right)^4 \left(\frac{\omega}{\omega_1}\right)^4. \tag{8.69}$$

La densità d'energia della radiazione, d'altra parte, evolve nel tempo come $\rho_r(t) = \rho_1(a_1/a)^4$, dove $\rho_1$ è la densità d'energia all'inizio dell'epoca della radiazione, tale che:

$$H_1^2 = \frac{8\pi G}{3}\rho_1 = \frac{\rho_1}{3M_{\rm P}^2}. \tag{8.70}$$

Sostituendo queste definizioni nell'Eq. (8.68) otteniamo l'espressione

$$\Omega_h(\omega,t) = \frac{2}{3\pi^2}\Omega_r(t)\left(\frac{H_1}{M_{\rm P}}\right)^2 \left(\frac{\omega}{\omega_1}\right)^4 |c_-(\omega)|^2, \qquad \omega < \omega_1, \tag{8.71}$$

dove $\Omega_r = \rho_r/\rho_c = \rho_r/(3M_{\rm P}^2 H^2)$ è la densità d'energia della radiazione presente nel nostro modello, in unità critiche e in funzione del tempo.

Utilizziamo infine i coefficienti di Bogoliubov dati dalle equazioni (8.66), (8.67) e assorbiamo, per semplicità, tutti i fattori numerici di ordine uno nel parametro incognito $H_1$ che caratterizza la fase inflazionaria. Arriviamo così alla seguente densità d'energia spettrale,

$$\begin{aligned}
\Omega_h(\omega,t) &= \Omega_r(t)\left(\frac{H_1}{M_{\rm P}}\right)^2 \left(\frac{\omega}{\omega_1}\right)^{3-|1-2\alpha|}, &\omega_{\rm eq} < \omega < \omega_1, \\
&= \Omega_r(t)\left(\frac{H_1}{M_{\rm P}}\right)^2 \left(\frac{\omega}{\omega_1}\right)^{3-|1-2\alpha|}\left(\frac{\omega}{\omega_{\rm eq}}\right)^{-2}, &\omega_0 < \omega < \omega_{\rm eq},
\end{aligned} \tag{8.72}$$

tipica di un fondo gravitazionale cosmico, di origine inflazionaria, possibilmente presente nell'epoca attuale.

Questa distribuzione spettrale contiene due importanti parametri che dipendono dal modello inflazionario considerato: 1) la scala di curvatura $H_1$, che controlla l'ampiezza del fondo; 2) la potenza cinematica $\alpha$, che controlla la pendenza dello spettro. È inoltre caratterizzata da tre scale di frequenza: $\omega_1$, $\omega_0$ e $\omega_{eq}$ che determinano rispettivamente il *cut-off* ultravioletto, infrarosso, e la posizione del gradino dello spettro. In vista della discussione delle sezioni successive è utile stimare esplicitamente i valori attuali di queste tre frequenze proprie.

Il valore attuale di $\omega_1$, ossia $\omega_1(t_0)$, può essere espresso in unità di Planck come segue:

$$
\begin{aligned}
\omega_1(t_0) = \omega_1(t_1)\left(\frac{a_1}{a_0}\right) &= H_1\left(\frac{a_1}{a_{eq}}\right)\left(\frac{a_{eq}}{a_0}\right) = \frac{H_1}{M_P}\left(\frac{H_{eq}}{H_1}\right)^{1/2}\left(\frac{H_0}{H_{eq}}\right)^{2/3} M_P \\
&= \left(\frac{H_1}{M_P}\right)^{1/2}\left(\frac{H_{eq}}{M_P}\right)^{1/2}\left(\frac{H_0}{H_{eq}}\right)^{2/3} M_P .
\end{aligned}
\tag{8.73}
$$

Abbiamo usato le relazioni $a \sim t^{1/2} \sim H^{-1/2}$ per la fase di radiazione, e $a \sim t^{2/3} \sim H^{-2/3}$ per la fase materiale. Ricordando i risultati (3.70), (3.71) per $H_{eq}$ e $H_0$ abbiamo quindi

$$
\omega_1(t_0) \simeq 3.5 \times 10^{11} \left(\frac{H_1}{M_P}\right)^{1/2} \text{Hz}
\tag{8.74}
$$

(abbiamo usato $h = 0.72$ e la relazione $M_P \simeq 0.368 \times 10^{43}$ Hz, si veda la sezione iniziale sulle Notazioni e Convenzioni) Questo risultato ci dice che $H_1$ controlla non solo l'intensità dello spettro, ma anche la sua estensione in frequenza.

Procedendo in modo analogo, e osservando che $\omega(t_{eq}) \equiv H_{eq}$, $\omega_0(t_0) \equiv H_0$, otteniamo

$$
\begin{aligned}
\omega_{eq}(t_0) = H_{eq}\left(\frac{a_{eq}}{a_0}\right) &= \frac{H_{eq}}{H_0}\left(\frac{H_0}{H_{eq}}\right)^{2/3} H_0 = \left(\frac{H_{eq}}{H_0}\right)^{1/3} \omega_0 \\
&\simeq 0.66 \times 10^2 \, \omega_0
\end{aligned}
\tag{8.75}
$$

dove

$$
\omega_0 = H_0 \simeq 3.26 \times 10^{-18} h\,\text{Hz} \simeq 2.3 \times 10^{-18} \text{Hz}.
\tag{8.76}
$$

Osserviamo infine che la densità d'energia spettrale dei gravitoni data dall'Eq. (8.72) varia nel tempo esattamente come la densità d'energia della radiazione rispetto alla densità critica, $\Omega_h(t) \sim \Omega_r(t)$. Rimane dunque costante nella fase della radiazione, e decresce come $a^{-1}$ nella fase della materia. Attualmente

$$
\Omega_r(t_0) \simeq 2.47 \times 10^{-5} h^{-2} \simeq 4.7 \times 10^{-5}
\tag{8.77}
$$

(si veda l'Eq. (3.33)).

Usando questo valore numerico, insieme a quelli di $\omega_1$, $\omega_0$, $\omega_{eq}$ riportati in precedenza, abbiamo uno spettro di gravitoni fossili che risulta completamente determinato per ogni dato valore dei parametri inflazionari $\alpha$ e $H_1$.

### 8.3.1 Vincoli fenomenologici sull'intensità del fondo

In questa sezione presenteremo, senza derivarli direttamente, alcuni vincoli fenomenologici attualmente esistenti sull'intensità di un fondo cosmico di radiazione gravitazionale. Questi vincoli riguardano bande di frequenza molto diverse tra loro, e quindi ci forniscono informazioni su come la densità d'energia gravitazionale (8.72) può essere distribuita sul piano $(\omega, \Omega_h)$. Tutti i vincoli che riporteremo si riferiscono all'epoca attuale, ossia a $\Omega_h(\omega, t_0)$.

Un primo vincolo si ottiene dall'anisotropia $\Delta T/T$ della radiazione CMB (si veda l'Esercizio 8.5 e anche la Sez. 8.3.3), si applica alla scala di frequenze $\omega_0$ corrispondente all'attuale valore dell'orizzonte di Hubble, ed impone la condizione:

$$\Omega_h(\omega_0, t_0) \lesssim 10^{-10}, \qquad \omega_0 \sim 10^{-18}\,\text{Hz}. \qquad (8.78)$$

Questo vincolo fornisce una condizione molto stringente sul valore permesso di $H_1$ nel caso in cui lo spettro sia piatto ($\alpha = -1$) o decrescente ($\alpha < -1$). Per uno spettro piatto, in particolare, la precedente condizione si scrive

$$\Omega_r(t_0)\left(\frac{H_1}{M_P}\right)^2\left(\frac{\omega_{eq}}{\omega_0}\right)^2 \lesssim 10^{-10}, \qquad (8.79)$$

e usando i valori numerici della sezione precedente si ottiene

$$H_1 \lesssim 2 \times 10^{-5} M_P. \qquad (8.80)$$

Se lo spettro è decrescente il limite superore per $H_1$ risulta ancor più basso, come è facile verificare. Se invece è crescente questo limite può essere evaso, ma allora entrano in gioco altri vincoli che si riferiscono a frequenze più elevate di $\omega_0$.

Uno di questi vincoli si ottiene dallo studio dei battiti dei segnali radio ricevuti dalla pulsars, segnali che vengono tenuti sotto osservazione ormai da molti anni: il periodo tipico dei battiti è dell'ordine dei millisecondi, ma presenterebbe delle distorsioni se fosse presente un fondo di radiazione gravitazionale sufficientemente intenso. L'assenza di distorsione osservabile ci permette di imporre il limite[4]

$$\Omega_h(\omega_P, t_0) \lesssim 10^{-8}, \qquad \frac{\omega_P}{2\pi} \sim 10^{-8}\,\text{Hz}, \qquad (8.81)$$

dove la frequenza $\omega_P$ dipende sostanzialmente dall'inverso del tempo di osservazione.

---

[4] Si veda ad esempio V. Kaspi, J. Taylor, M. Ryba, *Ap. J.* **428**, 713 (1994).

Un altro limite, particolarmente rilevante per le frequenza ancor più elevate, si ottiene considerando i cosiddetti processi di nucleosintesi che hanno avuto luogo nella fase della radiazione, e precisamente all'epoca in cui la temperatura dell'Universo era dell'ordine del MeV. Il parametro di Hubble di quell'epoca, come discusso nella Sez. 3.3, dipende non solo dalla temperatura ma anche dal numero dei gradi di libertà presenti nel bagno termico (si veda in particolare l'Eq. (3.64)). Ne consegue che non ci possono essere "troppe" speci di particelle presenti a quell'epoca perché altrimenti il valore di $H$ diventerebbe troppo elevato, l'Universo si espanderebbe troppo velocemente, e i processi di nucleosintesi non avrebbero il tempo necessario di compiersi.

Applicando questi argomenti ai gravitoni si trova che la loro densità d'energia totale non può essere superiore a circa un decimo della densità d'energia della radiazione presente nel modello standard, $\rho_h(t) \lesssim 0.1\rho_r(t)$. Il calcolo preciso[5] fornisce un limite che – riferito alla attuale densità d'energia gravitazionale – si può esprimere come segue:

$$\int_{\omega_0}^{\omega_1} \frac{d\omega}{\omega} \Omega_h(\omega, t_0) \lesssim 0.5 \times 10^{-5} h^{-2}. \tag{8.82}$$

Si noti che questo vincolo si applica all'intensità totale, ossia allo spettro integrato su tutte le possibili frequenze. Ne risulta però anche un limite superiore sul possibile valore di picco dello spettro,

$$\Omega_h(\omega, t_0) \lesssim 10^{-5}, \tag{8.83}$$

indipendentemente dalla sua posizione in frequenza.

Questo limite indiretto è stato recentemente confermato – e leggermente migliorato – dal limite diretto ottenuto dai rivelatori gravitazionali LIGO e VIRGO, la cui analisi dati ha fornito il risultato[6]

$$\Omega_h(\omega_L, t_0) < 6.9 \times 10^{-6}, \qquad \frac{\omega_L}{2\pi} \sim 100\,\mathrm{Hz}. \tag{8.84}$$

Tale limite (a differenza dal precedente) vale solo per la banda di frequenza che va circa dai 40 ai 200 Hz, centrata attorno alla frequenza di massima sensibilità dei rivelatori interferometrici. In questa banda ci si aspetta che il limite possa venir migliorato (anche di alcuni ordini di grandezza) nel giro di pochi anni (si veda la Sez. 8.4.1).

Combinando le informazioni che ci vengono dai vincoli precedenti possiamo ora costruire un grafico che mostra in dettaglio quale potrebbe essere la distribuzione in frequenza del fondo di gravitoni fossili (8.72), al variare dell'indice spettrale $\alpha$ e del parametro $H_1$. Concentriamoci in particolare sui valori $\alpha \leq 1/2$ (tipici dei

---

[5] Si veda ad esempio R. Brustein, M. Gasperini, G. Veneziano, *Phys. Rev.* **D 55**, 3882 (1997).

[6] The LIGO Scientific Collaboration, the VIRGO Collaboration, *Nature* **460**, 990 (2009).

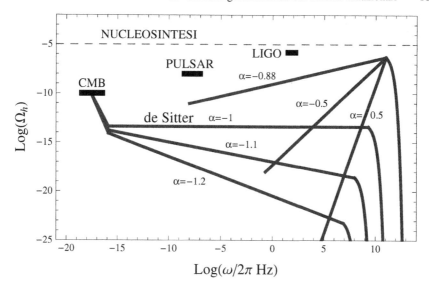

**Fig. 8.3** Possibili distribuzioni della densità d'energia spettrale (8.72) per un fondo di gravitoni cosmici di origine inflazionaria, per vari valori del parametro $\alpha$. Per gli spettri crescenti abbiamo usato $H_1 = 0.1 . M_P$, per quelli decrescenti e piatti il massimo valore di $H_1$ compatibile con il vincolo CMB. La figura mostra anche i vincoli fenomenologici forniti dalle pulsars, dalla nucleosintesi e l'attuale limite diretto fornito da LIGO e VIRGO

modelli inflazionari attualmente noti), che inseriti nell'Eq. (8.72) forniscono l'indice spettrale $n_T = 2 + 2\alpha$ per $\omega > \omega_{eq}$, e $n_T = 2\alpha$ per $\omega < \omega_{eq}$.

Gli spettri con $\alpha \le -1$ sono sempre decrescenti (o al massimo piatti), e risentono esclusivamente del vincolo di bassa frequenza (8.78) ottenuto dall'anisotropia della radiazione CMB. Tale vincolo limita anche il valore di $H_1$ (si veda l'Eq. (8.80)), e di conseguenza il *cut-off* $\omega_1$ (si veda l'Eq. (8.74)), ossia l'estensione in frequenza dello spettro. La Fig. 8.3 illustra la massima intensità possibile per tre diversi spettri decrescenti, corrispondenti ai modelli di de Sitter ($\alpha = -1$) e inflazione a potenza ($\alpha = -1.1$, $\alpha = -1.2$).

Gli spettri crescenti possono invece evadere i limiti di bassa frequenza, e – a patto di crescere in maniera sufficientemente rapida – sono vincolati solo dalla nucleosintesi. In questo caso il picco dello spettro si trova in corrispondenz del *cut-off* $\omega_1$, e la condizione (8.82) imposta sullo spettro (8.72) fornisce $H_1 \lesssim 0.4 M_P$. La Fig. 8.3 mostra tre possibili tipi di spettro crescente corrispondenti al caso $H_1 = 0.1 M_P$ (che è il valore massimo di $H_1$ suggerito dai modelli basati sulla teoria delle stringhe, e che è automaticamente compatibile con la nucleosintesi), e corrispondenti a indici spettrali sufficientemente ripidi da essere compatibili con gli altri vincoli di bassa frequenza ($\alpha = 0.5$, $\alpha = -0.5$ e $\alpha = -0.88$).

## 8.3.2 Esempio: inflazione "slow-roll"

Nei modelli inflazionari di tipo *slow-roll* l'indice spettrale delle perturbazioni tensoriali è strettamete collegato a quello delle perturbazioni scalari, e tende a definire una distribuzione piatta (o lentamente decrescente) come quella che caratterizza lo spettro delle perturbazioni di curvatura.

Questa proprietà è tipica di tutti i modelli inflazionari nei quali le fluttuazioni scalari – responsabili dell'anisotropia CMB – hanno la stessa origine primordiale di quelle tensoriali: quasi inevitabilmente, in questo caso, i due tipi di perturbazioni sono dotati di spettri simili e intensità confrontabili. L'anisotropia osservata richiede infatti uno spettro scalare pressoché piatto (si veda la Sez. 7.4) e quindi, nel contesto di questi modelli, anche lo spettro tensoriale deve essere caratterizzata da tale proprietà. Una conclusione del genere può essere evitata solo se il contributo scalare all'anisotropia CMB è dovuto a perturbazioni prodotte in epoche successive a quella inflazionaria[7]: in questo caso lo spettro tensoriale diventa indipendente da quello scalare, non è più soggetto ai vincoli imposti da $\Delta T/T$, e può essere anche fortemente crescente.

Tornando ai modelli di inflazione *slow-roll*, è facile evidenziare le analogie (e le differenze) tra i due spettri caratterizzando lo spettro tensoriale con gli stessi parametri usati per quello scalare, ossia con i parametri di *slow-roll* $\varepsilon_k \ll 1$, $\eta_k \ll 1$, e con il parametro di *e-folding* $N_k \gg 1$ (l'indice $k$ sta a indicare che questi parametri vanno valutati all'epoca in cui un dato modo $k$ esce dall'orizzonte, come discusso nella Sez. 7.2.1).

Concentriamoci sullo stesso caso considerato per le perturbazioni scalari nella Sez. 7.2.1, ossia una fase di inflazione *slow-roll* dominata da un potenziale inflatonico di tipo $V(\phi) \sim \phi^\beta$, con un fattore di scala che approssima quello di de Sitter e che può essere parametrizzato come segue:

$$a \sim (-\eta)^\alpha, \quad \alpha = -1-\varepsilon, \quad \varepsilon = \frac{1}{2\lambda_P^2}\left(\frac{V_\phi}{V}\right)^2 = \frac{\beta^2}{2\lambda_P^2\phi^2} \ll 1. \qquad (8.85)$$

Con questo fattore di scala l'indice spettrale tensoriale, dato dall'Eq. (8.63), si può scrivere nella forma

$$n_T(k) = 2+2\alpha_k = -2\varepsilon_k = -\frac{\beta^2}{\lambda_P^2\phi_k^2} = -\frac{\beta}{2N_k}, \qquad (8.86)$$

dove abbiamo usato la definizione (7.46) di $N_k$ per effettuare l'ultimo passaggio.

Nei modelli convenzionali la potenza $\beta$ è positiva, per cui lo spettro tensoriale risulta leggermente rosso, $n_T < 0$, $|n_T| \ll 1$. Il confronto con il corrispondente spettro scalare, Eq. (7.47), ci dice che – a parte il fattore 1 dovuto alla definizione – l'indice $n_T$ differisce da $n_s$ solo per la mancanza del termine $-1/N_k$, che rende lo spettro

---

[7] Una esempio di questa possibilità è fornita dai modelli basati sul cosiddetto "curvatone", si veda ad esempio D.H. Lyth, D. Wands. *Phys. Lett.* **B 524**, 5 (2002).

scalare leggermente più rosso di quello tensoriale. Combinando le espressioni per i due indici abbiamo infatti

$$n_T(k) = n_s(k) - 1 + \frac{1}{N_k}. \tag{8.87}$$

Le misure sperimentali di $n_s$ (si veda ad esempio il risultato (7.43)) determinano allora i valori permessi di $n_T$ per ogni modello di *slow-roll* dato.

L'uso dei parametri di *slow-roll* ci permette anche di collegare la ampiezze dei due spettri.

Ricordiamo infatti che l'ampiezza spettrale delle perturbazioni scalari, fuori dall'orizzonte e per una data scala $k$, è controllata dal valore del *pump-field* $z$ all'istante di uscita dall'orizzonte di quella scala, $\Delta_{\mathscr{R}}^2(k) \sim (z\eta)_k^{-2}$ (si veda l'Eq. (7.32)). Per le perturbazioni tensoriali l'equazione canonica è la stessa e il risultato è lo stesso, $\Delta_h^2(k) \sim (z\eta)_k^{-2}$, con l'unica differenza che il *pump-field* tensoriale $z_h$ è dato dall'Eq. (8.26), mentre quello scalare $z_s$ è dato dall'Eq. (7.3). L'intensità relativa delle due ampiezze è dunque controllata dal rapporto

$$r(k) = \frac{2\Delta_h^2(k)}{\Delta_{\mathscr{R}}^2(k)} = \left(\frac{2z_s}{z_h}\right)_k^2 = 8\left(\frac{\dot{\phi}}{HM_P}\right)_k^2, \tag{8.88}$$

dove il fattore 2 che moltiplica lo spettro tensoriale è dovuto al contributo dei due modi di polarizzazione indipendenti.

Per una fase di inflazione *slow-roll*, d'altra parte, possiamo esprimere il rapporto $\dot{\phi}/H$ mediante l'Eq. (5.22). Usando le definizioni di $\varepsilon_k$ e $N_k$ abbiamo allora

$$r(k) = \frac{8}{\lambda_P^2}\left(\frac{V_\phi}{V}\right)_k^2 = 16\varepsilon_k = -8n_T(k) = \frac{4\beta}{N_k}. \tag{8.89}$$

Eliminando $N_k$ tramite l'espressione dell'indice scalare, Eq. (7.47), arriviamo infine all'importante relazione

$$r(k) = \frac{8\beta}{2+\beta}[1 - n_s(k)]. \tag{8.90}$$

Con i valori di $n_s$ forniti dalle misure dell'anisotropia CMB, questa relazione ci permette di predire l'intensità relativa dello spettro tensoriale (rispetto a quello scalare) per ogni dato modello di inflazione *slow-roll* con potenziale inflatonico caratterizzato dal parametro $\beta$.

Consideriamo ad esempio il semplice modello di inflazione caotica con $\beta = 2$, ed usiamo per $n_s$ il risultato sperimentale (7.43) (valido a grandi scale): l'Eq. (8.90) fornisce allora $r \sim 0.16$, e predice un contributo tensoriale su grandi scale che dovrebbe essere direttamente rivelato con misure sufficientemente precise della polarizzazione della radiazione CMB (si veda a questo proposito la sezione seguente).

### 8.3.3 Contributi tensoriali alla CMB

Ci sono due possibile effetti prodotti dalle perturbazioni tensoriali sulla radiazione CMB: il contributo all'anisotropia termica e l'influenza sullo stato di polarizzazione della radiazione elettromagnetica.

Il contributo alle fluttuazioni termiche è descritto dall'effetto Sachs-Wolfe integrato, e in particolare dall'ultimo termine dell'Eq. (7.88) la cui componente di Fourier, in forma esplicita, è data da

$$\frac{\Delta T}{T}(\hat{n}, \boldsymbol{k}, \eta_0)\bigg|_{\text{tensor}} = \frac{1}{2} \int_{\eta_{\text{dec}}}^{\eta_0} d\eta \, \hat{n}^i \hat{n}^j h'_{ij}(\eta, \boldsymbol{k}) e^{i\hat{n} \cdot \boldsymbol{k}(\eta_0 - \eta)}. \tag{8.91}$$

Il calcolo della relativa funzione di correlazione può essere effettuato esattamente come nel caso scalare, espandendo le onde piane in polinomi di Legendre, effettuando la media spaziale, e sfruttando la relazione di ortonormalità e il teorema di addizione delle armoniche sferiche (si veda la Sez. 7.4). Il risultato è formalmente identico a quello delle pertubazioni scalari, Eq. (7.97), ma con un diverso coefficiente multipolare $C_l^T$ definito da

$$C_l^T = \frac{2(l+2)!}{\pi(l-2)!} \int_0^\infty \frac{dk}{k} k^3 \left| \int_{\eta_{\text{dec}}}^{\eta_0} d\eta \, h'(\eta, k) \frac{j_l(k\eta_0 - k\eta)}{(k\eta_0 - k\eta)^2} \right|^2 \tag{8.92}$$

($h$ è uno dei due modi di polarizzazione tensoriale, e si è supposto che il fondo tensoriale non sia polarizzato). La presenza di $j_l(x)/x^2$ – anziché semplicemente $j_l$, come nel corrispondente coefficiente scalare (7.99) – è dovuta al fatto che lo sviluppo multipolare effettuato per un tensore (simmetrico, trasverso, a traccia nulla) introduce per ogni termine contenente $j_l$ due ulteriori termini proporzionali a $j_{l+2}$ e $j_{l-2}$, la cui combinazione con $j_l$ produce appunto il risultato $j_l(x)/x^2$ (per un calcolo esplicito si veda ad esempio il testo [17] della bibliografia finale).

È facile verificare che il contributo tensoriale (8.92) è rilevante solo a grandi scale angolari (ovvero a valori di $l$ sufficientemente piccoli). Basta osservare, a questo proposito, che le perturbazioni tensoriali nella fase dominata dalla materia sono caratterizzate da un indice di Bessel $\nu_3 = -3/2$ (si veda la Sez. 8.3), e quindi possono essere espresse in termini delle ordinarie funzioni di Bessel come $h_k \sim \eta^{-3/2} J_{3/2}(k\eta)$: ne consegue che $h'_k \sim \eta^{-3/2} J_{5/2}$, o anche, usando le funzioni di Bessel sferiche, $h'_k \sim \eta^{-1} j_2(k\eta)$ (si veda l'Eq. (7.90)). Sostituendo nell'integrale (8.92), e ricordando che il contributo dominante di $j_l(x)$ si ha per $x \simeq l$, si trova allora che il contributo tensoriale non è soppresso per $k\eta \simeq 2$ e $k\eta_0 \simeq l$, ossia per $l \simeq 2\eta_0/\eta$. Poiché l'integrale si estende fino al valore minimo $\eta_{\text{dec}}$ avremo dunque un coefficiente tensoriale $C_l^T$ non soppresso fino al multipolo massimo

$$l \lesssim l_{\text{max}} = \frac{2\eta_0}{\eta_{\text{dec}}} = 2 \left( \frac{T_{\text{dec}}}{T_0} \right)^{1/2} \simeq 66, \tag{8.93}$$

che caratterizza la scala angolare $\theta = \pi/l_{\text{max}}$ al di sotto della quale gli effetti tensoriali sono trascurabili ( per il rapporto $T_{\text{dec}}/T_0$ abbiamo usato l'Eq. (7.55)).

Al di sopra di questa scala angolare possiamo effettuare una stima approssimata di $C_l^T$ osservando che ogni modo $k$ fornisce il contributo principale a $h_k'$ all'epoca di rientro dentro l'orizzonte, $\eta = k^{-1}$, e approssimando l'integrale in $d\eta$ come segue:

$$\int d\eta \, h_k'(\eta, \mathbf{k}) \frac{j_l(k\eta_0 - k\eta)}{(k\eta_0 - k\eta)^2} \simeq \frac{j_l(k\eta_0)}{(k\eta_0)^2} h(\mathbf{k}, \eta)\big|_{k\eta=1}. \tag{8.94}$$

Usiamo un generico spettro tensoriale,

$$\Delta_h^2(k) \equiv \frac{k^3}{2\pi^2} |h_k|^2 = A_T^2 \left(\frac{k}{k_0}\right)^{n_T}, \tag{8.95}$$

e poniamo $k\eta_0 = x_0$. Sostituendo nell'Eq. (8.92) otteniamo allora

$$\begin{aligned}
C_l^T &= 4\pi A_T^2 \frac{(l+2)!}{(l-2)^2} \int_0^\infty dx_0 x_0^{n_T-5} j_l^2(x_0) \\
&= 2\pi^2 A_T^2 \frac{(l+2)!}{(l-2)^2} \frac{\Gamma(6-n_T)\Gamma\left(l-2+\frac{n_T}{2}\right)}{2^{6-n_T}\Gamma^2\left(\frac{7}{2}-n_T\right)\Gamma\left(l+4-\frac{n_T}{2}\right)}, \quad l \lesssim 66
\end{aligned} \tag{8.96}$$

(l'apparente singolarità in $l = 2$ non è fisica, ma è dovuta alla grossolana approssimazione usata).

Alle grandi scale angolari il contributo tensoriale all'anisotropia CMB risulta dunque confrontabile (almeno in principio) con il contributo scalare dato dall'Eq. (7.102), e i risultati delle misure sperimentali (si veda ad esempio l'Eq. (7.103)) possono essere usati per vincolare l'ampiezza $A_T^2$, per ogni dato valore di $n_T$. Applicando inoltre allo spettro tensoriale i risultati dell'Esercizio 8.5 possiamo esprime $A_T^2$ in funzione della densità d'energia gravitazionale alla scala dell'orizzonte,

$$A_T^2 = 12\pi\Omega_h(\omega_0, t_0) \tag{8.97}$$

(si veda l'Eq. (8.163)), e il calcolo numerico esatto di $C_l^T$, confrontato con i dati sperimentali, ci permette di formulare in maniera precisa il vincolo espresso dall'Eq. (8.78).

Veniamo ora la secondo effetto, che riguarda la polarizzazione della radiazione CMB.

Ci sono due possibili stati di polarizzazione, ortogonali tra loro: il cosiddetto stato "elettrico", o *E-mode*, in cui i vettori di polarizzazione si allineano in modo da formare una mappa vettoriale a rotore nullo, e lo stato "magnetico", o *B-mode*, corrispondente a una mappa vettoriale a divergenza nulla (si veda la Fig. 8.4). La polarizzazione di tipo E – già osservata sperimentalmente – è prevista da tutti i modelli inflazionari, in quanto è generata dalle perturbazioni scalari di densità, e dunque necessariamente associata all'anisotropia CMB. La polarizzazione di tipo B – trascurando improbabili contributi da perturbazioni vettoriali – può essere invece prodotta dal fondo di radiazione gravitazionale fossile[8]. Questo tipo di polarizzazione non è stato ancora osservato, e gli attuali limiti sperimentali possono essere

---

[8] Si veda ad esempio M. Kamionkowski, A. Kososwky, A. Stebbins, *Phys. Rev.* **D 55**, 7368 (1997); M. Zaldarriaga, U. Seljak, *Phys. Rev.* **D 55**, 1830 (1997).

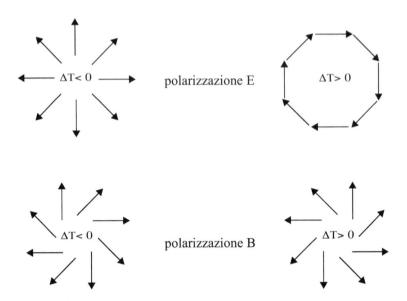

**Fig. 8.4** Mappe vettoriali dei due possibili stati di polarizzazione della radiazione CMB. Per lo stato E le mappe sono radiali attorno alle zone più fredde, e tangenziali attorno a quelle più calde; per lo stato B sono sempre di tipo vorticoso. Per entrambi gli stati le mappe sono invarianti per rotazioni, ma il tipo E ha parità positiva, il tipo B parità negativa

interpretati come limiti superiori sul valore del rapporto $r$ definito dall'Eq. (8.88). Tali limiti, però, non sono attualmente competitivi con quelli che si ottengono dalle misure dell'anisotropia termica, che forniscono[9] $r < 0.43$.

Le misure di precisione del satellite PLANCK, previste per l'immediato futuro, dovrebbero raggiungere una sensibilità alla polarizzazione di tipo B corrispondente a $r(k_0) \gtrsim 0.01$. Se tale polarizzazione venisse effettivamente osservata entro questi limiti di sensibilità si avrebbe la conferma (indiretta) della presenza di un fondo di radiazione gravitazionale caratterizzato, alla scala dell'orizzonte, da un'intensità confrontabile con quella delle perturbazioni scalari, in accordo alle previsioni dei modelli di inflazione *slow-roll*. Con la misura della polarizzazione di tipo B si potrebbe anche (indirettamente) determinare la scala inflazionaria $H_1$ che controlla l'intensità dello spettro tensoriale, e acquisire così preziose informazioni sulla stato dell'Universo primordiale.

I modelli inflazionari che prevedono spettri tensoriali crescenti sono invece difficilmente compatibili con un'elevata intensità tensoriale alla scala dell'orizzonte, come chiaramente mostrato dalla Fig. 8.3 (a meno che la pendenza dello spettro sia estremamente leggera, $0 < n_T \ll 1$). Per questi modelli, in assenza di particolare *fine-tuning* dei parametri, la polarizzazione di tipo B alla scala dell'orizzonte risulta troppo bassa per essere osservabile al livello di sensibilità prevista per PLANCK.

---

[9] Una versione annualmente aggiornata dei principali dati osservativi è disponibile sul sito del *Particle Data Group* all'indirizzo http://pdg.lbl.gov/

Possiamo quindi concludere che la mancata rivelazione sperimentale della polarizzazione di tipo B fornirebbe da una parte forti vincoli sui modelli di inflazione *slow-roll*, e dall'altra una conferma indiretta di quei modelli inflazionari che prevedono spettri tensoriali crescenti (in particolare i modelli basati sulla teoria delle stringhe, si veda ad esempio il testo [10] della bibliografia finale).

Per quest'ultima classe di modelli l'intensità dello spettro tensoriale è più elevata ad alta frequenza, per cui resta anche aperta la possibilità di una rivelazione diretta da parte delle attuali antenne gravitazionali. Tale possibilità verrà discussa nella sezione seguente.

## 8.4 Rivelazione diretta del fondo di gravitoni fossili

Un fondo gravitazionale cosmico, non polarizzato e distribuito in modo isotropo come una sovrapposizione stocastica di onde stazionarie, induce nelle antenne gravitazionali un segnale che è simile a un rumore di fondo. Tale segnale, pur essendo di livello molto basso, può essere distinto (almeno in principio) dal rumore intrinseco strumentale mediante una tecnica che prevede l'analisi incrociata della risposta di due (o più) rivelatori differenti.

Per illustrare il livello di sensibilità raggiungibile con questa tecnica è necessario esprimere l'intensità del fondo cosmico mediante una nuova variabile $S_h(\nu|)$, detta *strain density* (o tensione spettrale). Tale variabile si può direttamente confrontare con lo spettro di rumore $P(|\nu|)$ che caratterizza i rivelatori, e che è definito dalla relazione

$$\langle n(\nu)n^*(\nu')\rangle = \delta(\nu - \nu')\frac{1}{2}P(|\nu|), \qquad (8.98)$$

dove $n(\nu)$ è la componente del rumore $n(t)$ (abbiamo indicato la frequenza propria con la variabile $\nu = \omega/2\pi$, adottando una notazione che utilizzeremo, in questa sezione, per tutte le equazioni seguenti).

Sviluppiamo infatti le perturbazioni tensoriali in onde piane di frequenza propria $\nu$ e impulso $\boldsymbol{p} = 2\pi\nu\hat{\boldsymbol{n}}$, dove $\hat{\boldsymbol{n}}$ è un versore che indica la direzione di propagazione, e poniamo

$$h_{ij} = \int_{-\infty}^{+\infty} d\nu \int_{\Omega_2} d^2\hat{n}\, h_A(\nu,\hat{n})\varepsilon_{ij}^A(\hat{n})e^{2\pi i\nu(\hat{\boldsymbol{n}}\cdot\boldsymbol{x}-t)}, \qquad (8.99)$$

dove $\varepsilon_{ij}^A$ è il tensore di polarizzazione che soddisfa la proprietà (8.22), dove $h_A$ soddisfa le condizioni di realtà $h_A^*(\nu) = h_A(-\nu)$, e dove l'integrale in $d^2\hat{n}$ è esteso a tutte le direzioni angolari della sfera unitaria $\Omega_2$. Se la distribuzione delle fluttuazioni è stocastica e ne prendiamo la media avremo $\langle h_A\rangle = 0$ per qualunque direzione di propagazione; la media dei termini quadratici è invece diversa da zero, e può essere espressa mediante una quantità $S_h(|\nu|)$ tale che

$$\langle h_A(\nu,\hat{n})\, h_{A'}^*(\nu',\hat{n}')\rangle = \delta_{AA'}\delta(\nu - \nu')\frac{\delta^2(\hat{n},\hat{n}')}{4\pi}\frac{1}{2}S_h(|\nu|). \qquad (8.100)$$

Confrontando la funzione di correlazione delle componenti di Fourier del rumore, Eq. (8.98), con quella delle componenti di Fourier del segnale tensoriale, Eq. (8.100), risulta evidente il ruolo analogo delle due variabili spettrali $P(v|)$ e $S_h(|v|)$ (entrambe con dimensioni Hz$^{-1}$). È anche ovio, in questo contesto, che la condizione di rivelabilità del segnale si esprime come $S_h \gtrsim P$.

La variabile sperimentale $S_h$, a sua volta, può essere collegata alla variabile "teorica" $\Omega_h$ che rappresenta la densità d'energia del fondo. A questo proposito basta ricordare la definizione del tensore energia-impulso delle fluttuazioni gravitazionali (si veda l'Esercizio 8.5), e in particolare l'Eq. (8.159) per la loro densità d'energia, che per la sovrapposizione di onde (8.99) si può scrivere come

$$\rho_h = \tau_0^0 = \frac{M_P^2}{4} \dot{h}_{ij}\dot{h}^{ij}, \tag{8.101}$$

dove il punto indica la derivata rispetto a $t$. Sostituiamo in questa equazione lo sviluppo (8.99) e prendiamone la media, utilizzando la proprietà stocastica (8.100). Sommiamo inoltre sulle polarizzazioni e integriamo su tutte le direzioni, sfruttando la non polarizzazione e l'isotropia del fondo. Si ottiene allora

$$\langle\rho_h\rangle = 4\pi^2 M_P^2 \int_0^\infty dv\, v^2 S_h(|v|), \tag{8.102}$$

e il confronto con la definizione di energia spettrale, Eq. (8.36), ci porta immediatamente alla relazione

$$\frac{v}{\rho_c(t_0)} \frac{d\langle\rho_h\rangle}{dv} \equiv \Omega_h(v, t_0) = \frac{4\pi^2 v^3}{3H_0^2} S_h(|v|), \tag{8.103}$$

utile per definire la sensibilità sperimentale necessaria alla rivelazione del fondo.

Un fondo primordiale di origine inflazionaria, infatti, è caratterizzato da una densità d'energia spettrale che – indipendentemente dalla banda di frequenza considerata – può raggiungere al massimo il valore $\Omega_h^{max} \sim 10^{-5}$ consentito dalla nucleosintesi (si veda l'Eq. (8.83)). Tale valore corrisponde – tramite la precedente equazione – a una tensione spettrale massima, che a sua volta definisce il massimo livello di rumore $P = S_h$ compatibile con la rivelazione del fondo. Ovvero, detto diversamente, definisce la minima sensibilità necessaria alla rivelazione da parte di uno strumento singolo.

Tale sensibilità sperimentale viene comunemente riferita alla radice quadrata di $P$ ( e quindi a $\sqrt{S_h}$), e per il fondo cosmico (8.103) risulta quindi data da

$$\sqrt{S_h} = v^{-3/2} \left(\frac{3H_0^2}{4\pi^2}\right)^{1/2} \sqrt{\Omega_h}$$

$$\simeq 0.9 \times 10^{-21} \left(\frac{100\text{Hz}}{v}\right)^{3/2} \sqrt{h^2\Omega_h}\,\text{Hz}^{-1/2}. \tag{8.104}$$

Abbiamo usato per $H_0$ l'Eq. (8.76), e abbiamo preso come valore di riferimento la scala dei 100 Hz, che è la tipica banda di frequenza in cui sono operativi gli attuali

**Tabella 8.2** Tipiche sensibilità sperimentali per le varie classi di rivelatori già in funzione oppure in fase di studio. Il livello di intensità gravitazionale raggiungibile, $h^2\Omega_h$, è collegato alla sensibilità $\sqrt{S_h}$ e alla banda di frequenza del rivelatore dall'Eq. (8.104). Le classi di rivelatori sono riportate in ordine di intensità gravitazionale decrescente

| Antenna | Banda | Sensibilità sperimentale $\sqrt{S_h}$ | Intensità rivelabile $h^2\Omega_h$ |
|---|---|---|---|
| barre risonanti | $10^3\,\mathrm{Hz}$ | $10^{-22}\,\mathrm{Hz}^{-1/2}$ | $10^1$ |
| interferometri | $10^2\,\mathrm{Hz}$ | $10^{-22}\,\mathrm{Hz}^{-1/2}$ | $10^{-2}$ |
| sfere risonanti | $10^3\,\mathrm{Hz}$ | $10^{-24}\,\mathrm{Hz}^{-1/2}$ | $10^{-3}$ |
| inter. avanzati | $10^2\,\mathrm{Hz}$ | $10^{-24}\,\mathrm{Hz}^{-1/2}$ | $10^{-6}$ |
| LISA | $10^{-2}\,\mathrm{Hz}$ | $10^{-21}\,\mathrm{Hz}^{-1/2}$ | $10^{-12}$ |
| DECIGO, BBO | $10^{-1}\,\mathrm{Hz}$ | $10^{-24}\,\mathrm{Hz}^{-1/2}$ | $10^{-13}$ |

rivelatori di tipo interferometrico (come LIGO, VIRGO, GEO600). Si noti però che la sensibilità richiesta varia con la frequenza anche a $\Omega_h$ fissato, e che le antenne operanti a basse frequenze sono favorite rispetto a quelle che lavorano a frequenze più alte. Infatti sono sensibili allo stesso $\Omega_h$ anche con valori di $S_h$ più alti, e quindi con livelli di rumore più elevati. Viceversa, a parità di $\sqrt{S_h}$, sono sensibili a valori più bassi di $\Omega_h$, e quindi a fondi più deboli.

I valori tipici delle sensibilità sperimentali, e i corrispondenti livelli di $\Omega_h$ raggiungibili da ogni singolo strumento in base all'Eq. (8.104), sono illustrati nella Tabella 8.2 sia per i rivelatori già in funzione (*barre risonanti* e *interferometri terrestri*), sia per quelli in fase di studio e di progetto (*sfere risonanti, interferometri avanzati* e *interferometri spaziali*). Per una discussione dettagliata si vedano ad esempio i testi [10, 19, 20] della bibliografia finale. È evidente, dai valori illustrati nella Tabella, che un fondo con spettro crescente, vincolato dalla nucleosintesi a valori $h^2\Omega_h \lesssim 10^{-6}$, potrebbe essere rivelato, in principio, solo dai futuri interferometri avanzati e spaziali. Per i fondi con spettri piatti o decrescenti, vincolati ad alta frequenza dalla condizione $h^2\Omega_h \lesssim 10^{-14}$, l'intensità sembra essere invece troppo bassa (o al limite) anche per le antenne di prossima generazione.

La situazione però migliora sensibilmente se si usano simultaneamente due o più rivelatori, applicando la cosiddetta tecnica di "correlazione incrociata" che illustreremo nella sezione seguente.

### 8.4.1 Rivelazione mediante correlazione di due antenne

Supponiamo di avere due antenne, le cui risposte strumentali $s_1(t)$ e $s_2(t)$ si possono in generale scomporre in funzione del tempo come

$$s_{1,2}(t) = h_{1,2}(t) + n_{1,2}(t), \tag{8.105}$$

dove $h_{1,2}$ è il segnale fisico effettivamente prodotto dall'onda gravitazionale incidente, mentre $n_{1,2}$ rappresenta il rumore (e include sia il rumore strumentale intrinseco, sia qualunque altro tipo di disturbo prodotto localmente da cause accidentali).

Supponiamo inoltre che ognuna delle due antenne sia caratterizzata dal cosiddetto "tensore di risposta" $D_{1,2}^{ij}$, che descrive le deformazioni tipiche del rivelatore quando viene sottoposto all'azione dell'onda, e che dipende dalla particolare struttura geometrica di cui il rivelatore è dotato. Il segnale fisico indotto sull'antenna si ottiene allora proiettando la fluttuazione tensoriale (8.99) sul tensore di risposta, ossia ponendo

$$h_{1,2}(t) = \frac{1}{2}h_{ij}D_{1,2}^{ij} = \int_{-\infty}^{+\infty} d\nu \int_{\Omega_2} d^2\hat{n}\, h_A(\nu,\hat{n})\, F_{1,2}^A(\hat{n})\, e^{2\pi i\nu(\hat{n}\cdot\boldsymbol{x}_{1,2}-t)}, \qquad (8.106)$$

dove

$$F_{1,2}^A(\hat{n}) = \frac{1}{2}\varepsilon_{ij}^A(\hat{n})D_{1,2}^{ij} \qquad (8.107)$$

è il cosiddetto "profilo di impatto" (o *pattern function*), e dove $\boldsymbol{x}_1$, $\boldsymbol{x}_2$ sono le coordinate (fisse) del baricentro delle due antenne.

Supponiamo infine che le risposte delle due antenne siano monitorate e registrate per un intervallo di tempo $T$, e correlate tra loro definendo un segnale "integrato" $S$ tale che

$$S = \int_{-T/2}^{T/2} dt\,dt'\, s_1(t)s_2(t')Q(t-t'). \qquad (8.108)$$

dove $Q$ è un'opportuna funzione di correlazione (o funzione "filtro"). Come vedremo in seguito, $Q$ può essere scelto in modo da massimizzare il segnale. Lo studio del rapporto segnale-rumore $SNR$, che in questo caso è dato da

$$SNR = \frac{\langle S \rangle}{\Delta S}, \qquad \Delta S = \left(\langle S^2 \rangle - \langle S \rangle^2\right)^{1/2}, \qquad (8.109)$$

ci permette allora di evidenziare le correlazioni tra le risposte delle due antenne, e rivelare un eventuale fondo cosmico sfruttando una sensibilità effettiva molto maggiore di quella ottenibile con una singola antenna.

Per calcolare il numeratore del rapporto $SNR$ prendiamo la media delle risposte $s_1$ e $s_2$, e supponiamo che le componenti di rumore, $n_1$ e $n_2$, siano scorrelate tra loro e scorrelate dal segnale,

$$\langle n_1(t)n_2(t') \rangle = 0, \qquad \langle n_{1,2}(t)h_{1,2}(t') \rangle = 0. \qquad (8.110)$$

Ne consegue che

$$\langle S \rangle = \int_{-T/2}^{T/2} dt\,dt'\, \langle h_1(t)h_2(t') \rangle Q(t-t'). \qquad (8.111)$$

Usiamo per $h_1$ e $h_2$ lo sviluppo (8.106), e per la media $\langle h_A h_B \rangle$ la condizione stocastica (8.100). Otteniamo così

$$\langle S \rangle = \frac{N}{8\pi} \int_{-T/2}^{T/2} dt\, dt' \int_{-\infty}^{+\infty} d\nu\, S_h(|\nu|) \gamma(|\nu|) Q(t-t') e^{-2\pi i \nu(t-t')}, \qquad (8.112)$$

dove

$$\gamma(\nu) = \frac{1}{N} \sum_A \int_{\Omega_2} d^2 \hat{n}\, F_1^A(\hat{n}) F_2^A(\hat{n}) e^{2\pi i \nu \hat{n} \cdot (x_1 - x_2)} \qquad (8.113)$$

è la cosiddetta funzione di sovrapposizione (overlap reduction function), che controlla in pratica la correlazione dei due segnali tenendo conto della relativa distanza e della relativa orientazione geometrica dei due rivelatori. Si noti che abbiamo moltiplicato e diviso per $N$, dove $N$ è un'arbitraria costante di normalizzazione per $\gamma$. Può essere infatti conveniente scegliere $N$ in modo che risulti $\gamma = 1$ quando i due rivelatori sono identici, sovrapposti ($x_1 = x_2$) e co-allineati ($F_1^A = F_2^A$).

Sostituiamo infine $S_h$ con $\Omega_h$ utilizzando l'Eq. (8.103), ed effettuiamo gli integrali temporali nell'ipotesi che $T$ sia molto maggiore degli intervalli $t - t'$ per i quali $Q \neq 0$, e quindi sia lecito sostituire uno dei due integrali con la componente di Fourier $Q(\nu)$,

$$Q(\nu) = \int_{-\infty}^{+\infty} dt'\, Q(t-t') e^{-2\pi i \nu(t-t')}. \qquad (8.114)$$

Il risultato è il seguente,

$$\langle S \rangle = \frac{3NTH_0^2}{32\pi^3} \int_{-\infty}^{+\infty} \frac{d\nu}{|\nu|^3} Q(|\nu|) \gamma(|\nu|) \Omega_h(|\nu|), \qquad (8.115)$$

dove per il momento lasciamo la funzione filtro ancora da specificare.

Dobbiamo ora calcolare $\Delta S^2$, che valutiamo nell'ipotesi più sfavorevole in cui i rumori nelle singole antenne sono molto più grandi dei relativi segnali,

$$|n_{1,2}(t)| \gg |h_{1,2}(t)|. \qquad (8.116)$$

In questo caso $\langle S^2 \rangle \gg \langle S \rangle^2$, e la varianza si riduce a

$$\Delta S^2 = \langle S^2 \rangle = \int_{-T/2}^{T/2} dt\, dt'\, d\tau\, d\tau'\, \langle n_1(t) n_2(t') n_1(\tau) n_2(\tau') \rangle Q(t-t') Q(\tau - \tau') \qquad (8.117)$$

$$= \int_{-T/2}^{T/2} dt\, dt'\, d\tau\, d\tau'\, \langle n_1(t) n_1(\tau) \rangle \langle n_2(t') n_2(\tau') \rangle Q(t-t') Q(\tau - \tau')$$

(il secondo passaggio è dovuto al fatto che i rumori delle due antenne sono statisticamene scorrelati tra loro, si veda l'Eq. (8.110)). Notiamo anche che la correlazione dei rumori di una stessa antenna, a tempi diversi, può essere espressa nella forma

$$\langle n(t) n(\tau) \rangle = \frac{1}{2} \int_{-\infty}^{+\infty} d\nu\, P(|\nu|) e^{-2\pi i \nu(t-\tau)}, \qquad (8.118)$$

ottenuta invertendo la trasformata di Fourier (8.98) che definisce lo spettro di rumore. Sostituendo nell'Eq. (8.117) arriviamo così al risultato

$$(\Delta S)^2 = \frac{T}{4} \int_{-\infty}^{+\infty} d\nu P_1(|\nu|) P_2(|\nu|) |Q(\nu)|^2 \tag{8.119}$$

(si veda l'Esercizio 8.6).

È opportuno osservare, a questo punto, che il rapporto segnale-rumore, fornito dal rapporto delle equazioni (8.115), (8.119) può esere espresso come un rapporto tra prodotti scalari,

$$(SNR)^2 = T \left( \frac{3NH_0^2}{16\pi^3} \right)^2 \frac{(A,Q)^2}{(Q,Q)}, \tag{8.120}$$

dove

$$A = \frac{\gamma(|\nu|)\Omega_h(|\nu|)}{|\nu|^3 P_1(|\nu|) P_2(|\nu|)}, \tag{8.121}$$

e dove abbiamo definito il prodotto scalare come

$$(A,B) = \int_{-\infty}^{+\infty} d\nu P_1(|\nu|) P_2(|\nu|) A(\nu) B^*(\nu) \tag{8.122}$$

(è facile verificare che questa espressione integrale soddisfa tutte le necessarie proprietà del prodotto scalare). Si può allora concludere – usando la disuguaglianza triangolare – che il rapporto $SNR$ risulta massimizzato scegliendo $Q$ proporzionale ad $A$, ossia $Q = \lambda A$, dove $\lambda$ è una costante arbitraria. Questa scelta "ottimale" della funzione filtro fornisce $(Q,A)^2/(Q,Q) = (A,A)$, e ci porta al seguente risultato finale

$$SNR = \frac{3NH_0^2}{16\pi^3} \left[ T \int_{-\infty}^{+\infty} \frac{d\nu}{\nu^6} \frac{\gamma^2(|\nu|)\Omega_h^2(|\nu|)}{P_1(|\nu|) P_2(|\nu|)} \right]^{1/2}, \tag{8.123}$$

per il rapporto segale-rumore ottenuto correlando la risposta di due antenne.

Questo segnale cresce ovviamente con la crescita dell'intensità del fondo $\Omega_h$ e con la diminuzione degli spettri di rumore $P_1$ e $P_2$, cosa che avviene anche nel caso di una singola antenna. In aggiunta, però, il segnale correlato di due antenne cresce come la radice del tempo di correlazione, e questo effetto permette di aumentare notevolmente la sensibilità effettiva risultante.

Consideriamo ad esempio il caso degli interferometri avanzati (Advanced LIGO, Advanced VIRGO), caratterizzati da un livello di rumore minimo $\sqrt{P} = \sqrt{S_h} \sim 10^{-24} \mathrm{Hz}^{-1/2}$. Un singolo interferometro, in questo caso, può essere sensibile a un fondo non più debole di $h^2 \Omega_h^2 \sim 10^{-6}$ (si veda la Tabella 8.2). Effettuando la correlazione tra due interferometri per un periodo di tempo $T$ dell'ordine di un anno, l'Eq. (8.123) ci dice invece che si può riuscire a rivelare anche un fondo di intensità[10]

$$h^2 \Omega_h \sim 10^{-11}. \tag{8.124}$$

---

[10] Si veda ad esempio B. Allen, J.D. Romano, *Phys. Rev.* **D59** (1999) 102001.

La sensibilità effettiva migliora in questo caso di cinque ordini di grandezza, e ci permette di esplorare con efficienza la regione degli spettri crescenti (si veda la Fig. 8.3). Conclusioni analoghe si ottengono considerando la correlazione di altri tipi di antenna.

Va inoltre osservato che il segnale descritto dall'Eq. (8.123) dipende non solo dall'intensità del fondo, ma anche, in principio, dal suo andamento in frequenza, dato che $\Omega_h^2(\nu)$ va integrato su tutta la banda di efficienza (ossia di minimo rumore) dell'antenna. In particolare, gli spettri con $\Omega_h(\nu) \sim \nu^3$ – tipici dei modelli dilatonici in cosmologia di stringa – tendono a cancellare il fattore di soppressione $\nu^{-6}$ presente sotto integrale. La dipendenza da $\nu$ non sembra però influire in modo rilevante sulla sensibilità effettiva, in virtù della limitata estensione della banda di frequenza coinvolta nell'integrazione.

Possiamo dunque concludere il capitolo dicendo che un fondo cosmico di radiazione gravitazionale, di origine primordiale, può essere rivelato in due modi: indirettamente, tramite i suoi effetti sulla radiazione CMB, come discusso nella Sez. 8.3.3, oppure direttamente tramite le antenne gravitazionali, come discusso in questa sezione. L'efficienza dei due metodi è fortemente correlata all'andamento spettrale del fondo: spettri piatti o decrescenti potrebbero manifestarsi nelle proprietà di anisotropia e polarizzazione della CMB, ma risultano molto difficilmente rivelabili con le antenne gravitazionali; viceversa, spettri crescenti possono essere visti dalle antenne gravitazionali, ma non dovrebbero produrre effetti attualmente osservabili sulla CMB.

In ogni caso i risultati sperimentali dei prossimi anni, siano essi positivi o negativi, ci daranno importanti informazioni su fondo gravitazionale cosmico e sulla corrispondente dinamica dell'Universo primordiale.

## Esercizi

### 8.1. Identità contratta di Palatini
Si ricavi l'Eq. (8.9) partendo dalla definizione esplicita del tensore di Ricci.

### 8.2. Connessione di Christoffel perturbata al primo ordine
Esprimere in forma esplicitamente covariante la connessione di Christoffel perturbata al primo ordine.

### 8.3. Perturbazioni al secondo ordine del tensore di Ricci
Calcolare la perturbazione del tensore di Ricci includendo anche i termini quadratici nelle fluttuazioni metriche (8.3).

### 8.4. Produzione di coppie dal vuoto
Si consideri il seguente sviluppo in onde piane della soluzione dell'Eq. (8.28) per le perturbazioni tensoriali,

$$u(\eta,\boldsymbol{x}) = \frac{\sqrt{V}}{(2\pi)^3} \int d^3 k \left[ b_{\boldsymbol{k}} u_k(\eta) e^{i\boldsymbol{k}\cdot\boldsymbol{x}} + b_{\boldsymbol{k}}^\dagger u_k^*(\eta) e^{-i\boldsymbol{k}\cdot\boldsymbol{x}} \right], \qquad (8.125)$$

dove $b_k$, $b_k^\dagger$ sono coefficienti costanti adimensionali. I modi di Fourier $u_k$ soddisfano l'Eq. (8.29) e sono canonicamente normalizzati, in accordo all'Eq. (7.16), come segue:

$$u_k u_k'^* - u_k' u_k^* = i. \tag{8.126}$$

Le funzioni

$$\bar{u}_k(\eta, x) = \frac{u_k(\eta)}{(2\pi)^{3/2}} e^{ik \cdot x} \tag{8.127}$$

formano allora un sistema ortonormale e completo rispetto al cosiddetto prodotto scalare di Klein-Gordon, definito da

$$\langle \bar{u}_k | \bar{u}_{k'} \rangle = -i \int d^3x \left( \bar{u}_k \bar{u}_{k'}'^* - \bar{u}_k' \bar{u}_{k'}^* \right), \tag{8.128}$$

che fornisce:

$$\langle \bar{u}_k | \bar{u}_{k'} \rangle = \delta^3(k - k'), \qquad \langle \bar{u}_k | \bar{u}_{k'}^* \rangle = 0. \tag{8.129}$$

Infine, le soluzioni $u_k$ rappresentano modi a frequenza positiva all'epoca iniziale data, $\eta = \eta_i$.

Lo stesso sviluppo viene poi effettuato in un'epoca successiva $\eta = \eta_f > \eta_i$, utilizzando modi a frequenza positiva $v_k$ che sono in generali diversi da quelli precedenti,

$$u(\eta, x) = \frac{\sqrt{V}}{(2\pi)^3} \int d^3k \left[ a_k v_k(\eta) e^{ik \cdot x} + a_k^\dagger v_k^*(\eta) e^{-ik \cdot x} \right], \tag{8.130}$$

ma che definiscono ancora un sistema di funzioni

$$\bar{v}_k(\eta, x) = \frac{v_k(\eta)}{(2\pi)^{3/2}} e^{ik \cdot x} \tag{8.131}$$

ortonormale e completo rispetto al prodotto scalare di Klein Gordon:

$$\langle \bar{v}_k | \bar{v}_{k'} \rangle = \delta^3(k - k'), \qquad \langle \bar{v}_k | \bar{v}_{k'}^* \rangle = 0. \tag{8.132}$$

Quantizzando le perturbazioni tensoriali, ed imponendo sulla variabile canonica $u$ l'usuale relazione di commutazione (a tempi uguali) $[u(x, \eta), u'(x', \eta)] = i\delta^3(x - x')$, si trovano allora i commutatori

$$\left[ b_k, b_{k'}^\dagger \right] = \frac{(2\pi)^3}{V} \delta^3(k - k') = \left[ a_k, a_{k'}^\dagger \right], \qquad [b_k, b_{k'}] = 0 = [a_k, a_{k'}], \tag{8.133}$$

che identificano i coefficienti di Fourier $b_k$, $b_k^\dagger$ e $a_k$, $a_k^\dagger$ come operatori di creazione e distruzione relativi, rispettivamente, agli stati iniziali e finali considerati.

Si supponga che lo stato iniziale sia il vuoto, annichilato dagli operatori $b_k$:

$$b_k |0\rangle = 0, \qquad \langle 0| b_k^\dagger = 0. \tag{8.134}$$

Si mostri che tale stato non corrisponde al vuoto degli operatori $a_k$, e si calcoli su tale stato il valor medio dell'operatore numero

$$N_k = a_k^\dagger a_k + a_{-k}^\dagger a_{-k}, \qquad (8.135)$$

che rappresenta il numero totale di coppie particella-antiparticella prodotte nel modo $k$.

### 8.5. Vincoli sul fondo gravitazionale alla scala di Hubble

Una fluttuazione metrica di ampiezza $|\xi(r)|^{1/2}$, determinata dalla funzione di correlazione a due punti, produce alla scala $r \sim k^{-1}$ una fluttuazione $|\Delta T/T|_k \sim |\xi(r)|^{1/2}$ nella temperatura della radiazione CMB. Partendo da questo risultato, e ricordando che $|\Delta T/T|_{k_0} \sim 10^{-5}$ alla scala $k_0$ dell'attuale orizzonte di Hubble, ricavare il vincolo (8.78) per le fluttuazioni tensoriali.

### 8.6. Correlazioni di rumore nelle antene gravitazionali

Ricavare l'Eq. (8.119) partendo dall'Eq. (8.117).

## *Soluzioni*

### 8.1. Soluzione

Perturbiamo al primo ordine il tensore di Ricci (1.69). Usando la definizione esplicita del tensore di Riemann, Eq. (1.63), abbiamo:

$$\delta^{(1)}R_{\nu\alpha} = \partial_\mu\left(\delta^{(1)}\Gamma_{\nu\alpha}{}^\mu\right) + \delta^{(1)}\Gamma_{\mu\rho}{}^\mu\Gamma_{\nu\alpha}{}^\rho + \Gamma_{\mu\rho}{}^\mu\delta^{(1)}\Gamma_{\nu\alpha}{}^\rho - \{\mu \leftrightarrow\}. \quad (8.136)$$

D'altra parte, la definizione di derivata covariante (fatta rispetto alla metrica non perturbata $g_{\mu\nu}$) fornisce:

$$\nabla_\mu(\delta^{(1)}\Gamma_{\nu\alpha}{}^\mu) = \partial_\mu\left(\delta^{(1)}\Gamma_{\nu\alpha}{}^\mu\right) + \Gamma_{\mu\rho}{}^\mu\delta^{(1)}\Gamma_{\nu\alpha}{}^\rho - \Gamma_{\mu\nu}{}^\rho\delta^{(1)}\Gamma_{\rho\alpha}{}^\mu - \Gamma_{\mu\alpha}{}^\rho\delta^{(1)}\Gamma_{\nu\rho}{}^\mu,$$

$$(8.137)$$

e un'analoga espressione si ottiene per $\nabla_\nu(\delta^{(1)}\Gamma_{\mu\alpha}{}^\mu)$. Eliminando le derivate parziali presenti nell'Eq. (8.136) tramite le corrispondenti derivate covarianti troviamo allora che tutti i termini del tipo $\Gamma\delta^{(1)}\Gamma$ si eliminano reciprocamente, e l'espressione per $\delta^{(1)}R_{\nu\alpha}$ si riduce esattamente a quella riportata nell'Eq. (8.9).

Si noti che le necessarie proprietà tensoriali del termine $\delta^{(1)}R_{\nu\alpha}$ sono assicurate dal fatto che la connessione perturbata $\delta\Gamma$ (a differenza dalla connessione $\Gamma$) è un puro oggetto tensoriale di rango tre (si veda l'Eq. (8.10) e la soluzione dell'esercizio seguente, Eq. (8.140)). Anche la derivata (8.137), di conseguenza, risulta dotata delle corrette proprietà di traformazione tensoriale.

## 8.2. Soluzione
Perturbando al primo ordine la connessione di Christoffel otteniamo

$$\delta^{(1)}\Gamma_{\mu\nu}{}^{\alpha} = \frac{1}{2}g^{\alpha\beta}\left(\partial_\mu h_{\nu\beta} + \partial_\nu h_{\mu\beta} - \partial_\beta h_{\mu\nu}\right)$$
$$-\frac{1}{2}h^{\alpha\beta}\left(\partial_\mu g_{\nu\beta} + \partial_\nu g_{\mu\beta} - \partial_\beta g_{\mu\nu}\right). \tag{8.138}$$

Utilizzando la definizione di derivata covariante e la simmetria della connessione, $\Gamma_{\mu\nu}{}^{a} = \Gamma_{\nu\mu}{}^{a}$, abbiamo inoltre:

$$\nabla_\mu h_{\nu\beta} + \nabla_\nu h_{\mu\beta} - \nabla_\beta h_{\mu\nu} = \partial_\mu h_{\nu\beta} + \partial_\nu h_{\mu\beta} - \partial_\beta h_{\mu\nu} - 2\Gamma_{\mu\nu}{}^{\rho}h_{\rho\beta}. \tag{8.139}$$

Sostituendo nella prima linea dell'Eq. (8.138) troviamo che la seconda linea viene esattamente cancellata dal termine $2\Gamma_{\mu\nu}{}^{\rho}h_{\rho\beta}$, e arriviamo all'espressione esplicitamente covariante

$$\delta^{(1)}\Gamma_{\mu\nu}{}^{\alpha} = \frac{1}{2}g^{\alpha\beta}\left(\nabla_\mu h_{\nu\beta} + \nabla_\nu h_{\mu\beta} - \nabla_\beta h_{\mu\nu}\right), \tag{8.140}$$

in accordo col risultato (8.10) utilizzato nella Sez. 8.1.

## 8.3. Soluzione
Partendo dalla definizione esplicita (1.62), (1.69), e perturbando al secondo ordine, otteniamo:

$$\delta^{(2)}R_{\nu\alpha} = \partial_\mu\left(\delta^{(2)}\Gamma_{\nu\alpha}{}^{\mu}\right) + \delta^{(1)}\Gamma_{\mu\rho}{}^{\mu}\delta^{(1)}\Gamma_{\nu\alpha}{}^{\rho}$$
$$+ \delta^{(2)}\Gamma_{\mu\rho}{}^{\mu}\Gamma_{\nu\alpha}{}^{\rho} + \Gamma_{\mu\rho}{}^{\mu}\delta^{(2)}\Gamma_{\nu\alpha}{}^{\rho} - \{\mu \leftrightarrow\}. \tag{8.141}$$

Eliminiamo i termini con le derivata parziali utilizzando le corrispondenti derivati covarianti, definite come nell'Eq. (8.137) (con l'ovvia sostituzione $\delta^{(1)}\Gamma \to \delta^{(2)}\Gamma$). Si trova allora che tutti tutti i termini lineari in $\delta^{(2)}\Gamma$ si annullano reciprocamente, e la nostra perturbazione si riduce a

$$\delta^{(2)}R_{\nu\alpha} = \nabla_\mu\left(\delta^{(2)}\Gamma_{\nu\alpha}{}^{\mu}\right) - \nabla_\nu\left(\delta^{(2)}\Gamma_{\mu\alpha}{}^{\mu}\right)$$
$$+ \delta^{(1)}\Gamma_{\mu\rho}{}^{\mu}\delta^{(1)}\Gamma_{\nu\alpha}{}^{\rho} - \delta^{(1)}\Gamma_{\nu\rho}{}^{\mu}\delta^{(1)}\Gamma_{\mu\alpha}{}^{\rho}, \tag{8.142}$$

che coincide esattamente con l'Eq. (8.13) utilizzata nella Sez. 8.1.

## 8.4. Soluzione
Per ottenere una relazione tra gli operatori $b_k$ e $a_k$ moltiplichiamo scalarmente per $\bar{v}_k$ gli sviluppi (8.125), (8.130), utilizzando la definizione (8.128) di prodotto e l'ortonormalità delle funzioni (8.127), (8.131). Uguagliando i risultati si ottiene facilmente

$$a_k = \int d^3k' \left[\langle \bar{v}_k | \bar{u}_{k'} \rangle b_{k'} + \langle \bar{v}_k | \bar{u}_{k'}^* \rangle b_{k'}^\dagger\right]. \tag{8.143}$$

Il calcolo esplicito dei prodotti scalari, d'altra parte, fornisce

$$\langle \bar{v}_k | \bar{u}_{k'} \rangle = -i \int \frac{d^3x}{(2\pi)^3} e^{i(k-k')\cdot x} \left( v_k u_{k'}'^* - v_k' u_{k'}^* \right)$$

$$= c_+(k)\delta^3(k-k'), \qquad (8.144)$$

dove abbiamo posto

$$c_+(k) = -i \left( v_k u_{k'}'^* - v_k' u_{k'}^* \right). \qquad (8.145)$$

Analogamente:

$$\langle \bar{v}_k | \bar{u}_{k'}^* \rangle = c_-^*(k)\delta^3(k+k'), \qquad (8.146)$$

dove

$$c_-^*(k) = -i \left( v_k u_{k'}' - v_k' u_{k'} \right). \qquad (8.147)$$

Sostituendo nella (8.143) otteniamo dunque

$$a_{\boldsymbol{k}} = c_+ b_{\boldsymbol{k}} + c_-^* b_{-\boldsymbol{k}}^\dagger, \qquad (8.148)$$

da cui

$$a_{-\boldsymbol{k}}^\dagger = c_- b_{\boldsymbol{k}} + c_+^* b_{-\boldsymbol{k}}^\dagger, \qquad (8.149)$$

(abbiamo preso l'Hermitiano coniugato della relazione precedente, e cambiato $k$ in $-k$).

Possiamo calcolare ora il valor medio dell'operatore numero $N_k$ sullo stato iniziale (8.134): utilizzando le precedenti relazioni tra gli operatori $a_k$ e $b_k$ si ottiene:

$$\langle N_{\boldsymbol{k}} \rangle = \langle 0 | a_{\boldsymbol{k}}^\dagger a_{\boldsymbol{k}} + a_{-\boldsymbol{k}}^\dagger a_{-\boldsymbol{k}} | 0 \rangle$$

$$= \langle 0 | |c_-|^2 b_{-\boldsymbol{k}} b_{-\boldsymbol{k}}^\dagger + |c_-|^2 b_{\boldsymbol{k}} b_{\boldsymbol{k}}^\dagger | 0 \rangle \qquad (8.150)$$

$$= 2 |c_-(k)|^2.$$

Si noti che nell'ultimo passaggio abbiamo sostituito $bb^\dagger$ con $[b, b^\dagger]$, ed effettuato il passaggio al limite $(2\pi)^3 \delta^3(k-k') \to V$ per $k \to k'$, valido nel caso di un volume finito. Poiché $N_k \neq 0$ lo stato considerato non corrisponde al vuoto degli operatori $a$ e $a^\dagger$, ma a uno stato eccitato con un numero totale di particelle (e relative antiparticelle) pari a $n_k = |c_-(k)|^2$ (per ogni modo $k$).

Utilizzando le trasformazioni di Bogoliubov (8.148), (8.149), e assumendo che il modo $v_k(\eta)$ sia associato allo stato di vuoto degli operatori $a$ e $a^\dagger$, ossia che

$$v_k(\eta) = \frac{e^{-ik\eta}}{\sqrt{2k}} \qquad (8.151)$$

(si veda la Sez. 7.1.1), possiamo infine riscrivere lo sviluppo (8.130) come segue:

$$U(\eta, \boldsymbol{x}) = \frac{\sqrt{V}}{(2\pi)^3} \int d^3k \left[ b_{\boldsymbol{k}} u_{\boldsymbol{k}}^{\text{out}} + b_{\boldsymbol{k}}^\dagger (u_{\boldsymbol{k}}^{\text{out}})^* \right], \qquad (8.152)$$

dove

$$u_k^{\text{out}} = \frac{1}{\sqrt{2k}} \left[ c_+(k)e^{-ik\eta} + c_-(k)e^{ik\eta} \right] e^{i\mathbf{k}\cdot\mathbf{x}} \qquad (8.153)$$

coincide esattamente con la soluzione asintotica definita nell'Eq. (8.31). Si noti che per ottenere questo risultato abbiamo cambiato $\mathbf{k}$ in $-\mathbf{k}$ sotto il segno di integrazione nei termini che contengono $c_-$, e sfruttato l'invarianza di $k\eta \equiv |\mathbf{k}|\eta$. Questo risultato è importante perché ci permette di calcolare i coefficienti di Bogoliubov direttamente dallo sviluppo asintotico della soluzione per la variabile canonica, come esplicitamente mostrato dagli esempi della Sez. 8.2.1 e Sez. 8.3.

### 8.5. Soluzione

L'ampiezza tipica di una fluttuazione tensoriale è controllata dalla sua funzione di correlazione a due punti, che fornisce, per la scala di distanze $r = k^{-1}$,

$$\xi_h(r)\big|_{r=k^{-1}} \sim \Delta_h^2(k) = \frac{k^3}{2\pi^2} |h_k|^2 \qquad (8.154)$$

(si veda la Sez. 7.2). Considerando la scala di Hubble $k_0 = \eta_0^{-1} = a_0 H_0$, e ricordando che anche le fluttuazioni scalari contribuiscono all'anisotropia della radiazione CMB, avremo dunque il limite superiore

$$\Delta_h^2(k_0) \lesssim \left|\frac{\Delta T}{T}\right|_{k_0}^2 \sim 10^{-10}. \qquad (8.155)$$

Vediamo come questo vincolo su $\Delta^2$ si trasferisce sulla densità d'energia (8.36).

Consideriamo la densità d'energia media delle fluttuazioni tensoriali, che può essere calcolato a partire dal loro tensore energia-impulso $\tau_{\mu\nu}$,

$$\tau_{\mu\nu} = \frac{2}{\sqrt{-g}} \frac{\delta\sqrt{-g}\,\mathscr{L}_h}{\delta g^{\mu\nu}}. \qquad (8.156)$$

L'azione effettiva (8.20) fornisce la densità di Lagrangiana

$$\mathscr{L}_h = \frac{M_P^2}{4} \sum_A \left( \dot{h}_A^2 - \left|\frac{\boldsymbol{\nabla}}{a} h_A\right|^2 \right) = \frac{M_P^2}{4} \sum_A g^{\mu\nu} \partial_\mu h_A \partial_\nu h_A, \qquad (8.157)$$

dove la somma è fatta sui due possibili stati di polarizzazione. Perciò

$$\tau_{\mu\nu} = \frac{M_P^2}{2} \sum_A \left[ \partial_\mu h_A \partial_\nu h_A - \frac{1}{2} g_{\mu\nu} \left( \partial_a h_A \partial^\alpha h_A \right) \right], \qquad (8.158)$$

da cui:

$$\rho_h = \tau_0^0 = \frac{M_P^2}{4} \sum_A \left( \dot{h}_A^2 + \left|\frac{\boldsymbol{\nabla}}{a} h_A\right|^2 \right). \qquad (8.159)$$

Facciamo ora la media spaziale di questa espressione, sviluppando le perturbazioni in modi di Fourier $h_k$ che oscillano liberamente all'interno dell'orizzonte, e dunque soddisfano alla condizione

$$\dot{k}_k = -i\omega_k h_k = -i\frac{k}{a}h_k. \tag{8.160}$$

Sfruttando la definizione (7.1), la condizione di realtà $h_{-k} = h_k^*$, e assumendo che il fondo di perturbazioni tensoriali sia non polarizzato e isotropo, otteniamo

$$\langle \rho_h \rangle = \frac{1}{V}\int d^3x \frac{M_P^2}{2}\left(\dot{h}_A^2 + \left|\frac{\boldsymbol{\nabla}}{a}h_A\right|^2\right)$$
$$= \frac{M_P^2}{(2\pi)^3}\int d^3k \left(\frac{k}{a}\right)^2 |h_k|^2 = \frac{M_P^2}{(2\pi)^3}\int k^2 dk \left(\frac{k}{a}\right)^2 |h_k|^2 \tag{8.161}$$

(nell'ultimo passaggio abbiamo sfruttato l'isotropia, ossia l'ipotesi che $h_k$ dipenda solo dal modulo di $\boldsymbol{k}$).

Dividendo entrambi i membri per $\rho_c = 3M_P^2 H^2$, la precedente equazione si può riscrivere nella seguente forma differenziale,

$$\frac{d\langle\rho_h\rangle}{\rho_c} = \frac{k^2 dk}{3(2\pi)^2}\left(\frac{k}{aH}\right)^2 |h_k|^2 = \frac{1}{12\pi}\frac{dk}{k}\left(\frac{k}{aH}\right)^2 \Delta_h^2(k), \tag{8.162}$$

e ci fornisce la relazione generale tra $\Omega_h$ e $\Delta_h^2$:

$$\Omega_h(\omega,t) = \frac{\Delta_h^2(k)}{12\pi}\left(\frac{\omega}{H}\right)^2. \tag{8.163}$$

In particolare, per la scala di Hubble $H_0$, al tempo $t_0$, si ha $\omega_0 = H_0$, e il vincolo (8.155) su $\Delta_h^2(k_0)$ si applica immediatamente anche a $\Omega_h(\omega_0, t_0)$.

## 8.6. Soluzione

Sostituendo nell'Eq. (8.117) la funzione di correlazione (8.118), e usando per $Q$ la trasformata di Fourier (8.114), otteniamo

$$\Delta S^2 = \frac{1}{4}\int_{-T/2}^{T/2} dt dt' d\tau d\tau' \int_{-\infty}^{+\infty} dv_1 dv_2 dv dv' Q(v_1)Q(v_2)P_1(|v|)P_2(|v'|)$$
$$e^{2\pi i[t(v_1-v)-t'(v_1+v')+\tau(v_2+v)-\tau'(v_2-v')]}$$

$$\tag{8.164}$$

$$= \frac{1}{4}\int_{-\infty}^{+\infty} dv_1 dv_2 dv dv' Q(v_1)Q(v_2)P_1(|v|)P_2(|v'|)$$
$$\delta_T(v_1-v)\delta(v_1+v')\delta(v_2+v)\delta(v_2-v').$$

Per arrivare a questo risultato abbiamo esteso gli integrali in $dt'$, $d\tau$, $d\tau'$ da $-\infty$ a $+\infty$, assumendo (come nel testo della Sez. 8.41) che l'intervallo temporale $T$ sia molto più grande degli intervalli temporali nei quali $Q \neq 0$. Abbiamo inoltre definito

$$\delta_T(f) = \int_{-T/2}^{T/2} dt e^{-2\pi i f t} = \frac{\sin(\pi f T)}{\pi f}. \qquad (8.165)$$

Integrando su $v'$, $v_1$, $v_2$, e usando la condizione di realtà $Q(-v) = Q^*(v)$, arriviamo infine all'Eq. (8.119) riportata nel testo.

# Appendice A

# La cosmologia delle membrane

In questa appendice prenderemo in considerazione la possibilità – suggerita dai modelli unificati delle interazioni fondamentali – che il nostro Universo a 4 dimensioni sia generato dall'evoluzione di una membrana tridimensionale immersa in uno spazio-tempo esterno con $D > 4$ dimensioni. Presenteremo le equazioni effettive che governano l'interazione gravitazionale sulla membrana e illustreremo, in particolare, alcune conseguenze cosmologiche di tali equazioni. Il lettore interessato agli argomenti trattati in questa appendice può trovare un utile approfondimento nei testi [9, 10] della bibliografia finale.

Ricordiamo innanzitutto che una membrana – o, più propriamente, una "$p$-brana" – è un oggetto elementare esteso lungo $p$ dimensioni spaziali: ad esempio, una 0-brana è un punto, o particella, una 1-brana è una stringa, una 2-brana è una membrana bidimensionale, e così via. L'azione che descrive la dinamica di questi oggetti, nel caso libero, è proporzionale all'integrale che fornisce il cosiddetto "volume d'universo" $(p + 1)$-dimensionale descritto dalla loro evoluzione temporale.

Per una 0-brana, ad esempio, l'azione è data dal ben noto integrale di linea lungo la linea d'universo descritta dalla particella (si veda l'Eq. (1.50)). Per una 1-brana abbiamo l'integrale di superficie sul "foglio d'universo" bidimensionale descritto dalla stringa. Per una 2-brana l'azione è proporzionale all'integrale triplo sul volume d'universo tridimensionale descritto dall'evoluzione della membrana (si veda la Fig. A.1). E così via per valori di $p$ più elevati.

Supponiamo di avere, in generale, una $p$-brana libera immersa in uno spazio-tempo $D$-dimensionale $\mathcal{M}_D$, con $D > p + 1$, e con una struttura geometrica parametrizzata dalle coordinate $x^A = (x^0, x^1, \dots, x^{D-1})$ e descritto dalla metrica $g_{AB}$ (convenzione: gli indici latini maiuscoli vanno da 0 a $D - 1$). Se chiamiamo $\xi^\mu = (\xi^0, \xi^1, \dots, \xi^p)$ le coordinate che parametrizzano il volume d'Universo $\Sigma_{p+1}$ associato all'evoluzione temporale della $p$-brana, e indichiamo con

$$x^A = X^A(\xi^\mu), \qquad A = 0, 1, \dots, D-1, \qquad \mu = 0, 1, \dots, p, \qquad (A.1)$$

Gasperini M.: Lezioni di Cosmologia Teorica.
DOI 10.1007/978-88-470-2484-7_9, © Springer-Verlag Italia 2012

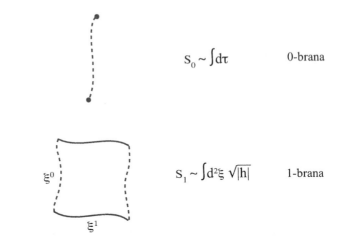

$$S_0 \sim \int d\tau \qquad \text{0-brana}$$

$$S_1 \sim \int d^2\xi \, \sqrt{|h|} \qquad \text{1-brana}$$

**Fig. A.1** Esempi di volumi d'universo, e corrispondenti integrali d'azione, per una particella, una stringa e una membrana bidimensionale. Il nostro Universo potrebbe corrispondere all'ipervolume quadri-dimensionale descritto dall'evoluzione temporale di una 3-brana

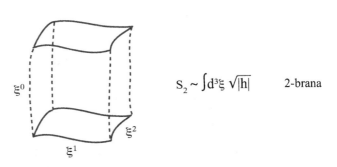

$$S_2 \sim \int d^3\xi \, \sqrt{|h|} \qquad \text{2-brana}$$

le equazioni parametriche che descrivono l'immersione di $\Sigma_{p+1}$ in $\mathcal{M}_D$, allora la cosiddetta "metrica indotta" $h_{\mu\nu}$ sull'ipersuperficie $\Sigma_{p+1}$ è definita da

$$h_{\mu\nu} = \frac{\partial X^A}{\partial \xi^\mu} \frac{\partial X^B}{\partial \xi^\nu} g_{AB}. \tag{A.2}$$

In questo caso generale l'azione della $p$-brana può essere scritta nella forma seguente, detta *azione di Nambu-Goto*,

$$S_p = T_p \int d^{p+1}\xi \sqrt{|h|}, \tag{A.3}$$

dove $h = \det h_{\mu\nu}$, e dove $T_p$ è un parametro dimensionale che rappresenta la "tensione" della brana, ossia la massa per unità di volume proprio $p$-dimensionale.

La precedente azione per la $p$-brana si può riscrivere in una forma equivalente, detta *azione di Polyakov*, che spesso risulta più conveniente per il calcolo variazionale esplicito. A questo scopo è necessario introdurre un campo ausiliario (o moltiplicatore di Lagrange) $\gamma^{\mu\nu}$, che rappresenta la metrica Riemanniana "intrinseca" della varietà $\Sigma_{p+1}$. Con questo campo l'azione della $p$-brana può essere messa nella seguente forma di Polyakov,

$$S_p = \frac{T_p}{2} \int d^{p+1}\xi \sqrt{|\gamma|} \left[ \gamma^{\mu\nu} \frac{\partial X^A}{\partial \xi^\mu} \frac{\partial X^B}{\partial \xi^\nu} g_{AB} - (p-1) \right], \qquad (A.4)$$

che è equivalente all'azione (A.3). Variando rispetto a $\gamma^{\mu\nu}$ otteniamo infatti la condizione

$$h_{\mu\nu} - \frac{1}{2} \gamma_{\mu\nu} \gamma^{\alpha\beta} h_{\alpha\beta} + \frac{1}{2}(p-1)\gamma_{\mu\nu} = 0, \qquad (A.5)$$

che è risolta da $\gamma_{\mu\nu} = h_{\mu\nu}$, dove $h_{\mu\nu}$ è dato dall'Eq. (A.2). Eliminando con questa condizione il campo ausiliario nell'azione di Polyakov, ed usando l'identità $h^{\mu\nu}h_{\mu\nu} = p+1$, ritroviamo immediatamente l'azione di Nambu-Goto (A.3).

Dopo aver detto cos'è una $p$-brana, e presentato l'azione che ne governa la dinamica, è anche opportuno spiegare perché (e in che modo) un modello d'Universo a membrana è motivato dai recenti progressi della fisica teorica delle interazioni fondamentali.

A questo proposito è necessario ricordare, innanzitutto, che i modelli unificati per la gravità e le interazioni elettro-deboli e forti – siano essi modelli di supergravità, stringa, superstringa o teoria $M$ – sembrano necessariamente richiedere la presenza di uno spazio-tempo multidimensionale (ad esempio, $D = 26$ per le stringhe, $D = 11$ per la supergravità e la teoria $M$, $D = 10$ per le superstringhe). Poiché tutta l'attuale fenomenologia (dalla comune esperienza macroscopica fino ai più sofisticati esperimenti ad alta energia) è invece perfettamente compatibile con uno spazio-tempo a $D = 4$ dimensioni, sorge inevitabile la domanda: perché (se esistono) non "vediamo" le $D - 4$ dimensioni spaziali extra, previste dai modelli teorici unificati?

Ci sono due possibili risposte a questa domanda.

Una prima risposta, che risale ai primi modelli unificati per la gravità e l'elettromagnetismo formulati quasi un secolo fa da Kaluza e Klein[1], si basa sull'ipotesi che le dimensioni spaziali extra abbiano una topologia compatta, e siano, per così dire, "arrotolate su se stesse" con un raggio di compattificazione $L_c$ sufficientemente piccolo da sfuggire alle indagini sperimentali finora effettuate.

Ricordiamo infatti che per risolvere una scala di distanza $L_c$ è necessario, per il principio di indeterminazione, ricorrere ad energie $E \gtrsim \hbar c/L_c$, dove $\hbar$ è la costante di Planck. Sotto a questa soglia la struttura multidimensionale dello spazio-tempo risulta invisibile così come – per fare un esempio macroscopico – un capello può sembrare un oggetto unidimensionale se visto da lontano a occhio nudo, nonostante abbia uno spessore tridimensionale che si può facilmente osservare con una lente di ingrandimento abbastanza potente.

In questo approccio di Kaluza-Klein, in cui le dimensioni extra sono "piccole" e compatte, è facile ottenere una soluzione drastica al problema dimensionale assumendo che la costante d'accoppiamento che determina la geometria delle dimensioni extra sia identica alla costante di Newton, che controlla l'accoppiamento

---

[1] T. Kaluza, *Sitzungsber. Preuss. Akad. Wiss. Berlin* **1921**, 966 (1921); O. Klein, *Z. Phys.* **37**, 895 (1926).

gravitazionale all'interno delle nostre quattro dimensioni. In questo caso il raggio di compattificazione tipico è dell'ordine del raggio di Planck, $\lambda_P \sim 10^{-33}$ cm, una scala che risulta chiaramente fuori portata per qualunque esperimento consentito dall'attuale tecnologia (si pensi, ad esempio, che la scala massima d'energia raggiungibile dal progetto *LHC* del *CERN*, ossia 14 TeV, corrisponde a una risoluzione spaziale di circa $10^{-18}$ cm).

Ci sono vari argomenti teorici, d'altra parte, che suggeriscono (e in certi casi motivano fortemente) la possibilità che la costante d'accoppiamento gravitazionale, in uno spazio con $D > 4$ dimensioni, sia in effetti diversa (e più forte) della costante effettiva che noi sperimentiamo in quattro dimensioni. In un modello consistente, però, un accoppiamento più forte è possibile solo se l'ipervolume associato alle $D - 4$ dimensioni extra è sufficientemente grande, ossia se tali dimensioni sono sufficientemente estese[2]. Ma se le dimensioni extra sono estese allora potrebbero essere accessibili anche alle scale di distanza esplorate (o esplorabili) sperimentalmente, a meno che non intervenga un nuovo e different meccanismo (eventualmente aggiuntivo alla compattificazione di Kaluza-Klein) capace di renderle invisibili.

Per esprimere in modo più completo e quantitativo i precedenti importanti argomenti consideriamo un semplice modello gravitazionale nello spazio-tempo $\mathcal{M}_D$ basato sull'azione di Einstein,

$$S = -\frac{M_D^{D-2}}{2} \int d^D x \sqrt{|g_D|}\, R_D. \tag{A.6}$$

Con ovvie notazioni abbiamo chiamato $R_D$ la curvatura scalare associata alla metrica $g_{AB}$ dello spazio-tempo $D$-dimensionale, e $g_D = \det g_{AB}$. Infine, abbiamo chiamato $M_D = 1/\lambda_D$ la scala di massa che fissa la costante gravitazionale $G_D$ in $D$ dimensioni,

$$M_D^{D-2} = \frac{1}{8\pi G_D}, \tag{A.7}$$

e che in generale può essere differente dalla massa di Planck $M_P$ che fissa la costante di Newton $G$ in 4 dimensioni,

$$M_P^2 = \frac{1}{8\pi G}. \tag{A.8}$$

Si noti che $G_D$ è dimensionalmente differente da $G$, a causa delle diverse dimensioni dell'integrale spazio-temporale presente nell'azione (A.6).

Seguiamo l'approccio di Kaluza-Klein, supponendo che la geometria $D$-dimensionale si possa fattorizzare come $\mathcal{M}_D = \mathcal{M}_4 \times \mathcal{K}_n$, dove $\mathcal{M}_4$ è l'usuale spazio-tempo a 4 dimensioni, mentre $\mathcal{K}_n$ è una varietà spaziale compatta $n$-dimensionale, con volume $V_n$ e tensore di Ricci nullo (così da non richiedere specifiche sorgenti materiali; ad esempio, un "toro" $n$-dimensionale). Chiamiamo $x^\mu$, con $\mu = 0, 1, 2, 3$, le coordinate di $\mathcal{M}_4$, e $y^a$, con $a = 1, 2, \ldots, n = D - 4$, le coordinate di $\mathcal{K}_n$. Supponiamo infine che la metrica fattorizzata dipenda solo dalle coordinate $x^\mu$, e quindi si

---

[2] I. Antoniadis, *Phys. Lett.* **B246**, 377 (1990); N. Arkani Hamed, S. Dimopoulos, G.R. Dvali, *Phys. Lett.* **B429**, 263 (1998).

possa scrivere nella forma

$$ds^2 = g_{\mu\nu}(x)dx^\mu dx^\nu + f_{ab}(x)dy^a dy^b, \tag{A.9}$$

che sostituiamo nell'Eq. (A.6) per il calcolo esplicito dell'azione gravitazionale.
    Otteniamo così

$$S = -\frac{M_D^{D-2}}{2} \int d^n y \int d^4 x \sqrt{-g} \left[ \sqrt{|f|} R_4(g) + \dots \right], \tag{A.10}$$

dove $f = \det f_{ab}$, dove $R_4$ indica la curvatura scalare di $\mathcal{M}_4$ calcolata dalla metrica quadri-dimensionale $g_{\mu\nu}(x)$, e dove i termini omessi all'interno della parentesi quadra corrispondono a termini cinetici (di tipo scalare relativamente a $\mathcal{M}_4$) quadratici nelle derivate di $f_{ab}(x)$. Confrontando la parte tensoriale dell'azione (A.10) con l'azione di Einstein in $D = 4$,

$$S = -\frac{M_P^2}{2} \int d^4 x \sqrt{-g} R_4(g), \tag{A.11}$$

e ricordando che $\int d^n y = V_n$, arriviamo (dopo un opportuno riscalamento della metrica $g \to \widetilde{g}$ necessario ad assorbire il fattore $\sqrt{|f|}$ che moltiplica $R_4$) alla seguente relazione tra le due scale di massa $M_D$ e $M_P$:

$$M_D^{D-2} V_n = M_P^2. \tag{A.12}$$

Poiché $M_P$ è noto ($M_P \simeq 2.4 \times 10^{18}$ GeV), questa condizione collega i possibili valori di $M_D$ al numero $n$ di dimensioni extra, e al relativo volume $n$-dimensionale $V_n$.
    Supponiamo, per semplicità, che lo spazio $\mathcal{K}_n$ sia isotropo, con una scala di compattificazione $L_c$ identica per tutte le dimensioni. In questo caso $V_n \sim L_c^n$, la condizione (A.12) assume la forma

$$M_D^{D-2} L_c^n \sim M_P^2, \tag{A.13}$$

e possiamo immediatamente verificare che una scala di compattificazione Planckiana ($L_c \sim \lambda_P \sim M_P^{-1}$) implica necessariamente $M_D \sim M_P$, come già sottolineato.
    Valori di $M_D$ diversi da $M_P$, e in particolare valori $M_D < M_P$, sono però possibili in corrispondenza di scale di compattificazione più grandi, $L_c > \lambda_P$, ossia di dimensioni extra più estese. Risolvendo l'Eq. (A.13) per $L_c$ in funzione di $M_D$ abbiamo infatti

$$L_c \sim 10^{-17} \mathrm{cm} \left( \frac{1 \mathrm{TeV}}{M_D} \right)^{1 + \frac{2}{n}} 10^{\frac{30}{n}}, \tag{A.14}$$

dove abbiamo usato $M_D = 1$ TeV come scala di riferimento. Abbiamo preso il TeV perché è un valore "privilegiato" dal punto di vista teorico, in quanto esistono modelli che con questo valore sembrano poter risolvere il cosiddetto problema della "gerarchia" e il problema della costante cosmologica.

Consideriamo ora l'attuale situazione sperimentale.

Misura della forza gravitazionale a piccole distanze[3] escludono l'esistenza di dimensioni extra fino alla scala $L_c \lesssim 10^{-2}$ cm. Se guardiamo l'Eq. (A.14) vediamo che questo risultato è facilmente compatibile con $M_D \sim 1$ TeV, purché il numero di dimensioni extra sia $n \geq 2$. Gli esperimenti ad alta energia finora effettuati, che misurano le interazioni di *gauge* (forti ed elettrodeboli) previste dal modello standard, escludono però la presenza di dimensioni extra fino a scale $L_c \lesssim 10^{-15}$ cm. Questo risultato non è compatibile con $M_D \sim 1$ TeV neanche se prendiamo $n = 7$, che è il massimo numero di dimensioni extra previsto teoricamente dai modelli unificati e supersimmetrici (in particolare, è il valore di $n$ previsto dalla Teoria M).

Per salvare l'ipotesi $M_D \sim 1$ TeV deve perciò entrare in gioco qualche meccanismo che renda le dimensioni extra "invisibili" alle indagini effettuate mediante le interazioni di *gauge* del modello standard (anche se non necessariamente invisibili all'interazione gravitazionale). Il meccanismo cercato si ottiene facendo l'ipotesi che il nostro spazio-tempo $\mathcal{M}_4$ sia la varietà a 4 dimensioni descritta dall'evoluzione temporale di una 3-brana di Dirichlet, immersa in uno spazio-tempo esterno $D$-dimensionale.

La teoria delle stringhe permette infatti di formulare modelli in cui le cariche che fanno da sorgenti alle interazioni di *gauge* sono confinate sulle brane di Dirichlet, e i corrispondenti campi di *gauge* possono propagarsi solo attraverso il volume d'universo descritto da tali brane. In questo caso le interazioni di *gauge* non risentono delle dimensioni extra ortogonali alla brana, e non possono rivelarle neanche nel caso limite in cui esse siano infinitamente estese. Solo l'interazione gravitazionale si propaga liberamente lungo tutte le dimensioni[4], e può quindi fornirci informazioni sulla scala $L_c$ delle dimensioni extra e sulla scala di massa $M_D$.

Nella sezione seguente presenteremo una definizione precisa delle *p*-brane di Dirichlet, spiegando rapidamente come emergono nel contesto delle teorie di stringa e perché sono associate al confinamento dei campi di *gauge*.

## A.1 Membrane di Dirichlet in teoria di stringa

Consideriamo l'azione di Polyakov (A.4) per una stringa libera ($p = 1$), e riscriviamola nel cosiddetto "*gauge* conforme" in cui la metrica intrinseca del foglio d'universo $\Sigma_2$ è piatta, $\gamma_{\mu\nu} = \eta_{\mu\nu} = \text{diag}(1, -1)$, e quindi $\sqrt{|\gamma|} = 1$.

Per una stringa è sempre possibile scegliere questo *gauge* grazie all'invarianza dell'azione di Polyakov per trasformazioni locali del tipo

$$\gamma_{\mu\nu} \to e^{\omega(\xi)}\gamma_{\mu\nu}, \qquad \gamma^{\mu\nu} \to e^{-\omega(\xi)}\gamma^{\mu\nu}, \qquad \sqrt{|\gamma|} \to e^{\omega(\xi)}\sqrt{|\gamma|} \qquad (A.15)$$

---

[3] Si veda ad esempio E.G. Adelberg, B.R. Heckel, A.E. Nelson, *Ann. Rev. Nucl. Part. Sci.* **53**, 77 (2003).

[4] A meno di particolari configurazioni geometriche capaci di "intrappolare" la componente a lungo raggio dell'interazione gravitazionale. Si veda ad esempio L. Randall, R. Sundrum, *Phys. Rev. Lett.* **83**, 4960 (1999).

(dette trasformazioni di Weyl, o conformi). La metrica $\gamma_{\mu\nu}$ ha infatti tre sole componenti indipendenti, che possono essere completamente fissate imponendo tre condizioni arbitrarie ottenute dall'invarianza per trasformazioni generali di coordinate, $\xi^\mu \to \widetilde{\xi}^\mu$, $\mu = 0, 1$, e dall'invarianza per trasformazioni conformi di tipo (A.15).

Chiamiamo $\xi^0 = \tau$ e $\xi^1 = \sigma$ le coordinate del *gauge* conforme, e indichiamo con il punto la derivata rispetto a $\tau$, con il primo la derivata rispetto a $\sigma$. L'azione di Polyakov per la stringa assume allora la forma

$$ S_1 = \int_{\tau_1}^{\tau_2} d\tau \int_0^\pi d\sigma\, L(\dot{X}, X'), \tag{A.16} $$

dove

$$ L(\dot{X}, X') = \frac{T_1}{2} \eta^{\mu\nu} \partial_\mu X^A \partial_\nu X_A = \frac{T_1}{2} \left( \dot{X}^A \dot{X}_A - X'^A X'_A \right), \tag{A.17} $$

e dove abbiamo supposto (seguendo la convenzione usuale) che la coordinata spaziale $\sigma$ vari lungo la stringa tra i due estremi 0 e $\pi$. Per gli scopi di questa sezione possiamo anche supporre, per semplicità, che lo spazio $D$-dimensionale in cui la stringa è immersa sia piatto, $g_{AB} = \eta_{AB}$. In questo caso la contrazione tra gli indici latini maiuscoli dell'azione è fatta con la metrica di Minkowski, e non ci sono contributi alla variazione dell'azione rispetto alla geometria dello spazio-tempo esterno.

Per ottenere l'equazione del moto variamo l'azione rispetto a $X^A$, tenendo fissa come al solito la traiettoria agli estremi temporali, ossia imponendo $\delta X^A(\tau_1) = 0 = \delta X^A(\tau_2)$, e assumendo inoltre opportune condizioni di bordo che annullano il contributo variazionale anche agli estremi spaziali $\sigma = 0$ e $\sigma = \pi$. Variando e integrando per parti allora abbiamo

$$ \begin{aligned} \delta S_1 &= \int_{\tau_1}^{\tau_2} d\tau \int_0^\pi d\sigma\, \frac{\partial L}{\partial(\partial_\mu X^A)} \delta\left(\partial_\mu X^A\right) \\ &= \int_{\tau_1}^{\tau_2} d\tau \int_0^\pi d\sigma\, \partial_\mu \left[ \frac{\partial L}{\partial(\partial_\mu X^A)} \delta X^A \right] \\ &\quad - \int_{\tau_1}^{\tau_2} d\tau \int_0^\pi d\sigma \left[ \partial_\mu \frac{\partial L}{\partial(\partial_\mu X^A)} \right] \delta X^A. \end{aligned} \tag{A.18} $$

Se sono nulli i contributi di bordo, rappresentati dal termine in seconda riga dell'equazione precedente, arriviamo immediatamente alle equazioni di Eulero-Lagrange, che nel nostro caso si riducono a

$$ \begin{aligned} 0 &= \partial_\mu \frac{\partial L}{\partial(\partial_\mu X^A)} \\ &= \partial_\tau \frac{\partial L}{\partial \dot{X}^A} + \partial_\sigma \frac{\partial L}{\partial X'^A} = \ddot{X}^A - X''^A, \end{aligned} \tag{A.19} $$

e che descrivono il moto di una stringa libera parametrizzata dalle equazioni $X^A = X^A(\tau, \sigma)$, immersa in una varietà di Minkowski $D$-dimensionale.

Consideriamo ora i contributi di bordo dell'Eq. (A.18), che possiamo scrivere esplicitamente come segue:

$$
\begin{aligned}
I_b &= \int_{\tau_1}^{\tau_2} d\tau \int_0^{\pi} d\sigma \, \partial_\mu \left[ \frac{\partial L}{\partial(\partial_\mu X^A)} \delta X^A \right] \\
&= \int_{\tau_1}^{\tau_2} d\tau \int_0^{\pi} d\sigma \left[ \partial_\tau \left( \frac{\partial L}{\partial \dot{X}^A} \delta X^A \right) + \partial_\sigma \left( \frac{\partial L}{\partial X'^A} \delta X^A \right) \right] \qquad (A.20) \\
&= \int_0^{\pi} d\sigma \left[ \frac{\partial L}{\partial \dot{X}^A} \delta X^A \right]_{\tau_1}^{\tau_2} + \int_{\tau_1}^{\tau_2} d\tau \left[ \frac{\partial L}{\partial X'^A} \delta X^A \right]_0^{\pi}.
\end{aligned}
$$

Il primo integrale dell'ultima riga è identicamente nullo grazie alla condizione sugli estremi temporali $\delta X^A(\tau_1) = 0 = \delta X^A(\tau_2)$. Il secondo integrale è nullo se vale la condizione di bordo

$$
\begin{aligned}
0 &= \left[ \frac{\partial L}{\partial X'^A} \delta X^A \right]_0^{\pi} = \left[ X'_A \delta X^A \right]_0^{\pi} \\
&= \left[ X'_A \left( \dot{X}^A \delta\tau + X'^A \delta\sigma \right) \right]_0^{\pi} \qquad (A.21) \\
&\equiv \left[ X'_A \dot{X}^A \delta\tau \right]_0^{\pi}.
\end{aligned}
$$

Per una stringa chiusa, che soddisfa la condizione di periodicità $X^A(\tau,\sigma) = X^A(\tau,\sigma+\pi)$, tale condizione è automaticamente soddisfatta. Per una stringa aperta, con gli estremi localizzati nei punti $\sigma = 0$ e $\sigma = \pi$, separati tra loro, ci sono invece due modi di soddisfare la condizione di bordo.

La prima possibilità è la cosiddetta *condizione al contorno di Neumann*,

$$
X'_A \big|_{\sigma=0} = 0 = X'_A \big|_{\sigma=\pi} , \qquad (A.22)
$$

che permette agli estremi della stringa di muoversi, in modo tale che non ci sia flusso di impulso fuori dal sistema attraverso le sue estremità. La seconda possibilità è la *condizione al contorno di Dirichlet*,

$$
\dot{X}^A \big|_{\sigma=0} = 0 = \dot{X}^A \big|_{\sigma=\pi} , \qquad (A.23)
$$

che impone invece agli estremi della stringa di rimanere fissi.

In un contesto multidimensionale, $X^A = (X^0, X^1, X^2, \ldots, X^{D-1})$, è sempre possibile imporre condizioni al contorno di Neumann sulle prime $p+1$ coordinate $X^0, X^1, X^2, \ldots, X^p$, e condizioni al contorno di Dirichlet sulle restanti $D-1-p$ coordinate $X^{p+1}, X^{p+2}, \ldots, X^{D-1}$. In questo caso le estremità di una stringa aperta sono fisse lungo le direzioni di Dirichlet, ma sono libere di muoversi sull'ipersuperficie $p$-dimensionale di tipo spazio specificata dalle equazioni

$$
X^i = \text{cost}, \qquad p+1 \le i \le D-1, \qquad (A.24)
$$

e su tutto l'ipervolume $\Sigma_{p+1}$ descritto dalla sua evoluzione temporale. L'ipersuperficie definita dall'Eq. (A.24) è detta "membrana di Dirichlet $p$-dimensionale", o, più

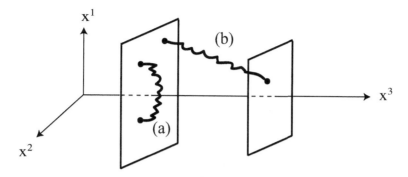

**Fig. A.2** La figura mostra due possibili stati di stringa aperta, ($a$) e ($b$), entrambi con condizioni al contorno di Neumann per le coordinate $(x^0, x^1, x^2)$, e condizioni di Dirichlet per la coordinata $x^3$. La condizione $x^3 = $ costante fissa la 2-brana di Dirichlet, che in questo caso si identifica con il piano $\{x^1, x^2\}$. I due estremi della stringa aperta possono essere entrambi sullo stesso piano (caso ($a$)) se $x^3(\sigma = 0) = x^3(\sigma = \pi)$, oppure su piani paralleli ma diversi (caso ($b$)) se $x^3(\sigma = 0) \neq x^3(\sigma = \pi)$

brevemente, $D_p$-brana. Nella Fig. A.2 si mostra un semplice esempio di $D_2$-brana immersa in uno spazio-tempo di Minkowski a 4 dimensioni.

Nei modelli di superstringa, d'altra parte, le cariche (abeliane e non abeliane) che fanno da sorgenti ai campi di *gauge* del modello standard sono localizzate proprio alle estremità delle stringhe aperte. Imponendo appropriate condizioni di bordo, e vincolando in modo opportuno le estremità delle stringhe aperte, è dunque possibile confinare le cariche su una $D_p$-brana, e costruire modelli in cui i campi di *gauge* (abeliani e non) si propagano solo attraverso lo spazio-tempo $(p+1)$-dimensionale associato alla $D_p$-brana[5].

Questi modelli consentono di formalizzare uno scenario teorico che – pur essendo multidimensionale – non è in conflitto con l'attuale fenomenologia, e che può essere esteso in ambito cosmologico con interessanti conseguenze, alcune delle quali verranno brevemente illustrate nelle sezioni successive.

## A.2  Proiezione delle equazioni di Einstein sulla membrana

Supponiamo dunque che lo spazio-tempo in cui viviamo coincida con la varietà 4-dimensionale $\Sigma_4$ descritta dall'evoluzione temporale di una 3-brana di Dirichlet; supponiamo inoltre, per semplicità, che questa $D_3$-brana sia immersa in uno spazio-tempo esterno $\mathcal{M}_D$ – detto anche *bulk* – che ha una sola dimensione spaziale "extra", e quindi ha in totale $D = 5$ dimensioni.

Date le equazioni gravitazionali sul *bulk* $\mathcal{M}_5$, ci chiediamo quali sono le equazioni gravitazionali "effettive" sperimentate da chi è confinato sullo spazio-tempo

[5] Si veda ad esempio P. Horawa, E. Witten, *Nucl. Phys.* **B460**, 506 (1996); *Nucl. Phys.* **B475**, 94 (1996).

$\Sigma_4 \subset \mathcal{M}_5$, e quali scenari cosmologici possono essere realizzati con tali equazioni effettive. Per rispondere a tali domande dobbiamo innanzitutto generalizzare le equazioni gravitazionali di Einstein al caso di una varietà pentadimensionale, e poi "proiettarle" opportunamente sulla sottovarietà considerata.

Per scrivere le equazioni gravitazionali in $\mathcal{M}_5$ partiamo dall'azione totale

$$S = \int d^5x \sqrt{|g|} \left( -\frac{R}{2\lambda_5^3} + \mathcal{L}_{\text{bulk}} \right) + S_{\text{brana}}, \qquad (A.25)$$

dove $R$ è la curvatura scalare della metrica $g$ di $\mathcal{M}_5$; $\lambda_5$ è la scala di lunghezza associata alla costante gravitazionale di $\mathcal{M}_5$, tale che

$$\lambda_5^3 = \frac{1}{M_5^3} = 8\pi G_5 \qquad (A.26)$$

(si veda l'Eq. (A.7)); $\mathcal{L}_{\text{bulk}}$ è la densità di Lagrangiana che descrive le sorgenti materiali (e/o la costante cosmologica) eventualmente presenti nello spazio-tempo $\mathcal{M}_5$; infine, $S_{\text{brana}}$ è il contributo dovuto all'azione della brana stessa, in quanto anche la $D_3$-brana è un oggetto con una densità d'energia intrinseca che fa da sorgente al campo gravitazionale totale presente in $\mathcal{M}_5$.

L'azione $S_{\text{brana}}$ può essere scritta nella forma di Polyakov (A.4), tenendo presente però che l'energia per unità di volume della 3-brana è costante solo se la brana è "vuota", e contribuisce al campo gravitazionale con una tensione costante $T_3$ che rappresenta la densità d'energia del vuoto (o costante cosmologica) dello spazio-tempo $\Sigma_4$. Se la brana contiene anche campi e sorgenti materiali allora la tensione $T_3$ che appare nell'azione va sostituita con la densità di Lagrangiana $\mathcal{L}_{\text{brana}}^4$ che descrive, oltre alla tensione, anche le altre sorgenti della varietà $\Sigma_4$.

In generale quindi abbiamo

$$S_{\text{brana}} = \int d^4\xi \sqrt{|\gamma|}\, \mathcal{L}_{\text{brana}}^4 \left( \gamma^{\mu\nu} \partial_\mu X^A \partial_\nu X^B g_{AB} - 2 \right), \qquad (A.27)$$

dove $\mu, \nu = 0, 1, 2, 3$, e $A, B = 0, 1, 2, 3, 4$. Se teniamo conto che il contributo della brana è diverso da zero solo in corrispondenza della sua posizione, specificata dalle equazione di immersione in $\mathcal{M}_5$, $x^A = X^A(\xi)$, possiamo anche scrivere

$$S_{\text{brana}} = \int d^5x \int_{\Sigma_4} d^4x \sqrt{|\gamma|}\, \mathcal{L}_{\text{brana}}^4 \delta^5(x - X(\xi)) \left( \gamma^{\mu\nu} \partial_\mu X^A \partial_\nu X^B g_{AB} - 2 \right). \quad (A.28)$$

In questo modo tutti i termini dell'azione (A.25) si possono esprime come integrali in $d^5x$ di una densità di Lagrangiana effettiva definita su $\mathcal{M}_5$.

La variazione rispetto alla metrica $g^{AB}$ fornisce allora facilmente le equazioni di Einstein per la geometria di $\mathcal{M}_5$,

$$G_{AB} \equiv R_{AB} - \frac{1}{2} g_{AB} R = \lambda_5^3 \left( T_{AB}^{\text{bulk}} + T_{AB}^{\text{brana}} \right), \qquad (A.29)$$

dove abbiamo introdotto i termini di sorgente seguendo la definizione standard del tensore dinamico energia-impulso (si veda l'Eq. (1.93)),

$$\delta\left(\sqrt{|g|}\mathscr{L}_{\text{bulk}}\right) = \frac{1}{2}\sqrt{|g|}\,T_{AB}^{\text{bulk}}\delta g^{AB},$$
$$\delta\left(\sqrt{|g|}\mathscr{L}_{\text{brana}}^5\right) = \frac{1}{2}\sqrt{|g|}\,T_{AB}^{\text{brana}}\delta g^{AB}, \qquad (A.30)$$

e dove la Lagrangiana effettiva $\mathscr{L}_{\text{brana}}^5$ è definita in modo tale da poter riscrivere l'azione (A.28) come

$$S_{\text{brana}} = \int d^5 x \sqrt{|g|}\,\mathscr{L}_{\text{brana}}^5. \qquad (A.31)$$

Nel semplice caso in cui l'unico contributo gravitazionale della brana viene dalla sua tensione costante, $\mathscr{L}_{\text{brana}}^4 = T_3/2$, abbiamo, ad esempio,

$$\mathscr{L}_{\text{brana}}^5 = \frac{T_3}{2\sqrt{|g|}}\int_{\Sigma_4} d^4\xi\sqrt{|\gamma|}\,\delta^5(x - X(\xi))\left[\gamma^{\mu\nu}\partial_\mu X^A \partial_\nu X^B g_{AB}(X) - 2\right], \quad (A.32)$$

e il corrispondente tensore energia-impulso è dato da

$$T_{AB}^{\text{brana}} = \frac{T_3}{\sqrt{|g|}}\int_{\Sigma_4} d^4\xi\sqrt{|\gamma|}\,\delta^5(x - X(\xi))\gamma^{\mu\nu}\partial_\mu X_A \partial_\nu X_B, \qquad (A.33)$$

in accordo alla definizione (A.30).

Per la successiva proiezione su $\Sigma_4$ è conveniente utilizzare le equazioni di Einstein nella forma in cui compare solo il tensore di Ricci $R_{AB}$. Prendendo la traccia dell'Eq. (A.29), e ricordando che in $D = 5$ si ha $g_{AB}g^{BA} = \delta_A^A = 5$, otteniamo

$$-\frac{3}{2}R = \lambda_5^3\left(T^{\text{bulk}} + T^{\text{brana}}\right), \qquad (A.34)$$

e quindi possiamo riscrivere l'Eq. (A.29) come

$$R_{AB} = \lambda_5^3\left(T_{AB} - \frac{1}{3}g_{AB}T\right)^{\text{bulk}} + \lambda_5^3\left(T_{AB} - \frac{1}{3}g_{AB}T\right)^{\text{brana}}, \qquad (A.35)$$

dove, ovviamente $T = g_{AB}T^{AB}$.

Queste equazioni, definite su tutto il *bulk* spazio-temporale $\mathscr{M}_5$, vanno ora proiettate sulla sottovarietà $\Sigma_4$ che rappresenta il nostro Universo effettivo – ovvero, che rappresenta la sezione di spazio-tempo direttamente esplorabile utilizzando le interazioni del modello standard, le cui sorgenti sono confinate sulla $D_3$-brana. Detto in altri termini, le equazioni gravitazionali (A.35) vanno espresse mediante oggetti geometrici definiti intrinsecamente su $\Sigma_4$, e quindi accessibili all'osservazione diretta di chi è confinato su $\Sigma_4$.

A questo scopo introduciamo il vettore di tipo spazio $n^A$, normale a $\Sigma_4$ e di modulo unitario,

$$g_{AB}n^A n^B = -1, \qquad (A.36)$$

e definiamo il cosiddetto *tensore di proiezione* $h_{AB}$,

$$h_{AB} = g_{AB} + n_A n_B, \quad h_{AB} n^B = 0, \quad h^A{}_C h^C{}_B = h^A{}_B, \qquad (A.37)$$

che seleziona le direzioni spazio-temporali tangenti all'ipersuperficie $\Sigma_4$. Infatti, dato un qualunque oggetto geometrico $F_A$, la contrazione $\overline{F}_B = F_A h^A{}_B$ è automaticamente tangente a $\Sigma_4$ in quanto la sua proiezione lungo la normale risulta nulla, $\overline{F}_A n^A = F_A h^A{}_B n^B \equiv 0$. Il tensore $h_{AB}$ definisce, in particolare, la *metrica indotta* su $\Sigma_4$ tramite la proiezione

$$h_{\mu\nu} = g_{AB} h^A{}_\mu h^B{}_\nu, \qquad (A.38)$$

che verrà ripetutamente usata in seguito.

Nel nostro contesto siamo interessati alla proiezione dell'Eq. (A.35), ossia alla relazione

$$R_{MN} h^M_A h^N_B = \lambda_5^3 \left( T_{MN} h^M_A h^N_B - \frac{1}{3} h_{AB} T \right)^{\text{bulk}}$$
$$+ \lambda_5^3 \left( T_{AB} - \frac{1}{3} h_{AB} T \right)^{\text{brana}} . \qquad (A.39)$$

Si noti che il tensore $T_{AB}^{\text{brana}}$ è rimasto invariato poiché è localizzato su $\Sigma_4$, e quindi automaticamente tangente a $\Sigma_4$, $T_{AB}^{\text{brana}} n^B = 0$. La curvatura del *bulk* $R(g)$, presente al membro sinistro di questa equazione, va inoltre espressa in termini della curvatura intrinseca di $\Sigma_4$, che indicheremo con $R^4(h)$. A questo scopo utilizziamo la relazione di Gauss che collega il tensore di Riemann del *bulk* al tensore di Riemann di $\Sigma_4$ costruito con la metrica indotta $h_{\mu\nu}$. Tale relazione si scrive

$$R^4_{ABCD}(h) = R_{MNPQ} h^M_A h^N_B h^P_C h^Q_D - K_{AD} K_{BC} + K_{AC} K_{BD}, \qquad (A.40)$$

dove

$$K_{AB} = h_{(A}{}^C h_{B)}{}^D \nabla_C n_D, \quad K_{AB} n^B = 0, \qquad (A.41)$$

è la cosiddetta *curvatura estrinseca* di $\Sigma_4$, proporzionale al gradiente covariante della sua normale. Contraendo gli indici, ed usando opportune identità geometriche[6], arriviamo così alla relazione

$$R_{MN} h^M_A h^N_B = R^4_{AB}(h) + n^M \nabla_M K_{AB} + 2 K_{M(A} \nabla_{B)} n^M$$
$$- 2 K_{M(A} K_{B)}{}^M + K K_{AB}. \qquad (A.42)$$

È facile verificare che $R^4_{AB} n^B = 0$, ossia che il tensore di Ricci $R^4_{AB}$ è un oggetto "intrinseco" della varietà $\Sigma_4$.

Sostituendo questo risultato nell'Eq. (A.39) otteniamo le equazioni gravitazionali effettive per $\Sigma_4$, che differiscono dalle usuali equazioni di Einstein per la presenza dei termini che contengono la curvatura estrinseca $K$. Tali termini rappresentano correzioni geometriche indotte dalla "quinta" dimensione esterna alla brana. È inte-

---

[6] Si veda ad esempio R. Maartens, K. Koyama, *Living Rev. Relativity* **13**, 5 (2010).

ressante osservare, a questo proposito, che la curvatura estrinseca di $\Sigma_4$ può essere direttamente collegata alle sorgenti gravitazionali intrinseche alla brana mediante una relazione – detta "condizione di giunzione di Israel" – che è molto simile a quella che collega il tensore di Ricci di $\mathscr{M}_5$ alle sorgenti gravitazionali posizionate nel *bulk* (si veda l'Eq. (A.35)).

Consideriamo infatti l'Eq. (A.39), sostituiamo al membro sinistro il risultato (A.42), e integriamo entrambi i membri lungo la dimensione extra normale a $\Sigma_4$: integriamo cioè in $n_P dx^P$, da $-\varepsilon$ a $\varepsilon$, passando attraverso la posizione di $\Sigma_4$ (che supponiamo localizzata in corrispondenza dell'origine). Facciamo quindi il limite $\varepsilon \to 0$, e notiamo che nell'integrale considerato ci sono due tipi di termini.

Ci sono i termini di tipo *intrinseco* (come $R_{AB}^4$, $h_{AB}$, $T_{AB}^{\mathrm{brana}}$) che sono definiti solo su $\Sigma_4$, e che ovviamente hanno lo stesso valore su entrambi "i lati" di $\Sigma_4$ (ovvero, che raggiungono lo stesso valore nell'origine sia che il limite $\varepsilon \to 0$ venga fatto da valori positivi sia da valori negativi della dimensione trasversa). Questi termini non danno contributi al calcolo considerato, a meno che non siano divergenti nel punto $\varepsilon = 0$ (ossia su $\Sigma_4$), come nel caso di $T_{AB}^{\mathrm{brana}}$ che è caratterizzato da una distribuzione deltiforme (si veda l'Eq. (A.33)).

Ci sono poi i termini di tipo *estrinseco* (come quelli con $K_{AB}$) che possono avere valori diversi sui due lati opposti di $\Sigma_4$, generando così una tipica discontinuità "a scalino" attraverso l'origine. Anche in questo caso, però, effettuando l'integrale da $-\varepsilon$ a $\varepsilon$, e mandando $\varepsilon$ a zero, non si ottengono contributi a meno che non si tratti di termini contenenti la derivata normale della discontinuità a gradino, ossia termini del tipo $n^M \partial_M K_{AB}$ (che sono in effetti presenti nell'Eq. (A.42)). Questi termini divergono infatti nell'origine con una distribuzione di tipo deltiforme su $\Sigma_4$, e il loro contributo sopravvive al processo di integrazione considerato, esattamente come nel caso di $T_{AB}^{\mathrm{brana}}$.

Per la consistenza dell'Eq. (A.39) dobbiamo dunque calcolare a membro destro e membro sinistro i termini che integrati non vanno a zero per $\varepsilon \to 0$, ed eguagliarli tra loro. Questo processo in pratica coinvolge tutti i contributi caratterizzati da una distribuzione deltiforme su $\Sigma_4$. Assumendo che le sorgenti $T_{AB}^{\mathrm{bulk}}$ non siano singolari su $\Sigma_4$, e che lo stesso valga per la curvatura intrinseca $R_{AB}^4$, arriviamo allora alla condizione di Israel,

$$K_{AB}^+ - K_{AB}^- = \lambda_5^3 \left( \overline{T}_{AB} - \frac{1}{3} h_{AB} \overline{T} \right)^{\mathrm{brana}}, \qquad (A.43)$$

dove $K^+$ e $K^-$ sono i valori di $K$ ottenuti, rispettivamente, facendo i limiti $\varepsilon \to 0_+$ e $\varepsilon \to 0_-$, e dove $\overline{T}_{AB}^{\mathrm{brana}}$ è la parte finita del tensore energia-impulso delle sorgenti localizzate su $\Sigma_4$. Più precisamente, $\overline{T}_{AB}^{\mathrm{brana}}$ è il tensore energia-impulso riferito alla densità di Lagrangiana $\mathscr{L}_{\mathrm{brana}}^4$

$$\delta \left( \sqrt{|h|} \mathscr{L}_{\mathrm{brana}}^4 \right) = \frac{1}{2} \sqrt{|h|} \, \overline{T}_{AB}^{\mathrm{brana}} \delta g^{AB}, \qquad (A.44)$$

ottenuto dall'azione (A.27).

Nelle applicazioni cosmologiche di questa appendice assumeremo, per semplicità, che il nostro modello geometrico abbia simmetria di riflessione attorno alla posizione di $\Sigma_4$ lungo la direzione normale $n^M$. In questo caso si ha $K_{AB}^- = -K_{AB}^+ \equiv K_{AB}$, e dunque

$$K_{AB} = \frac{\lambda_5^3}{2} \left( \overline{T}_{AB} - \frac{1}{3} h_{AB} \overline{T} \right)^{\text{brana}}, \qquad (A.45)$$

ossia la curvatura estrinseca di $\Sigma_4$ risulta completamente determinata dalle sorgenti in essa contenute.

Per le applicazioni cosmologiche è anche opportuno esprimere le equazioni gravitazionali nella forma standard in cui appare esplicitamente il tensore di Einstein, anziché il corrispondente tensore di Ricci. A questo scopo effettuiamo due contrazioni successive della relazione di Gauss (A.40), moltiplicando entrambi i membri prima per $g^{AD}$ e poi per $g^{BC}$. Otteniamo, rispettivamente,

$$R_{BC}^4(h) = R_{NP} h_B^N h_C^P + R_{MNPQ} h_B^N h_C^P n^M n^Q - K K_{BC} + K_{AC} K_B{}^A,$$

$$R^4(h) = R + 2 R_{AB} n^A n^B - K^2 + K_A{}^B K_B{}^A, \qquad (A.46)$$

e la loro combinazione fornisce

$$G_{AB}^4(h) \equiv R_{AB}^4 - \frac{1}{2} h_{AB} R^4$$

$$= G_{MN} h_A^M h_B^N - h_{AB} R_{MN} n^M n^N - K K_{AB} + K_{MB} K_A{}^M \qquad (A.47)$$

$$+ \frac{1}{2} h_{AB} \left( K^2 - K_M{}^N K_N{}^M \right) + R_{MNPQ} h_A^N h_B^P n^M n^Q.$$

Può essere infine conveniente decomporre il tensore di Riemann del *bulk* nelle sue componenti di Weyl e di Ricci (si veda ad esempio il testo [5] della bibliografia finale). Otteniamo allora (in $D = 5$)

$$R_{MNPQ} h_A^N h_B^P n^M n^Q = E_{AB} - \frac{1}{3} R_{MN} h_A^M h_B^N + \frac{1}{3} R_{MN} n^M n^N h_{AB}$$

$$+ \frac{1}{12} h_{AB} R, \qquad (A.48)$$

dove

$$E_{AB} = C_{MNPQ} h_A^N h_B^P n^M n^Q, \qquad E_A{}^A = 0, \qquad E_{AB} n^B = 0, \qquad (A.49)$$

è un tensore simmetrico e a traccia nulla ottenuto dal tensore di Weyl $C_{MNPQ}$.

Siamo ora in grado di scrivere le equazioni effettive per $\Sigma_4$ in forma standard, partendo dall'Eq. (A.47), ed eliminando dappertutto le variabili di *bulk* $G_{MN}, R_{MN}$ ed $R$ usando, rispettivamente, le equazioni di Einstein (A.29), (A.35) e (A.34). Eliminiamo anche i termini con la curvatura estrinseca mediante la condizione di giunzione

(A.45). Il risultato si scrive

$$
G_{AB}^4(h) = \frac{2}{3}\lambda_5^3 \left[ T_{MN} h_A^M h_B^N - h_{AB} \left( T_{MN} n^M n^N + \frac{T}{4} \right) \right]^{\text{bulk}}
$$
$$
+ E_{AB} + S_{AB},
$$
(A.50)

dove

$$
S_{AB} = \frac{\lambda_5^6}{4} \left[ \overline{T}_{MB} \overline{T}_A{}^M - \frac{1}{3}\overline{T}\,\overline{T}_{AB} - \frac{1}{2}h_{AB} \left( \overline{T}_M{}^N \overline{T}_N{}^M - \frac{1}{3}\overline{T}^2 \right) \right]^{\text{brana}}
$$
(A.51)

è il contributo quadratico delle sorgenti – indotto dalla curvatura estrinseca – posizionate sulla brana.

Possiamo distinguere, in generale, due tipi di contributi a $\overline{T}_{AB}^{\text{brana}}$, uno dovuto alla tensione intrinseca $T_3$ (o energia del vuoto) e l'altro dovuto alla densità d'energia dei campi e delle sorgenti localizzate sulla brana. Possiamo quindi porre, in generale,

$$
\overline{T}_{AB}^{\text{brana}} = \mu^4 h_{AB} + \tau_{AB},
$$
(A.52)

dove $\mu^4 = T_3$, e dove $\tau_{AB}$ è il tensore energia-impulso delle sorgenti descritte dalla Lagrangiana $\mathscr{L}_{\text{brana}}^4$, definito in accordo all'Eq. (A.44).

Sostituendo l'Eq. (A.52) nella definizione di $S_{AB}$ notiamo inoltre che tutti i termini delle equazioni effettive (A.50) sono tangenti a $\Sigma_4$: in un opportuno sistema di coordinate, in cui $n_A$ ha componente solo lungo la quinta dimensione, possiamo quindi scrivere le equazioni per $\Sigma_4$ usando solamente indici greci che vanno da 0 a 3. Il risultato finale per tali equazioni effettive è il seguente:

$$
G_{\alpha\beta}^4(h) = \frac{1}{6}\mu^4 \lambda_5^6 \tau_{\alpha\beta} + \frac{1}{12}\mu^8 \lambda_5^6 h_{\alpha\beta}
$$
$$
+ \frac{2}{3}\lambda_5^3 \left[ T_{\mu\nu} h_\alpha^\mu h_\beta^\nu - h_{\alpha\beta} \left( T_{MN} n^M n^N + \frac{1}{4}T \right) \right]^{\text{bulk}}
$$
$$
+ \frac{\lambda_5^6}{4} \left[ \tau_\alpha{}^\mu \tau_{\mu\beta} - \frac{1}{3}\tau\tau_{\alpha\beta} - \frac{1}{2}h_{\alpha\beta} \left( \tau_\mu{}^\nu \tau_\nu{}^\mu - \frac{1}{3}\tau^2 \right) \right]
$$
$$
+ E_{\alpha\beta},
$$
(A.53)

dove $E_{\alpha\beta} = C_{MNPQ} h^N{}_\alpha h^P{}_\beta n^M n^Q$.

La prima linea di questa equazione rappresenta le usuali equazioni di Einstein per la metrica indotta $h_{\mu\nu}$ sulla brana, col tensore $\tau_{\mu\nu}$ che fa da sorgente, e con una costante gravitazionale effettiva

$$
8\pi G_{\text{brana}} \equiv \lambda_4^2 = \frac{1}{6}\mu^4 \lambda_5^6.
$$
(A.54)

Si noti che la scala $\lambda_4$ – che controlla la costante d'accoppiamento sulla brana – è in generale diversa dalla scala $\lambda_5$ che controlla l'accoppiamento gravitazionale sul *bulk* (si veda l'Eq. (A.29)). Con un'opportuna scelta della tensione $\mu$ è allora possibile ottenere la costante di Newton sulla brana (ossia è possibile imporre $\lambda_4 = \lambda_P$), anche se la scala gravitazionale del *bulk* è molto diversa dalla scala di Planck ($\lambda_5 \neq \lambda_P$).

Si noti anche che la prima linea dell'Eq. (A.54) include il contributo di una costante cosmologica effettiva $\Lambda_{\text{brana}}$, tale che

$$8\pi G_{\text{brana}}\Lambda_{\text{brana}} = \frac{1}{12}\mu^8\lambda_5^6, \tag{A.55}$$

ovvero $\Lambda_{\text{brana}} = \mu^4/2$, esattamente il contributo atteso dal termine di tensione $T_3 = \mu^4$.

Nelle linee successive dell'Eq. (A.53) sono invece rappresentate le correzioni alle ordinarie equazioni di Einstein dovute al fatto che la varietà $\Sigma_4$ è immersa nel *bulk* $\mathcal{M}_5$. In particolare: la seconda linea fornisce le correzioni dovute all'eventuale presenza di sorgenti gravitazionali posizionate nel *bulk*, esternamente alla brana; la terza linea contiene correzioni quadratiche nel tensore energia-impulso $\tau_{\alpha\beta}$, correzioni che possono diventare importanti a energie sufficientemente elevate; infine, la quarta linea fornisce le eventuali correzioni indotte dalla curvatura del *bulk*, e quindi dalle proprietà geometriche globali di $\mathcal{M}_5$.

Le equazioni (A.53) descrivono il modello gravitazionale che verrà usato per tutte le successive applicazioni cosmologiche di questa appendice.

## A.3  Deviazioni dalla cosmologia standard

Per illustrare alcuni semplici ma interessanti conseguenze cosmologiche delle equazioni (A.53) supponiamo che lo spazio-tempo in cui viviamo si identifichi con la varietà $\Sigma_4$ della sezione precedente, e consideriamo un modello in cui tutte le sorgenti materiali sono confinate sulla brana e adeguatamente descritte dal tensore energia-impulso $\tau_{\mu\nu}$. Supponiamo inoltre che la brana abbia una tensione $T_3 = \mu^4$, e che l'unico contributo gravitazionale del *bulk* provenga dalla sua energia del vuoto, rappresentata da una costante cosmologica $\Lambda$ tale che

$$T_{AB}^{\text{bulk}} = \Lambda g_{AB}. \tag{A.56}$$

In questo caso le equazioni gravitazionali (A.53) si riducono a

$$\begin{aligned}
G_{\alpha\beta}^4(h) = {} & 8\pi G\left[\tau_{\alpha\beta} + \Lambda_4 h_{\alpha\beta}\right] + E_{\alpha\beta} \\
& +8\pi G\left(\frac{3}{2\mu^4}\right)\left[\tau_\alpha{}^\mu\tau_{\mu\beta} - \frac{1}{3}\tau\tau_{\alpha\beta} - \frac{1}{2}h_{\alpha\beta}\left(\tau_\mu{}^\nu\tau_\nu{}^\mu - \frac{1}{3}\tau^2\right)\right],
\end{aligned} \tag{A.57}$$

dove abbiamo identificato la costante d'accoppiamento effettiva (A.54) con la costante di Newton $G$, e dove $\Lambda_4$ è la costante cosmologica "totale" di $\Sigma_4$, che include il contributo del *bulk* e la tensione della brana:

$$\Lambda_4 = \frac{\mu^4}{2} + \frac{3\Lambda}{\mu^4\lambda_5^3}. \tag{A.58}$$

Si noti che è sempre possibile, in questo contesto, realizzare un modello cosmo-logico caratterizzato da $\Lambda_4 = 0$, a patto di introdurre sul *bulk* una costante co-smologica negativa, $\Lambda < 0$ (ovvero, una geometria di anti-de Sitter), e di sin-tonizzarla opportunamente per cancellare il contributo della tensione, ponendo $\Lambda = -(\mu^8 \lambda_5^3)/6$.

Cerchiamo soluzioni omogenee, isotrope e spazialmente piatte per la geometria di $\Sigma_4$, descritte (nel *gauge* del tempo cosmico) dalla seguente metrica indotta

$$h_{00} = 1, \qquad h_{ij} = -a^2(t)\delta_{ij}, \qquad (A.59)$$

e generate da un fluido perfetto, omogeneo e barotropico,

$$\tau_0{}^0 = \rho(t), \qquad \tau_i{}^j = -p(t)\delta_i^j, \qquad (A.60)$$

con equazione di stato $p/\rho = \gamma =$ costante. Assumiamo ovviamente che la geo-metria del *bulk* sia compatibile con queste ipotesi, ossia che il contributo $E_{\alpha\beta}$ del tensore di Weyl non introduca disomogeneità e/o anisotropie nelle equazioni per $\Sigma_4$. Se questo è il caso allora $E_{\alpha\beta}$, che ha traccia nulla, può essere interpretato come il tensore energia-impulso effettivo di un fluido perfetto di radiazione, e può essere dunque parametrizzato come segue:

$$E_0{}^0 = 8\pi G \rho_W(t), \qquad E_i{}^j = -8\pi G p_W(t)\delta_i^j, \qquad p_W = \frac{1}{3}\rho_W \qquad (A.61)$$

(il fattore $8\pi G$ è stato introdotto per attribuire al parametro $\rho_W$ le dimensioni di densità d'energia). Questa sorgente effettiva, che ha origine geometrica dalla curva-tura dello spazio-tempo $\mathcal{M}_5$ in cui è immersa la brana, viene usualmente chiamata "radiazione oscura".

Con queste assunzioni il sistema di equazioni (A.57) si riduce ad avere due sole componenti indipendenti. La componente temporale $(0,0)$ fornisce la condi-zione

$$3H^2 = 8\pi G \left( \rho + \Lambda_4 + \frac{\rho^2}{2\mu^4} + \rho_W \right), \qquad (A.62)$$

che differisce dall'usuale equazione di Friedmann (con costante cosmologica) per la presenza degli ultimi due termini al membro destro: il contributo quadratico nel-le sorgenti e il contributo della radiazione oscura. La componente spaziale $(i, j)$ fornisce la condizione

$$2\dot{H} + 3H^2 = 8\pi G \left( -p + \Lambda_4 - p_W - \frac{\rho^2}{2\mu^4} - \frac{p\rho}{\mu^4} \right), \qquad (A.63)$$

contenente anch'essa le correzioni quadratiche e quelle di radiazione oscura (si confronti ad esempio con le corrispondenti equazioni (3.12) e (3.13) del modello cosmologico standard).

Come nel caso standard, l'equazione di conservazione per le sorgenti non è indi-pendente, ma si ottiene derivando l'Eq. (A.62) e combinandola con l'Eq. (A.63). Il calcolo esplicito nel nostro caso fornisce la condizione

$$\left(1 + \frac{\rho}{\mu^4}\right)[\dot{\rho} + 3H(\rho + p)] + \dot{\rho}_W + 3H(\rho_W + p_W) = 0. \tag{A.64}$$

Assumendo che non ci sia scambio di energia tra il *bulk* e la brana, e quindi che l'equazione di conservazione per il fluido sulla brana sia separatamente soddisfatta, $\dot{\rho} + 3H(\rho + p) = 0$, ne consegue che anche la radiazione oscura è separatamente conservata:

$$\dot{\rho}_W + 3H(\rho_W + p_W) = 0, \qquad p_W = \frac{1}{3}\rho_W. \tag{A.65}$$

Risolvendo possiamo allora sostituire nelle precedenti equazioni cosmologiche $\rho_W = 3p_W = \rho_{0W}a^{-3}$, dove $\rho_{0W}$ è una costante di integrazione che risulta direttamente collegata alle proprietà della geometria "esterna".

Per valutare il possibile effetto delle correzioni quadratiche semplifichiamo ulteriormente il modello, assumendo che la costante cosmologica effettiva sia nulla (o trascurabile), $\Lambda_4 = 0$, e che la geometria del bulk sia caratterizzata da un tensore di Weyl nullo, $C_{ABCD} = 0$. La seconda ipotesi, in particolare, ci porta a $E_{\alpha\beta} = 0$, e quindi a $\rho_W = p_W = 0$.

Una configurazione di questo tipo può essere realizzata, ad esempio, se il *bulk* è dominato da una costante cosmologica $\Lambda < 0$ che cancella esattamente la tensione nell'Eq. (A.58), e che genera una geometria di anti-de Sitter parametrizzata da una metrica $g_{AB}$ conformemente piatta, e quindi corrispondente a un tensore di Weyl identicamente nullo.

Nel caso in cui $\Lambda_4 = 0$, $\rho_W = 0$, le equazioni del nostro modello si riducono a

$$3H^2 = 8\pi G\rho\left(1 + \frac{\rho}{2\mu^4}\right), \qquad \dot{\rho} + 3H\rho(1 + \gamma) = 0, \tag{A.66}$$

e possono essere risolte analiticamente in modo esatto da un fattore di scala del tipo

$$a(t) \sim t^{1/q}\left(1 + \frac{qt}{2t_0}\right)^{1/q}, \tag{A.67}$$

dove

$$q = 3(1 + \gamma), \qquad \frac{1}{t_0} = \left(\frac{4\pi G\mu^4}{3}\right)^{1/2}, \tag{A.68}$$

e dove, ovviamente, $\rho = \rho_0 a^{-q}$. È facile verificare che questa soluzione è caratterizzata da due regimi. Il regime di grandi tempi (o basse densità d'energia) $t \gg t_0$, nel quale ritroviamo l'evoluzione dinamica del modello standard $a \sim t^{2/q} \sim t^{2/(3(1+\gamma))}$ (si veda l'Eq. (3.26)); e il regime primordiale di alte energie, $t \ll t_0$, caratterizzato da una dinamica non convenzionale, $a \sim t^q$, diversa da quella standard.

La transizione tra i due regimi, come appare chiaramente dall'Eq. (A.66) (ma anche dalla definizione di $t_0$), è controllata dalla tensione della membrana, dato che le correzioni quadratiche diventano rilevanti solo per $\rho \gg \mu^4$. Se vogliamo che il modello considerato sia realistico, d'altra parte, dobbiamo preservare l'evoluzione standard almeno fino all'epoca della nucleosintesi, avvenuta ad un'epoca caratterizzata da una densità totale d'energia $\rho \sim (1\text{MeV})^4$. Imponendo che la tensione della brana sia superiore a questa scala otteniamo allora il vincolo

$$\mu \gtrsim 1\text{MeV}, \tag{A.69}$$

che fornisce una prima e diretta indicazione sui possibili valori permessi dei parametri per uno scenario di cosmologia delle membrane che sia fenomenologicamente accettabile.

È interessante osservare che i vincoli sulla tensione $\mu$ della 3-brana sono direttamente collegati, tramite l'Eq. (A.54), ai vincoli sulla scala di gravità del *bulk* $\lambda_5$. Fissando alla scala di Planck la gravità della brana, $8\pi G_{\text{brana}} = M_{\text{P}}^{-2}$, e definendo $M_5 = 1/\lambda_5$, abbiamo infatti la relazione

$$\frac{\mu}{M_{\text{P}}} = 6 \left( \frac{M_5}{M_{\text{P}}} \right)^{3/2}. \tag{A.70}$$

Risulta allora immediato verificare che – perlomeno nel contesto del modello ultrasemplificato che stiamo discutendo – la condizione $M_5 \gtrsim 1$ TeV è sufficiente a garantire che il vincolo (A.69) sia soddisfatto.

Possiamo quindi concludere che l'attuale fenomenologia della fisica delle alte energie è compatibile con i risultati del modello cosmologico standard, anche nell'ipotesi di un Universo a membrana. Però, l'eventuale rivelazione di effetti extra-dimensionali, a scale d'energia di poco superiori al TeV, potrebbe implicare una modifica dell'evoluzione cosmologica a partire da epoche cosmiche di poco precedenti quella della nucleosintesi.

## A.4 Inflazione sulla membrana

L'esempio discusso nella sezione precedente mostra che le equazioni modificate per l'Universo a membrana potrebbero avere effetti ed applicazioni significative nel regime iniziale di alta densità d'energia. Questo suggerisce di studiare, in particolare, i modelli inflazionari nello scenario a membrana, per evidenziare eventuali differenze rispetto ai modelli inflazionari dello scenario standard.

Cominciamo con un semplice esempio in cui le sorgenti dominanti sono l'energia di vuoto del *bulk* e la tensione della 3-brana $\mu^4$. In questo caso le equazioni per la metrica indotta di $\Sigma_4$ si ottengono ponendo semplicemente $\tau_{\alpha\beta} = 0$, $E_{\alpha\beta} = 0$ nelle precedenti equazioni (A.57), ed è evidente che per $\Lambda_4 \neq 0$ si ottiene una soluzione inflazionaria di tipo de Sitter,

$$h_{00} = 1, \qquad h_{ij} = -e^{2H_0 t} \delta_{ij}, \tag{A.71}$$

dove $H_0$ è una costante determinata dai parametri del modello. È istruttivo chiedersi allora se una 3-brana con questo tipo di geometria può essere consistentemente immersa nello spazio-tempo pentadimensionale esterno, e quale deve essere la geometria esterna a $\Sigma_4$ affinché tale immersione sia possibile.

Per rispondere a queste domande dobbiamo considerare le equazioni di Einstein (A.29) per il campo gravitazionale su tutto il *bulk* $\mathcal{M}_5$, ponendo $T_{AB}^{\text{bulk}} = \Lambda g_{AB}$, ed usando per $T_{AB}^{\text{brana}}$ l'Eq. (A.33) con $T_3 = \mu^4$.

Ricordiamo che tali equazioni si ottengono dall'azione (A.25), con $S_{\text{brana}}$ data dall'Eq. (A.31) e (A.32). Il sistema di equazioni va completato dall'equazione che descrive il moto della 3-brana, ottenuta variando $S_{\text{brana}}$ rispetto a $X^A$,

$$\partial_\mu \left[ \sqrt{|\gamma|}\, \gamma^{\mu\nu} \partial_\nu X^B g_{AB}(x) \right]_{x=X(\xi)} =$$
$$= \frac{1}{2} \left[ \sqrt{|\gamma|}\, \gamma^{\mu\nu} \partial_\mu X^M \partial_\nu X^N \partial_A g_{MN}(x) \right]_{x=X(\xi)}, \qquad (A.72)$$

e dall'equazione per la metrica indotta, ottenuta variando l'azione rispetto a $\gamma^{\mu\nu}$:

$$\partial_\mu X^A \partial_\nu X_A - \frac{1}{2}\gamma_{\mu\nu} \left( \gamma^{\alpha\beta} \partial_\alpha X^A \partial_\beta X_A \right) + \gamma_{\mu\nu} = 0 \qquad (A.73)$$

(che si risolve semplicemente con l'identificazione $\gamma_{\mu\nu} = \partial_\mu X^A \partial_\nu X_A$).

Cerchiamo soluzioni particolari che descrivono una varietà $\Sigma_4$ caratterizzata dalla geometria di de Sitter (A.71), e supponiamo che il *bulk* sia invariante per riflessioni lungo la direzione spaziale $z$ ortogonale alla 3-brana (posizionata a $z = 0$). Descriviamo l'immersione della brana mediante le equazioni triviali

$$X^A(\xi) = \delta_\mu^A \xi^\mu, \qquad A = 0,1,2,3; \qquad X^4 = z = 0, \qquad (A.74)$$

e parametrizziamo la geometria del *bulk* come segue,

$$ds^2 = f^2(|z|) \left( h_{\mu\nu} d\xi^\mu d\xi^\nu - dz^2 \right), \qquad (A.75)$$

dove $h_{\mu\nu}$ è la metrica (A.71), mentre $f(|z|)$ è un fattore conforme da determinare, invariante per la riflessione $z \to -z$.

Con queste ipotesi si ottiene $\gamma_{\mu\nu} = f^2 h_{\mu\nu}$, e l'equazione del moto della brana risulta identicamente soddisfatta. Le componenti non nulle della connessione, per la metrica (A.75), sono date da

$$\Gamma_{0i}{}^j = H_0 \delta_i^j, \qquad\qquad \Gamma_{ij}{}^0 = H_0 e^{2H_0 t} \delta_{ij},$$
$$\Gamma_{4A}{}^B = F \delta_A^B, \qquad\qquad \Gamma_{\mu\nu}{}^4 = F h_{\mu\nu}, \qquad (A.76)$$

dove $F = f'/f$ e il primo indica la derivata rispetto a $z = x^4$. Il tensore di Weyl è identicamente nullo, e il tensore di Einstein si separa in una parte tangente e una ortogonale a $\Sigma_4$, che assumono rispettivamente la forma

$$G_\alpha{}^\beta = \frac{3}{f^2} \left( H_0^2 - F^2 - F'^2 \right) \delta_\alpha^\beta, \qquad G_4{}^4 = \frac{6}{f^2} \left( H_0^2 - F^2 \right). \qquad (A.77)$$

Questi termini geometrici vanno eguagliati alle sorgenti presenti al membro destro dell'Eq. (A.29).

Per il nostro modello il contributo del *bulk* è semplicemente dato da

$$\left(T_A{}^B\right)^{\text{bulk}} = \Lambda\,\delta_A^B, \tag{A.78}$$

mentre il tensore energia-impulso della 3-brana, definito in generale dall'Eq. (A.33), si riduce a

$$\left(T_\alpha{}^\beta\right)^{\text{brana}} = \frac{\mu^4}{f}\delta(z)\delta_\alpha^\beta, \qquad \left(T_4{}^4\right)^{\text{brana}} = 0 \tag{A.79}$$

(abbiamo usato le equazioni di immersione (A.74), e il risultato $\gamma_{\mu\nu} = f^2 h_{\mu\nu}$ per la metrica indotta). Arriviamo così alle seguenti equazioni di Einstein,

$$3\left(H_0^2 - F^2 - F'^2\right) = \lambda_5^3\Lambda f^2 + \lambda_5^3\mu^4 f\delta(z), \tag{A.80}$$

$$6\left(H_0^2 - F^2\right) = \lambda_5^3\Lambda f^2, \tag{A.81}$$

che vanno risolte eguagliando separatamente le loro parti finite e le loro parti divergenti. Otterremo in questo modo due condizioni che ci permettono di fissare la forma funzionale di $f(|z|)$ e di determinare $H_0$ in funzione dei parametri $\mu$ e $\lambda_5$.

Cominciamo con l'Eq. (A.81), che non contiene divergenze. Ponendo

$$y \equiv |z| = z\varepsilon(z), \qquad \varepsilon(z) \equiv \theta(z) - \theta(-z), \tag{A.82}$$

dove $\theta$ è la funzione gradino di Heaviside, abbiamo

$$F = \frac{f'}{f} = \frac{df}{dy}\frac{y'}{f} = \frac{df}{dy}\frac{\varepsilon(z)}{f}, \tag{A.83}$$

e l'Eq. (A.81) si può scrivere come

$$\left(\frac{df}{dy}\right)^2 = f^2\left(H_0^2 + \frac{f^2}{L^2}\right), \qquad L^2 = -\lambda_5^3\frac{\Lambda}{6}. \tag{A.84}$$

Per $\Lambda < 0$ il parametro di lunghezza $L$ risulta reale, e l'equazione precedente ammette la soluzione particolare esatta

$$f(|z|) = \frac{H_0 L}{\sinh\left[H_0(|z| + L)\right]}, \tag{A.85}$$

che caratterizza la struttura geometrica dello spazio-tempo esterno alla membrana. Si noti che nel limite $H_0 \to 0$ (in cui $\Sigma_4$ si riduce a una varietà piatta di Minkowski) il fattore di scala $f(|z|)$ assume la forma $f = L/(|z| + L)$ che descrive esattamente una geometria di anti-de Sitter, con scala di curvatura controllata dal parametro $L$.

Per fissare $H_0$ consideriamo l'Eq. (A.80). Usando le proprietà della funzione $\varepsilon(z)$,

$$y' = \varepsilon(z), \qquad \varepsilon'(z) = 2\delta(z), \qquad \varepsilon^2(z) = 1, \qquad (A.86)$$

possiamo riscrivere l'Eq. (A.80) nella forma

$$3H_0^2 - \frac{3}{f}\frac{d^2 f}{dy^2} - \frac{6}{f}\frac{df}{dy}\delta(z) = \lambda_5^3\Lambda f^2 + \lambda_5^3\mu^4 f\delta(z), \qquad (A.87)$$

e troviamo allora che per $z \neq 0$ questa equazione è identicamente soddisfatta dalla soluzione (A.85). Imponendo che l'equazione sia soddisfatta anche per $z = 0$, ed eguagliando i coefficienti dei termini divergenti, arriviamo alla condizione

$$\frac{df}{dy}(0) = -\frac{1}{6}\lambda_5^3\mu^4 f^2(0), \qquad (A.88)$$

ossia

$$\cosh(H_0 L) = \frac{\lambda_5^3\mu^4}{6L} \equiv \mu^4\left(\frac{\lambda_5^3}{-6\Lambda}\right)^{1/2}, \qquad (A.89)$$

che fissa la scala di de Sitter $H_0$ in funzione di $\mu, \lambda_5$ e $\Lambda$.

È dunque possibile realizzare una fase inflazionaria in modo consistente anche nello spazio-tempo di un Universo a membrana, come mostrato da questa semplice soluzione con geometria di de Sitter. Sappiamo già, però, che i modelli inflazionari realistici hanno come sorgente un campo scalare che evolve nel tempo, e che la loro geometria si discosta in generale da quella di de Sitter (si veda il Cap. 5). Mostreremo ora che anche i modelli di questo tipo possono essere realizzati con successo nel contesto degli universi a membrana, e che la dinamica gravitazionale delle membrane, in particolare, sembra addirittura facilitare il processo di espansione inflazionaria.

Per illustrare questa interessante possibilità consideriamo le equazioni cosmologiche (A.62) e (A.63) proiettate sulla membrana, ponendo a zero, per semplicità, la costante cosmologica e la radiazione oscura ($\Lambda_4 = 0$, $\rho_W = 0 = p_W$), e prendendo come sorgente localizzata un campo scalare $\phi$ omogeneo, con potenziale $V(\phi)$. In questo caso

$$\rho = \frac{\dot{\phi}^2}{2} + V, \qquad p = \frac{\dot{\phi}^2}{2} - V, \qquad (A.90)$$

e le equazioni (A.62), (A.63) diventano

$$\begin{aligned}
3H^2 &= \lambda_P^2\left(\frac{\dot{\phi}^2}{2} + V\right)\left[1 + \frac{1}{2\mu^4}\left(\frac{\dot{\phi}^2}{2} + V\right)\right], \\
2\dot{H} &= -\lambda_P^2\dot{\phi}^2\left[1 + \frac{1}{\mu^4}\left(\frac{\dot{\phi}^2}{2} + V\right)\right]
\end{aligned} \qquad (A.91)$$

(abbiamo posto $8\pi G = \lambda_P^2$). Il campo scalare $\phi$ soddisfa l'usuale equazione del moto

$$\ddot{\phi} + 3H\dot{\phi} + V_\phi = 0 \qquad (A.92)$$

(ricordiamo che $\phi$ usato come indice indica la derivata rispetto al campo stesso, $V_\phi = \partial V/\partial \phi$).

Consideriamo l'evoluzione dinamica di questo sistema nell'approssimazione di *slow-roll*, $\dot\phi^2 \ll |V|$, $|\ddot\phi| \ll |H\dot\phi|$, $|\dot H| \ll H^2$. Le tre precedenti equazioni si riducono, rispettivamente, a

$$3H^2 = \lambda_P^2 V \left[ 1 + \frac{V}{2\mu^4} \right], \qquad (A.93)$$

$$2\dot H = -\lambda_P^2 \dot\phi^2 \left[ 1 + \frac{V}{\mu^4} \right], \qquad (A.94)$$

$$3H\dot\phi = -V_\phi, \qquad (A.95)$$

e combinandole tra loro possiamo calcolare i parametri di *slow-roll* $\widetilde\varepsilon$ e $\widetilde\eta$ definiti nella Sez. 5.2 (la tilde sta ad indicare che questi parametri vengono ora calcolati usando le equazioni modificate sulla brana).

Derivando l'Eq. (A.93) rispetto a $\phi$, e dividendo per $6H^2$, abbiamo infatti

$$\frac{H_\phi}{H} = \frac{V_\phi}{2V} \left[ \frac{1 + V/\mu^4}{1 + V/2\mu^4} \right]. \qquad (A.96)$$

Usando la definizione di $\varepsilon$, d'altra parte, otteniamo

$$\widetilde\varepsilon \equiv -\frac{\dot H}{H^2} = -\frac{H_\phi}{H}\frac{\dot\phi}{H} = -\frac{V_\phi}{2V}\frac{\dot\phi}{H} \left[ \frac{1 + V/\mu^4}{1 + V/2\mu^4} \right]. \qquad (A.97)$$

Ricaviamo infine $\dot\phi/H$, dividendo membro a membro l'Eq. (A.95) e l'Eq. (A.93):

$$\frac{\dot\phi}{H} = -\frac{V_\phi}{\lambda_P^2 V (1 + V/2\mu^4)}. \qquad (A.98)$$

Sostituendo nell'equazione precedente arriviamo al risultato

$$\widetilde\varepsilon = \varepsilon \left[ \frac{1 + V/\mu^4}{(1 + V/2\mu^4)^2} \right], \qquad (A.99)$$

dove abbiamo indicato con $\varepsilon$ la forma standard del corrispondente parametro nei modelli di *slow-roll* convenzionali,

$$\varepsilon = \frac{1}{2\lambda_P^2} \left( \frac{V_\phi}{V} \right)^2 \qquad (A.100)$$

(si veda l'Eq. (5.23)). Con un calcolo simile possiamo ottenere un'espressione generalizzata anche per il parametro $\eta = \varepsilon - \ddot\phi/H\dot\phi$, e in particolare troviamo che

$$\widetilde\eta = \eta \left[ 1 + \frac{V}{2\mu^4} \right]^{-1}, \qquad (A.101)$$

dove

$$\eta = \frac{1}{\lambda_P^2}\left(\frac{V_{\phi\phi}}{V}\right) \tag{A.102}$$

è il risultato convenzionale (5.24).

Possiamo ora distinguere due casi. Se l'inflazione ha luogo ad un'epoca caratterizzata da una densità d'energia potenziale piccola rispetto alla tensione della brana, $V \ll \mu^4$, allora si ritrovano i precedenti risultati, $\widetilde{\varepsilon} = \varepsilon$, $\widetilde{\eta} = \eta$. Se invece l'inflazione ha luogo ad una scala d'energia sufficientemente elevata, $V \gg \mu^4$, i parametri di *slow-roll* effettivi risultano soppressi rispetto a quelli convenzionali,

$$\widetilde{\varepsilon} = \varepsilon\left(\frac{4\mu^4}{V}\right) \ll \varepsilon, \qquad \widetilde{\eta} = \eta\left(\frac{2\mu^4}{V}\right) \ll \eta. \tag{A.103}$$

In questo caso il regime di *slow-roll* – che richiede valori sufficientemente piccoli dei parametri $\varepsilon$ e $\eta$ – si innesca più facilmente (a parità di potenziale $V(\phi)$) in un modello a membrana piuttosto che in un modello di tipo standard.

Ma non solo. La fase inflazionaria, in questo caso, può anche produrre espansione accelerata in modo più efficiente di quanto avviene nello scenario convenzionale. Infatti, se calcoliamo in parametro di *e-folding*

$$N(t) = \ln\frac{a_f}{a(t)} = \int_t^{t_f} H dt = \int_\phi^{\phi_f} \frac{H}{\dot{\phi}} d\phi, \tag{A.104}$$

otteniamo, per un modello di inflazione sulla brana,

$$\widetilde{N}(t) = \lambda_P^2 \int_{\phi_f}^\phi \frac{V}{V_\phi}\left[1 + \frac{V}{2\mu^4}\right] d\phi \tag{A.105}$$

(abbiamo usato l'Eq. (A.98)). Il confronto con il risultato standard (5.29) mostra che – a parità di potenziale e di valore iniziale dell'inflatone – il fattore di amplificazione è più elevato nel modello a membrana se $V \gg \mu^4$.

Questi risultati sono incoraggianti, e suggeriscono che la cosmologia primordiale potrebbe fornirci indicazioni importanti sulla presenza di dimensioni spaziali (eventualmente non compattificate) esterne al nostro Universo.

## A.5 Gravità "indotta" sulla membrana

I modelli illustrati nelle sezioni precedenti hanno messo in evidenza la possibilità che la cosmologia delle membrane differisca dallo scenario standard (anche inflazionario) a densità d'energia sufficientemente elevate. In questa sezione presenteremo un esempio in cui le deviazioni dalla cosmologia standard si verificano invece a scale di densità *sufficientemente basse*.

Il modello che discuteremo – detto modello DGP[7] – è anch'esso basato sul confinamento delle sorgenti materiali in una 3-brana, e sulla proiezione delle equazioni gravitazionali sulla varietà spazio-temporale $\Sigma_4 \subset \mathcal{M}_5$, descritta dall'evoluzione temporale della brana. È caratterizzato però da un *bulk* piatto, senza sorgenti ($\mathcal{L}_{\mathrm{bulk}} = 0$), e da una 3-brana con tensione nulla ($\mu = 0$) che, oltre alle sorgenti descritte da $\mathcal{L}_{\mathrm{brana}}$, contiene anche il contributo del suo campo gravitazionale intrinseco.

L'azione di partenza (A.25), per questo modello, viene dunque modificata come segue,

$$S = -\frac{1}{2\lambda_5^3} \int d^5x \sqrt{|g|}\, R + S_{\mathrm{brana}}, \tag{A.106}$$

dove

$$S_{\mathrm{brana}} = \int_{\Sigma_4} d^4\xi \sqrt{|h|} \left[ \mathcal{L}_{\mathrm{brana}}^4 - \frac{R_4(h)}{2\lambda_{\mathrm{P}}^2} \right] \tag{A.107}$$

è l'azione per la 3-brana (scritta nella forma di Nambu-Goto, si veda l'Eq. (A.3)), che include la densità di Lagrangiana delle sorgenti confinate sulla brana e del campo gravitazionale ad esse associato.

La procedura di proiezione delle equazioni gravitazionali da $\mathcal{M}_5$ a $\Sigma_4$ può essere ripetuta esattamente come nella Sez. A.2, e il risultato è ancora fornito dall'Eq. (A.53), dove però $\mu = 0$ e $T_{\mu\nu}^{\mathrm{bulk}} = 0$. Inoltre, il tensore energia-impulso intrinseco $\tau_{\mu\nu}$, ottenuto variando $S_{\mathrm{brana}}$ rispetto a $h_{\mu\nu}$, riceve ora due contributi: una dalla variazione di $\mathcal{L}_{\mathrm{brana}}^4$,

$$\delta \left( \sqrt{|h|}\, \mathcal{L}_{\mathrm{brana}}^4 \right) = \frac{1}{2} \sqrt{|h|}\, t_{\mu\nu} \delta h^{\mu\nu}, \tag{A.108}$$

e l'altro dalla variazione dell'azione di Einstein,

$$\delta \left( -\sqrt{|h|}\, \frac{R_4(h)}{2\lambda_{\mathrm{P}}^2} \right) = -\frac{\sqrt{|h|}}{2\lambda_{\mathrm{P}}^2} G_{\mu\nu}^4 \delta h^{\mu\nu}, \tag{A.109}$$

dove $G_{\mu\nu}^4$ è il tensore di Einstein per la metrica intrinseca $h_{\mu\nu}$. Le equazioni gravitazionali proiettate su $\Sigma_4$ assumono dunque la forma seguente,

$$G_{\alpha\beta}^4(h) = \frac{\lambda_5^6}{4} \left[ \tau_\alpha{}^\mu \tau_{\mu\beta} - \frac{1}{3} \tau \tau_{\alpha\beta} - \frac{1}{2} h_{\alpha\beta} \left( \tau_\mu{}^\nu \tau_\nu{}^\mu - \frac{1}{3} \tau^2 \right) \right] + E_{\alpha\beta}, \tag{A.110}$$

dove $\tau_{\mu\nu}$ è il tensore energia-impulso effettivo

$$\tau_{\mu\nu} = t_{\mu\nu} - \frac{1}{\lambda_{\mathrm{P}}^2} G_{\mu\nu}^4, \tag{A.111}$$

ottenuto sommando i due contributi (A.108) e (A.109).

---

[7] G.R. Dvali, G. Gabadadze, G. Porrati, *Phys. Lett.* **B 485**, 208 (2000).

Cerchiamo soluzioni omogenee, isotrope e spazialmente piatte per una varietà $\Sigma_4$ che è descritta dalla metrica (A.59), che è immersa in un *bulk* piatto (con $E_{\alpha\beta}$ ovviamente nullo), e che contiene come sorgenti un fluido perfetto barotropico:

$$t_0{}^0 = \rho, \qquad t_i{}^j = -p\delta_i^j, \qquad p = \gamma\rho. \tag{A.112}$$

In questo caso anche il tensore di Einstein si può scrivere in forma fluidodinamica ponendo

$$G_0{}^0 = 3H^2 \equiv \lambda_{\mathrm{P}}^2\rho_G, \qquad G_i{}^j = 2\dot{H} + 3H^2 \equiv -\lambda_{\mathrm{P}}^2 p_G\delta_i^j, \tag{A.113}$$

e quindi le sorgenti totali effettive (A.111) assumono la forma

$$\tau_0{}^0 = \rho - \rho_G, \qquad \tau_i{}^j = -(p - p_G)\delta_i^j. \tag{A.114}$$

Le equazioni cosmologiche modificate si possono allora immediatamente ottenere dalle equazioni (A.62), (A.63) ponendo a zero la costante cosmologica, ponendo a zero i termini lineari nelle sorgenti (perché $\mu = 0$ e $E_{\alpha\beta} = 0$), e con i termini quadratici espressi in funzione delle componenti effettive (A.114).

Concentriamoci in particolare sull'equazione di Friedmann modificata, che – usando per $G$ l'Eq. (A.54) – che assume la forma

$$3H^2 = \frac{\lambda_5^6}{12}(\rho - \rho_G)^2, \tag{A.115}$$

o anche, usando la definizione di $\rho_G$,

$$H^2 = r_c^2\left(\frac{\lambda_{\mathrm{P}}^2}{3}\rho - H^2\right)^2, \tag{A.116}$$

dove

$$r_c = \frac{\lambda_5^3}{2\lambda_{\mathrm{P}}^2} \tag{A.117}$$

è una scala di lunghezza critica, tipica del modello. Risolvendo per $H^2$, e ponendo $\lambda_{\mathrm{P}}^2 = 8\pi G$, l'equazione si può riscrivere come

$$\begin{aligned}
H^2 &= \frac{8}{3}\pi G\rho + \frac{1}{2r_c^2} \pm \frac{1}{r_c}\left(\frac{8}{3}\pi G\rho + \frac{1}{4r_c^2}\right)^{1/2} \\
&= \left[\left(\frac{8}{3}\pi G\rho + \frac{1}{4r_c^2}\right)^{1/2} \pm \frac{1}{2r_c}\right]^2.
\end{aligned} \tag{A.118}$$

In questa forma è facile verificare che il modello considerato è caratterizzato da due diversi regime dinamici, la cui separazione è controllata dal parametro $r_c$.

A densità sufficientemente elevate, $G\rho \gg 1/r_c^2$, si ritrova l'ordinaria equazione di Friedmann,

$$H^2 = \frac{8}{3}\pi G\rho, \qquad (A.119)$$

e la corrispondente evoluzione cosmologica del modello standard. A densità sufficientemente basse, $G\rho \ll 1/r_c^2$, ci sono invece correzioni drastiche che dipendono dalla scelta del segno della soluzione.

Se prendiamo il segno negativo nel secondo membro dell'Eq. (A.118) allora il contributo dei termini dominanti $1/r_c^2$ si cancella, e ritroviamo l'andamento quadratico $H^2 \sim \rho^2$ già illustrato nella Sez. A.3. In questo caso, però, le deviazioni dalla cosmologia standard si producono *al di sotto* di una densità critica, e quindi non più ad alta energia.

Se prendiamo invece il segno positivo troviamo che, al di sotto della densità critica, il modello entra in una fase caratterizzata dalla condizione $H^2 = 1/r_c^2 = $ costante, e quindi evolve naturalmente, a bassa energia, verso un regime di espansione *accelerata* a curvatura costante. Questo risultato è potenzialmente interessante, perché sembra suggerire una interpretazione geometrica dell'attuale accelerazione cosmica (si veda la Sez. 4.1.2), senza introdurre sorgenti gravitazionali esotiche del tipo dell'energia oscura.

Va detto, però, che il modello considerato – perlomeno nella sua versione più semplice – presenta difficoltà formali (*ghosts*) che lo rendono inconsistente a livello quantistico. Inoltre, per avere un inizio del regime accelerato che corrisponda all'epoca attuale, si dovrebbe avere $r_c \sim H_0^{-1}$. Questo implica, usando la definizione (A.117), una scala di gravità del *bulk* $M_5 \sim 10$ MeV, che sembra troppo bassa per essere compatibile con l'attuale fenomenologia.

# Appendice B

# Medie covarianti per metriche non omogenee

Il modello cosmologico standard presentato in questo questo testo descrive un Universo che è caratterizzato, su grandi scale di distanze, da una geometria spaziale omogenea e isotropa. L'isotropia è ben verificata dalle osservazioni che ci mostrano un Universo uguale in tutte le direzioni (a parte le piccole fluttuazioni di temperatura della radiazione CMB). L'omogeneità, invece, è solo un'assunzione motivata dal *principio Copernicano*, secondo il quale la nostra posizione non è in alcun modo privilegiata: se l'Universo è isotropo attorno a noi, allora dovrebbe essere isotropo attorno a qualunque altro punto dello spazio, e quindi dovrebbe essere anche omogeneo.

L'ipotesi di omogeneità è in apparente contrasto sia con i modelli teorici dell'Universo primordiale (perché l'inflazione, amplificando le fluttuazioni quantistiche, produce disomogeneità anche su grande scala), sia con le recenti osservazioni che confermano una distribuzione locale delle sorgenti astronomiche molto disomogenea. Questi problemi vengono usualmente superati assumendo che le eventuali disomogeneità siano abbastanza piccole da essere trascurabili su scale di distanza sufficientemente grandi, e che su tali scale le equazioni di Einstein per una metrica omogenea di tipo FLRW forniscano la corretta descrizione dinamica della geometria cosmica *media*.

Ci sono però almeno due difficoltà che si incontrano nel sostenere un approccio alle disomogeneità di questo tipo: la prima è che le disomogeneità non sempre (e non necessariamente) sono piccole, la seconda – concettualmente più importante – riguarda la procedura di media spaziale e i suoi effetti dinamici. Per poter concludere che le disomogeneità sono "in media" trascurabili, e che la metrica FLRW rappresenta un'approssimazione accettabile, è infatti necessario poter confrontare l'evoluzione dinamica di una geometria omogenea con quella di una geometria le cui componenti disomogenee sono state opportunamente mediate. Si deve dunque affrontare il seguente problema: come determinare la dinamica di una metrica disomogenea "mediata"?

La risposta non è ovvia perché la procedura di media spaziale, in generale, non commuta con gli operatori differenziali che compaiono nelle equazioni di Einstein:

Gasperini M.: Lezioni di Cosmologia Teorica.
DOI 10.1007/978-88-470-2484-7_10, © Springer-Verlag Italia 2012

ne consegue che le *equazioni di Einstein mediate* sono in generale differenti dalle *equazioni di Einstein per la metrica media*.

Questo significa, più precisamente, che prendendo le derivate di un oggetto geometrico $S$ che è stato mediato spazialmente – e quindi integrato in modo covariante su di un'opportuna ipersuperficie spaziale – si ottengono, oltre alle derivate di $S$, anche altri termini, che in generale forniscono addizionali contributi alle equazioni dinamiche per l'oggetto $S$ considerato. Questi ulteriori termini rappresentano ciò che viene usualmente chiamato *backreaction* (ossia "reazione", o risposta) della geometria al processo di media che cerca di eliminarne le disomogeneità.

Consideriamo ad esempio una geometria non omogenea descritta dalla metrica

$$ds^2 = N^2(t,\boldsymbol{x})dt^2 - \gamma_{ij}(t,\boldsymbol{x})dx^i dx^j, \tag{B.1}$$

dove $g_{00} = N^2$ e $g_{ij} = -\gamma_{ij}$ dipendono sia dal tempo che dalle coordinate spaziali. Prendiamo una generica variabile scalare $S$ non omogenea, $S = S(t,\boldsymbol{x})$, e definiamone la media spaziale come

$$\langle S \rangle = \frac{1}{V_D} \int_D d^3x \sqrt{\gamma} S, \qquad V_D = \int_D d^3x \sqrt{\gamma}, \tag{B.2}$$

dove $\gamma = \det \gamma_{ij}$, e $D$ è un'appropriato dominio di integrazione su un'ipersuperficie (di tipo spazio) $t = $ costante. Il domino può estendersi a tutta l'ipersuperficie oppure può restringersi a un volume finito, a seconda di quanto suggerito dal problema fisico considerato. In ogni caso se la variabile $S$ è omogenea, $S = S(t)$, il risultato che si ottiene è triviale, ossia $\langle S \rangle = S$.

Prendiamo ora la derivata rispetto al tempo di $\langle S \rangle$. Tenendo conto che anche $\gamma$ dipende dal tempo, e definendo

$$\Theta = \frac{1}{N\sqrt{\gamma}} \frac{\partial}{\partial t} \sqrt{\gamma}, \tag{B.3}$$

otteniamo

$$\frac{\partial}{\partial t} \langle S \rangle = \frac{1}{V_D} \int_D d^3x \sqrt{\gamma} \frac{\partial S}{\partial t} + \frac{1}{V_D} \int_D d^3x \sqrt{\gamma} N \Theta S$$
$$- \frac{1}{V_D^2} \int_D d^3x \sqrt{\gamma} S \int_D d^3x \sqrt{\gamma} N \Theta, \tag{B.4}$$

ovvero, applicando la definizione (B.2),

$$\frac{\partial}{\partial t} \langle S \rangle = \left\langle \frac{\partial S}{\partial t} \right\rangle + \langle N \Theta S \rangle - \langle S \rangle \langle N \theta \rangle. \tag{B.5}$$

Questa equazione esprime la cosiddetta "regola di commutazione di Buchert-Ehlers"[1], e fornisce un esempio esplicito di *backreaction* in cui la derivata di un

---

[1] T. Buchert, J. Ehlers, *Astron. Astrophys.* **320**, 1 (1997).

valore medio, per qualunque quantità scalare $S$, coinvolge necessariamente la variabile geometrica $\Theta$. Tale variabile rappresenta il cosiddetto "scalare di espansione", che per una metrica omogenea di tipo FLRW, dove $\gamma = a^3$, si riduce ad una quantità proporzionale al fattore di Hubble: $\Theta = 3H = 3\dot{a}/a$ (il punto indica la derivata rispetto al tempo cosmico).

Una volta che il modello non omogeneo è dato, e le corrispondenti regole di commutazione per la derivate della media sono state fissate, si può procedere alla formulazione esplicita delle equazioni di evoluzione per le variabili geometriche mediate. Si ottengono così delle equazioni di Einstein "effettive" che sono in generale diverse dalle equazioni di Einstein per le stesse variabili nel caso omogeneo, e che ci permettono di includere gli eventuali effetti dinamici delle disomogeneità presenti. Lo scopo di questa appendice non è quello di illustrare tali equazioni[2], bensì quello di discutere la corretta formulazione (covariante e gauge-invariante) delle medie spaziali in una varietà curva come quella cosmologica.

L'Eq. (B.2), infatti, definisce una media che dipende 1) dalla scelta dell'ipersuperficie, 2) dal particolare dominio su cui facciamo l'integrale di volume, ed infine 3) dal sistema di coordinate (ovvero dal *gauge*) scelto per parametrizzare la geometria non omogenea. Le prime due scelte rispecchiano la dipendenza della media dalla regione di integrazione, e corrispondono a una reale arbitrarietà fisica: tale arbitrarietà non può essere eliminata, e ci permette di scegliere la prescrizione più adatta al problema considerato. Ma la dipendenza dal *gauge* non è fisica, e può dar luogo ad ambiguità che sono da evitare.

A questo proposito possiamo ricordare un problema analogo, già incontrato nel contesto della teoria delle perturbazioni cosmologiche (si veda il Cap. 6): se sviluppiamo le disomogeneità della metrica e delle sorgenti attorno a una configurazione omogenea non perturbata , $g \to g + \delta g$, $T \to T + \delta T$, la parametrizzazione delle fluttuazioni $\delta g$ e $\delta T$ *non è* gauge-invariante, ossia dipende dalla scelta delle coordinate. In *gauge* diversi si hanno equazioni di evoluzione diverse per $\delta g$ e $\delta T$, e dunque anche soluzioni diverse. Come ben noto, però, tale ambiguità si può rimuovere utilizzando come variabili perturbative degli oggetti gauge-invarianti (si veda ad esempio la Sez. 6.3).

La situazione che si incontra nel caso della media (B.2) è simile: applicando la stessa definizione in *gauge* diversi si ottengono risultati diversi. Questo non deve sorprendere perché, cambiando *gauge* e mantenendo la definizione di media (B.2), equivale ad effettuare la media su una diversa ipersuperficie spaziale. È dunque necessario definire una prescrizione di media più generale, che sia capace di selezionare l'ipersuperficie spaziale in modo covariante (affinché tale superficie resti la stessa anche cambiando il *gauge*), e che si riduca alla particolare forma (B.2) quando, nel *gauge* scelto, la metrica assume la forma (B.1).

---

[2] Si veda ad esempio T. Buchert, *Gen. Rel. Grav.* **40**, 167 (2008).

## B.1 Una prescrizione gauge-invariante

Supponiamo di dover mediare una variabile scalare $S(x)$, e consideriamo l'integrale di $S$ fatto su una opportuna porzione $\Omega$ della varietà spazio-temporale $\mathcal{M}_4$. Tale integrale può essere definito in forma esplicitamente covariante come segue,

$$I(S, \Omega) = \int_\Omega d^4x \sqrt{-g}\, S = \int_{\mathcal{M}_4} d^4x \sqrt{-g}\, S(x) W_\Omega(x), \qquad (B.6)$$

dove $W_\Omega$ è una funzione scalare (detta "funzione *window*") che ha lo scopo di selezionare il dominio di integrazione prescelto, e che – come vedremo – gioca un ruolo cruciale nel rendere l'integrale gauge-invariante.

Consideriamo infatti una generica trasformazione di coordinate associata al diffeomorfismo

$$x \to \widetilde{x} = f(x), \qquad x = f^{-1}(\widetilde{x}) \qquad (B.7)$$

(non necessariamente infinitesimo), ed esprimiamo la corrispondente riparametrizzazione locale degli oggetti che compaiono nell'integrale (B.6) *tenendo x fissato*, ossia calcolando le loro nuove componenti in funzione di $x$ anziché di $\widetilde{x}$. Per le variabili scalari abbiamo dunque la trasformazione

$$S(x) \to \widetilde{S}(x) = S(f^{-1}(x)), \qquad W_\Omega(x) \to \widetilde{W}_\Omega(x) = W_\Omega(f^{-1}(x)). \qquad (B.8)$$

Per $\sqrt{-g}$ (che è una densità scalare, si veda la Sez. 1.1.1)) abbiamo invece

$$\sqrt{-g(x)} \to \sqrt{-\widetilde{g}(x)} = \sqrt{-g(f^{-1}(x))} \left| \frac{\partial x}{\partial f} \right|_{f^{-1}(x)}, \qquad (B.9)$$

dove $|\partial x/\partial f|$ indica il determinante Jacobiano della trasformazione inversa. Stiamo lavorando a $x$ fissato per facilitare il confronto con le trasformazioni infinitesime, che esprimono la variazione di *gauge* come $\delta S = \widetilde{S}(x) - S(x)$. Si noti però che le precedenti trasformazioni si riducono alla forma standard se vengono valutate nel punto $\widetilde{x}$: in quel caso, infatti dall'Eq. (B.8) si ottiene $\widetilde{S}(\widetilde{x}) = S(x)$, etc ....

Applicando le precedenti trasformazioni l'integrale (B.6) diventa

$$I(S, \Omega) \to \widetilde{I}(\widetilde{S}, \widetilde{\Omega}) = \int_{\mathcal{M}_4} d^4x \sqrt{-g(f^{-1}(x))} \left| \frac{\partial x}{\partial f} \right|_{f^{-1}} S(f^{-1}(x)) W_\Omega(f^{-1}(x)). \quad (B.10)$$

La variabile di integrazione è sempre $x$, ma la regione di integrazione è cambiata (rispetto a $x$), a causa della trasformazione di *gauge* della funzione $W_\Omega$. Però, effettuando un cambiamento di variabile di integrazione, $x \to \hat{x} = f^{-1}(x)$, possiamo infine verificare che l'integrale (B.6) rimane invariato

$$\widetilde{I}(\widetilde{S}, \widetilde{\Omega}) = \int_{\mathcal{M}_4} d^4\hat{x} \sqrt{-g(\hat{x})}\, S(\hat{x}) W_\Omega(\hat{x}))$$

$$= \int_{\Omega(\hat{x})} d^4\hat{x} \sqrt{-g(\hat{x})}\, S(\hat{x}) \equiv I(S, \Omega). \qquad (B.11)$$

Si può concludere che l'integrale (B.6) è gauge-invariante (per arbitrari diffeomorfismi) grazie alla sua covarianza e alle appropriate "deformazioni" della regione di integrazione $\Omega$, controllate dalle trasformazioni della funzione scalare $W_\Omega$.

Per definire l'integrale di media su un'ipersuperficie tridimensionale di tipo spazio dobbiamo ora scegliere un'appropriata funzione *window* $W_\Omega$. A questo scopo consideriamo una generica famiglia di ipersuperfici spaziali $\Sigma(A)$ – ovvero, consideriamo la cosiddetta "foliazione" di $\mathscr{M}_4$ indotta dalle superfici $\Sigma(A)$ – dove $A$ è una funzione scalare che definisce le ipersuperfici considerate mediante la condizione

$$A(x) = A_0 = \text{costante} \qquad (B.12)$$

(al variare di $A_0$ si passa da un'ipersuperficie all'altra all'interno di questa famiglia). Detto in altri termini, il campo scalare $A(x)$ assume valori costanti sulle ipersuperfici considerate, e la normale a queste ipersuperfici è data dal gradiente di $A$,

$$n_\mu = \frac{\partial_\mu A}{\sqrt{\partial_\nu A \partial^\nu a}}, \qquad n_\mu n^\mu = 1. \qquad (B.13)$$

La normale $n_\mu$ è un vettore di tipo tempo che – opportunamente normalizzato come in Eq. (B.13) – può essere identificato con il quadrivettore velocità di una famiglia di osservatori che identificano le sezioni spaziali di $\mathscr{M}_4$ con le ipersuperfici $\Sigma(A)$, e che effettuano le medie su queste ipersuperfici.

Prendiamo allora come regione $\Omega$ per l'integrale (B.6) una "fetta" di spazio-tempo i cui bordi temporali sono determinati da due ipersuperfici della famiglia $\Sigma(A)$ (ad esempio $A = A_1$ e $A = A_2$), e i cui bordi spaziali si estendono all'infinito oppure, più in generale, sono fissati dalla condizione $B(x) < r_0$, dove $B(x)$ è una funzione scalare delle coordinate (con gradiente di tipo spazio), e $r_0$ una costante data. La funzione *window* di questa regione è banalmente data da $W_\Omega = \theta(A - A_1)\theta(A_2 - A)\theta(r_0 - B)$, dove $\theta(x)$ è la funzione scalino di Heaviside. Poiché siamo interessati alle medie su uno dei due bordi temporali, e in particolare siamo interessati alla variazione delle medie lungo le linee di flusso normali a $\Sigma(A)$, possiamo considerare allora la seguente funzione *window*:

$$W_\Omega = n^\mu \nabla_\mu \theta(A(x) - A_0)\theta(r_0 - B(x)). \qquad (B.14)$$

Si noti che $W_\Omega$ è uno scalare purché anche $A$ e $B$ lo siano.

D'ora in avanti, per semplicità, supporremo che gli integrali di media si estendano su tutta l'ipersuperficie considerata, per cui $r_0 \to \infty$ e il taglio fornito da $\theta(r_0 - B)$ scompare dalla definizione di $W_\Omega$. In questo caso l'integrale gauge-invariante (B.6) si riduce esplicitamente alla forma[3]

$$I(S, \Omega) \equiv I(S, A_0) = \int_{\mathscr{M}_4} d^4x \sqrt{-g}\, S(x)\delta(A(x) - A_0)\sqrt{\partial_\mu A \partial^\mu A}, \qquad (B.15)$$

---

[3] Per il caso più generale si veda M. Gasperini, G. Marozzi, G. Veneziano, *JCAP* **03**, 011 (2009).

e la prescrizione di media, riferita all'ipersuperficie $\Sigma(A_0)$ fissata dalla condizione $A(x) = A_0$, è definita come

$$\langle S \rangle_{A_0} = \frac{I(S, A_0)}{I(1, A_0)}. \tag{B.16}$$

Si può facilmente mostrare che questa prescrizione generale, covariante e gauge-invariante, si riduce alla precedente prescrizione (B.2) in un particolare sistema di coordinate.

Consideriamo infatti le coordinate (ovvero il *gauge*) in cui lo scalare $A(x)$ è omogeneo, $A = A(t)$, e la metrica assume la cosiddetta forma ADM (Arnowitt-Deser-Misner):

$$ds^2 = N^2 dt^2 - \gamma_{ij} \left( dx^i + N^i dt \right) \left( dx^j + N^j dt \right). \tag{B.17}$$

La metrica inversa è data da

$$g^{00} = \frac{1}{N^2}, \qquad g^{i0} = -\frac{N^i}{N^2}, \qquad g^{ij} = -\gamma^{ij} + \frac{N^i N^j}{N^2}, \tag{B.18}$$

e il vettore normale alle ipersuperfici si semplifica come

$$n_\mu = (N, \mathbf{0}), \qquad n^\mu = \frac{1}{N} \left( 1, -N^i \right). \tag{B.19}$$

Si noti che in questo *gauge* $A$ è omogeneo, ma la metrica ADM non lo è, in generale. Ciononostante, tale metrica è quella più conveniente da usare in questo caso perché le sue sezioni a $t = $ costante hanno come normale il vettore (B.19), e coincidono dunque esattamente con le ipersuperfici $\Sigma(A)$ che stiamo considerando. Si può anche dire che le coordinate del *gauge* ADM forniscono la metrica "adattata" alla foliazione dello spazio-tempo indotto dalle superfici $\Sigma(A)$. Si noti infatti che l'Eq. (B.19) ci permette di definire il tensore

$$h^\mu{}_\nu = \delta^\mu_\nu - n^\mu n_\nu, \qquad h^\mu{}_\nu n^\nu = 0, \tag{B.20}$$

che proietta le componenti di qualunque oggetto geometrico su queste ipersuperfici.

Nel *gauge* ADM l'integrale (B.15) si semplifica immediatamente, in quanto $\sqrt{-g} = N\sqrt{\gamma}$, e quindi:

$$d^3x dt \sqrt{-g} \, \delta(A(t) - A_0) \left[ g^{00} \left( \frac{dA}{dt} \right)^2 \right]^{1/2} = d^3x \sqrt{\gamma} dA \, \delta(A - A_0). \tag{B.21}$$

L'integrale in $dA$ ci impone di restringere il dominio di integrazione spaziale sull'ipersuperficie su cui $A$ assume il valore costante $A_0$, e il valor medio (B.16) si riduce a

$$\langle S \rangle_{A_0} = \frac{\int_{\Sigma(A_0)} d^3x \sqrt{\gamma} S(x)}{\int_{\Sigma(A_0)} d^3x \sqrt{\gamma}}. \tag{B.22}$$

Ritroviamo quindi esattamente la semplice prescrizione (B.2), applicata però all'ipersuperficie $\Sigma(A_0)$ definita dalla condizione $A(x) = A_0$.

La definizione generale (B.16) ci permette di valutare la media di $S$ in qualunque altro gauge, mantenendo fissa l'ipersuperficie $\Sigma(A_0)$ scelta in base alle motivazioni fisiche del problema considerato. In un *gauge* diverso da quello ADM la prescrizione di media covariante assume in generale una forma più complicata della (B.22), ma il risultato è identico poiché l'ipersuperficie di media non cambia.

## B.2 Regole di commutazione generalizzate

È istruttivo considerare in questo contesto anche la versione generalizzata (covariante e gauge-invariante) della regola di commutazione (B.5), che fornisce un'utile espressione per la derivata dei valori medi.

A questo scopo consideriamo l'integrale (B.15) e ne prendiamo la derivata parziale rispetto al parametro $A_0$ (che caratterizza l'ipersuperficie scelta):

$$
\begin{aligned}
\frac{\partial I(S,A_0)}{\partial A_0} &= -\int d^4x \sqrt{-g}\, S\, \delta'(A-A_0)\sqrt{\partial_\mu A \partial^\mu A} \\
&= -\int d^4x \sqrt{-g}\, S \left(\frac{\partial A}{\partial t}\right)^{-1} \frac{\partial}{\partial t} \delta(A-A_0)\sqrt{\partial_\mu A \partial^\mu A}.
\end{aligned}
\tag{B.23}
$$

Questa espressione è gauge-invariante, e quindi possiamo valutarla nel *gauge* in cui $A = A(t)$ e la metrica assume la forma ADM con $N^i = 0$. Integrando per parti allora otteniamo

$$
\begin{aligned}
\frac{\partial I(S,A_0)}{\partial A_0} &= \int d^4x\, \delta(A-A_0)\left(\sqrt{\gamma}\frac{\partial S}{\partial t} + S\frac{\partial \sqrt{\gamma}}{\partial t}\right) \\
&= \int d^4x \sqrt{\gamma}\, \delta(A-A_0)\left(\frac{\partial S}{\partial t} + SN\Theta\right),
\end{aligned}
\tag{B.24}
$$

dove abbiamo usato la definizione (B.3) per il parametro $\Theta$.

Moltiplichiamo e dividiamo l'integrando precedente per $N\sqrt{\partial_\nu A \partial^\nu A}$, osservando che $N\sqrt{\gamma} = \sqrt{-g}$ e che, nel gauge considerato,

$$
\frac{1}{N\sqrt{\partial_\nu \partial^\nu A}}\frac{\partial S}{\partial t} = \frac{n^\mu \partial_\mu S}{\sqrt{\partial_\nu \partial^\nu A}} = \frac{\partial^\mu A \partial_\mu S}{\partial_\nu \partial^\nu A}.
\tag{B.25}
$$

Applicando la definizione (B.15) troviamo allora che l'Eq. (B.24) può essere riscritta in forma esplicitamente gauge-invariante come:

$$
\frac{\partial I(S,A_0)}{\partial A_0} = I\left(\frac{\partial^\mu A \partial_\mu S}{\partial_\nu A \partial^\nu A}, A_0\right) + I\left(\frac{S\Theta}{\sqrt{\partial_\nu A \partial^\nu A}}, A_0\right).
\tag{B.26}
$$

Ponendo $S = 1$ ne consegue, in particolare, che

$$\frac{\partial I(1,A_0)}{\partial A_0} = I\left(\frac{\Theta}{\sqrt{\partial_\nu A \partial^\nu A}}, A_0\right). \qquad (B.27)$$

Questi due ultimi risultati ci permettono di esprimere immediatamente la derivata del valor medio di $S$. Dalla definizione (B.16) abbiamo infatti

$$\frac{\partial \langle S \rangle_{A_0}}{\partial A_0} = \frac{1}{I(1,A_0)} \frac{\partial I(S,A_0)}{\partial A_0} - \frac{I(S,A_0)}{I^2(1,A_0)} \frac{\partial I(1,A_0)}{\partial A_0}, \qquad (B.28)$$

e quindi

$$\frac{\partial \langle S \rangle_{A_0}}{\partial A_0} = \left\langle \frac{\partial^\mu A \partial_\mu S}{\partial_\nu A \partial^\nu A} \right\rangle_{A_0} + \left\langle \frac{S\Theta}{\sqrt{\partial_\nu A \partial^\nu A}} \right\rangle_{A_0} - \langle S \rangle_{A_0} \left\langle \frac{\Theta}{\sqrt{\partial_\nu A \partial^\nu A}} \right\rangle_{A_0}, \qquad (B.29)$$

che esprime la derivata cercata in forma esplicitamente covariante e gauge-invariante.

Possiamo facilmente verificare che questa espressione si riduce al caso particolare (B.5) qualora venga scelto il *gauge* ADM, nel quale la variabile $A$ è omogenea. In questo *gauge*, infatti,

$$\sqrt{\partial_\nu A \partial^\nu A} = \sqrt{g^{00} \dot{A}^2} = \frac{\dot{A}}{N} \qquad (B.30)$$

(il punto indica la derivata rispetto a $t$). Inoltre:

$$\frac{\partial^\mu A}{\sqrt{\partial_\nu A \partial^\nu A}} \partial_\mu S = n^\mu \partial_\mu S = \frac{1}{N} \frac{\partial S}{\partial t} - \frac{N^i}{N} \partial_i S. \qquad (B.31)$$

In tutti i termini a membro destro dell'Eq.(B.29) compare dunque il fattore $\dot{A}^{-1}|_{A=A_0}$, che possiamo estrarre dal segno di media e fattorizzare. Moltiplicando entrambi i membri per $\partial A_0/\partial t$ otteniamo infine:

$$\frac{\partial}{\partial t} \langle S \rangle_{A_0} = \left\langle \frac{\partial S}{\partial t} - N^i \partial_i S \right\rangle_{A_0} + \langle SN\Theta \rangle_{A_0} - \langle S \rangle_{A_0} \langle N\Theta \rangle_{A_0}. \qquad (B.32)$$

Nel caso particolare della metrica (B.1) si ha $N^i = 0$, e questa equazione si riduce esattamente alla regola di commutazione (B.5).

L'espressione generale (B.29) può essere usata per scrivere in forma gauge-invariante le equazioni di Einstein effettive per l'evoluzione della geometria cosmica "media", effettuando la media spaziale sull'ipersuperficie più appropriata all'osservatore prescelto[4].

---

[4] Si veda ad esempio M. Gasperini, G. Marozzi, G. Venenziano, *JCAP* **02**, 009 (2010).

## B.3 Medie sul cono luce

La precedente prescrizione di media covariante, basata sull'integrale (B.15), non può essere direttamente applicata al caso in cui la condizione $A(x) = A_0$ identifica una superficie nulla, perché in quel caso la normale (B.13) è di tipo luce, e quindi $\partial_\mu A \partial^\mu A = 0$.

D'altra parte, la maggioranza delle osservazioni astronomiche ed astrofisiche (soprattutto quelle relative a grandi scale di distanza) si basa sulla ricezioni di segnali che viaggiano alla velocità della luce, e si riferiscono quindi alla distribuzione delle sorgenti e alla corrispondente struttura geometrica di una sezione dello spaziotempo associata a un'ipersuperficie nulla: il cono luce (diretto verso il passato) dell'osservatore considerato.

Può essere dunque indispensabile – almeno per alcuni osservabili come la distanza di luminosità $d_L$, il redshift $z$, etc. – effettuare la media sul cono luce, modificando e generalizzando opportunamente la funzione *window* (B.14) e il corrispondente integrale di media (B.15).

A questo scopo partiamo ancora da un'espressione covariante di tipo (B.6), e facciamo l'integrale di $S(x)$ su una porzione $\Omega$ dello spazio-tempo $\mathcal{M}_4$ compresa tra due ipersuperfici: una è la solita ipersuperficie spaziale $A(x) = A_0$, con normale $n_\mu$ data dall'Eq. (B.13); l'altra è il cono luce passato di un osservatore di riferimento, definito dall'equazione $V(x) = V_0$ dove $V_0$ è una costante e $V$ un'opportuna funzione scalare con gradiente nullo, $\partial_\mu V \partial^\mu V = 0$. La regione $\Omega$ è quindi definita dalla funzione *window* $W_\Omega = \theta(A - A_0)\theta(V_0 - V)$.

Come nel caso precedente, però, quello che ci interessa per la media non è *tutto il quadrivolume* $\Omega$ considerato, bensì solo i suoi bordi (spaziali o nulli), e in particolare la variazione dei bordi lungo le linee di flusso della normale $n_\mu$ – che, come già sottolineato in precedenza, può essere identificata con la quadrivelocità di un osservatore di riferimento. Possiamo quindi considerare, in particolare, la seguente funzione *window*:

$$W_\Omega = -n^\mu \nabla_\mu \theta(A - A_0) n^\nu \nabla_\nu \theta(V_0 - V). \tag{B.33}$$

In questo caso l'integrale per la media covariante dipende da due parametri costanti ($A_0$ e $V_0$), e può essere scritto nella forma

$$I(S; A_0, V_0) = \int_{\mathcal{M}_4} d^4x \sqrt{-g}\, S(x)\delta(A(x) - A_0)\delta(V_0 - V(x))|\partial_\mu V \partial^\mu A|. \tag{B.34}$$

La regione di integrazione, in questo caso, è una superficie bi-dimensionale $\Sigma_2$ compatta (topologicamente equivalente alla sfera $S_2$), definita dall'intersezione del cono luce $V_0$ con l'ipersuperficie spaziale $\Sigma(A_0)$ (si veda la Fig. B.1). La corrispondente media (covariante e gauge-invariante) su $\Sigma_2$ è infine data dal rapporto

$$\langle S \rangle_{A_0, V_0} = \frac{I(S; A_0, V_0)}{I(1; A_0, V_0)}. \tag{B.35}$$

**Fig. B.1** Diagramma spazio-temporale che mostra la regione di integrazione dell'Eq. (B.34)), ottenuta intersecando il cono luce passato centrato sulla linea d'universo dell'osservatore $V_0$ con l'ipersuperficie (di tipo spazio) $\Sigma(A_0)$. Tale intersezione viene raffigurata come un cerchio unidimensionale, in quanto una delle tre dimensioni spaziali è stata soppressa per ragioni grafiche

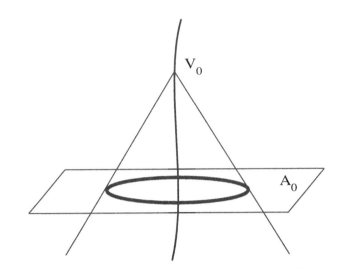

È anche possibile selezionare funzioni *window* differenti dalla (B.33), considerando ad esempio solo la variazione dell'ipersuperficie spaziale (senza derivare $\theta(V)$), oppure solo la variazione del cono luce (senza derivare $\theta(A)$). Le corrispondenti medie sono sempre riferite al cono luce, ma coinvolgono regioni di integrazione diverse[5], e si prestano, in principio, a diverse applicazioni fisiche.

Come per il caso delle medie spaziali, anche per il cono luce possiamo chiederci se c'è un *gauge* che specifica coordinate "adattate", in grado di semplificare il calcolo dell'integrale (B.34).

Nel caso (fisicamente interessante) in cui le superfici $\Sigma(A)$ individuano una famiglia di osservatori geodetici con quadrivelocità $n^\mu$ la risposta è nota, ed affermativa: il *gauge* cercato è fornito da una particolare versione delle cosiddette coordinate "osservazionali", $x^\mu = (\tau, w, \theta^a)$, in cui la metrica assume la forma seguente:

$$ds^2 = 2Y\,dw\,d\tau - Y^2 dw^2 - \gamma_{ab}\left(d\theta^a - U^a dw\right)\left(d\theta^b - U^b dw\right), \qquad (B.36)$$

dove $a, b = 2, 3$. Le componenti diverse da zero della metrica inversa sono date da

$$g^{00} = 1, \qquad g^{ab} = -\gamma^{ab}, \qquad g^{01} = \frac{1}{Y}, \qquad g^{0a} = \frac{U^a}{Y}. \qquad (B.37)$$

Con queste componenti è facile verificare che la coordinata $w$ è nulla, ossia che $\partial_\mu w \partial^\mu w = 0$ (poiché $g^{11} = 0$), e che il cono luce è definito dalla condizione $w = w_0 = $ costante. Inoltre, l'ipersuperficie $\tau = \tau_0 = $ costante ha una normale $\partial_\mu \tau$ che soddisfa l'equazione geodetica, ossia

$$(\partial^\nu \tau) \nabla_\nu (\partial^\mu \tau) = 0 \qquad (B.38)$$

---

[5] Si veda ad esempio M. Gasperini, G. Marozzi, G. Veneziano, *JCAP* **07**, 008 (2011).

(si veda la Sez. 1.1.2). Possiamo quindi riferirci a questo sistema di coordinate come al *gauge* "geodetico" per il cono luce (GLC).

In questo *gauge* si ha $\sqrt{-g} = Y\sqrt{\gamma}$, e l'integrale (B.34), effettuato sul cono luce $w = w_0$, assume la forma

$$I(S; A_0, w_0) = \int d^2\theta \, dw \, d\tau \sqrt{\gamma} \, \delta(A - A_0)\delta(w - w_0)\partial_\tau A \, S(\tau, w, \theta^a), \qquad (B.39)$$

dove abbiamo usato la relazione

$$g^{\mu\nu}\partial_\mu w \, \partial_\nu A = g^{10}\partial_\tau A = \frac{1}{Y}\partial_\tau A. \qquad (B.40)$$

Inoltre, se l'ipersuperficie scelta $\Sigma(A)$ è normale alla quadrivelocità di un osservatore geodetico, allora la condizione $A = A_0$ si riduce a $\tau = \tau_0$, poiché $A$ dipende solo da $\tau$, e l'integrale (B.39) fornisce

$$I(S; \tau_0, w_0) = \int d^2\theta \sqrt{\gamma(\tau_0, w_0, \theta^a)} \, S(\tau_0, w_0, \theta^a). \qquad (B.41)$$

Il valor medio (B.35), fatto sull'intersezione del cono $w = w_0$ con l'ipersuperficie $\tau = \tau_0$, è quindi dato da

$$\langle S \rangle_{\tau_0, w_0} = \frac{\int d^2\theta \sqrt{\gamma(\tau_0, w_0, \theta^a)} \, S(\tau_0, w_0, \theta^a)}{\int d^2\theta \sqrt{\gamma(\tau_0, w_0, \theta^a)}}, \qquad (B.42)$$

in stretta analogia con l'espressione (B.22) per le medie spaziali.

Può essere utile osservare, in conclusione, che la geometria FLRW spazialmente piatta, descritta (in tempo conforme e coordinate polari) dalla metrica

$$dds^2 = a^2\left(d\eta^2 - dr^2\right) - a^2 r^2\left(d\theta^2 + \sin^2\theta d\phi^2\right), \qquad (B.43)$$

può essere messa nella forma del *gauge* GLC con la trasformazione di coordinate

$$\tau = t = \int d\eta \, a, \quad w = r + \eta, \quad \theta^2 = \theta, \quad \theta^3 = \phi. \qquad (B.44)$$

Con questa trasformazione si ottiene infatti una metrica di tipo (B.36) in cui

$$Y = a(\tau), \quad U^a = 0, \quad \gamma_{22} = a^2 r^2, \quad \gamma_{33} = a^2 r^2 \sin^2\theta. \qquad (B.45)$$

# Bibliografia

1. S. Weinberg, *Gravitation and Cosmology* (Wiley, New York, 1972).
2. L.D. Landau, E.M. Lifshitz, *The Classical Theory of Fields* (Pergamon Press, Oxford, 1971).
3. C.W. Misner, K.S. Thorne, J.A. Wheeler, *Gravitation* (Freeman, San Francisco, 1973).
4. S.W. Hawking, G.R.F. Ellis, *The Large Scale Structure of Spacetime* (Cambridge University Press, Cambridge, 1973).
5. R. Wald, *General Relativity* (University of Chicago Press, Chicago, 1984).
6. M.P. Hobson, G.P. Efstathiou, A.N. Lasenby, *General Relativity, an Introduction for Physicists* (Cambridge University Press, Cambridge, 2006).
7. M. Gasperini, *Lezioni di Relatività Generale e Teoria della Gravitazione* (Springer-Verlag, Milano, 2010).
8. M.B. Green, J. Schwartz, E. Witten, *Superstring Theory* (Cambridge University Press, Cambridge, 1987).
9. J. Polchinski, *String Theory* (Cambridge University Press, Cambridge, 1998).
10. M. Gasperini, *Elements of String Cosmology* (Cambridge University Press, Cambridge, 2007).
11. S. Weinberg, *Cosmology* (Oxford University Press, Oxford, 2008).
12. S. Dodelson, *Modern Cosmology* (Academic Press, San Diego, CA, 2003).
13. M.P. Ryan, L C. Shepley, *Homogeneous Relativistic Cosmologies* (Princeton University Press, Princeton, 1975).
14. E.W. Kolb, M.S. Turner, *The Early Universe* (Addison Wesley, Redwod City, CA, 1990).
15. A.R. Liddle, D.H. Lyth, *Cosmological Inflation and Large-Scale Structure* (Cambridge University Press, Cambridge, 2000).
16. V.F. Mukhanov, *Physical Foundation of Cosmology* (Cambridge University Press, Cambridge, 2005).
17. R. Durrer, *The Cosmic Microwave Background* (Cambridge University Press, Cambridge, 2008).
18. N.D. Birrel, P.C.W. Davies, *Quantum fields in curved spaces* (Cambridge University Press, Cambridge, 1982).
19. E. Ciufolini, V. Gorini, U. Moschella, P. Frè (Eds.), *Gravitational Waves* (Institute of Physics Publishing, Bristol, 2001) .
20. M. Maggiore, *Gravitational Waves* (Oxford University Press, Oxford, 2007).

# Indice analitico

# UNITEXT – Collana di Fisica e Astronomia

**A cura di:**

Michele Cini
Stefano Forte
Massimo Inguscio
Guida Montagna
Oreste Nicrosini
Franco Pacini
Luca Peliti
Alberto Rotondi

**Editor in Springer:**
Marina Forlizzi
marina.forlizzi@springer.com

**Atomi, Molecole e Solidi**
Esercizi Risolti
Adalberto Balzarotti, Michele Cini, Massimo Fanfoni
2004, VIII, 304 pp, ISBN 978-88-470-0270-8

**Elaborazione dei dati sperimentali**
Maurizio Dapor, Monica Ropele
2005, X, 170 pp., ISBN 978-88470-0271-5

**An Introduction to Relativistic Processes and the Standard Model of Electroweak Interactions**
Carlo M. Becchi, Giovanni Ridolfi
2006, VIII, 139 pp., ISBN 978-88-470-0420-7

**Elementi di Fisica Teorica**
Michele Cini
2005, ristampa corretta 2006, XIV, 260 pp., ISBN 978-88-470-0424-5

**Esercizi di Fisica: Meccanica e Termodinamica**
Giuseppe Dalba, Paolo Fornasini
2006, ristampa 2011, X, 361 pp., ISBN 978-88-470-0404-7

**Structure of Matter**
An Introductory Corse with Problems and Solutions
Attilio Rigamonti, Pietro Carretta
2nd ed. 2009, XVII, 490 pp., ISBN 978-88-470-1128-1

**Introduction to the Basic Concepts of Modern Physics**
Special Relativity, Quantum and Statistical Physics
Carlo M. Becchi, Massimo D'Elia
2007, 2nd ed. 2010, X, 190 pp., ISBN 978-88-470-1615-6